도시 이야기 집 이야기

도시 이야기
집 이야기

초판 인쇄 2012년 2월 13일 | **초판 발행** 2012년 2월 20일

지은이 김상희
펴낸이 박재규 | **펴낸곳** 경남대학교 출판부

주소 경남 창원시 마산합포구 월영동북16길 11(월영동) | **전화** 055-249-2074
팩스 0505-999-2115 | **전자우편** ko10@kyungnam.ac.kr

ISBN 978-89-8421-338-8-03590

STORY CITY · STORY HOUSE

도시 이야기 집 이야기

김상희 지음

경남대학교 출판부

머리말

우리나라의 80%가 넘는 인구가 도시에 거주하고 있어 도시거주란 새삼스러운 용어도 아니다. 우리 도시의 변화는 어찌 보면 혁신적이라 할 수 있을 정도이다. 몇 년만 지나면 도시의 옛날 모습을 찾기 힘들 정도로 초고층아파트의 숲으로 변해버리는 곳이 많다. 도시 속의 집이 어떻게 존재하여야 할 것인지 고민을 해봐야 하지 않을까? 오늘날과 같은 저출산 고령화현상이 지속된다면 초고층아파트는 멀지 않은 미래에 재건축이나 재개발은 꿈도 꿀 수 없어 어찌해 볼 수 없을 복잡한 문제로 등장할 수 도 있다.

지난 십 여 년 전에 도시거주의 의미와 미래를 고민하기 위하여 교양과목으로서 '도시와 주거문화'가 만들어졌다. 그 참고도서로서 교과목명과 동일한 「도시와 주거문화」를 출판하였는데, 그동안 많은 사랑을 받았음에도 불구하고 내용이 다소 경직된 것이 많았음을 고백하지 않을 수 없다. 그동안의 사회 또한 빠르게 변화하다보니 최근 2년여 동안은 거의 교재를 사용하지 않을 정도가 되어버렸다.

그동안의 교양수업을 진행하면서 느낀 점은 학생들이 주거문제에 대하여 그다지 관심이 많지 않다는 것을 알게 되었다. 그러나 대학을 졸업하고 결혼을 하고자 하면 가장 먼저 고민하게 되는 부분이 바로 주거문제이다. 어떤 주거를 선택할 것인가, 집은 어떻게 매매되며 세금은 또 어떻게 되는가, 그리고 집이 오래되면 집을 새롭게 단장하거나 리모델링하는 것을 생각하지 않을 수 없으므로 어떻게 해야 할까 등 많은 고민이 수반된다.

그리하여 이번에는 이런 공부를 바탕으로 도시의 이야기에서부터 시작하여 이런 일련의 과정을 풀어나가는 방식으로 책의 구성을 바꾸고 내용을 새롭게 하여 「도시 속 집 이야기」를 출판하게 된 것이다. 책의 구성은 전체 13장으로 구성하였는데, 1장부터 3장까지는 도시에 대한 내용을 다루었고 4장부터 8장까지는 새로운 도시주거의 동향, 9장부터 12장까지는 주거환경의 조건, 주거의 선택과 매매, 주거의 내부 공간이야기, 인테리어디자인 등으로 구성하였다.

사람은 가족과 더불어 집에서 나고 집에서 행복을 느끼고 또한 늙으면 집에서 죽는다. 사람은 집을 벗어날 수 없는 것이다. 집을 경제적 수단으로만 보지 말고 삶의 그릇으로서 보고 느낄 수 있도록 하는 것이 이 수업의 마지막 목표일 것이다. 이 책이 그런 의미를 잘 살려주었으면 좋겠다는 마음이다.

마지막으로 이 책을 출판하면서 주변 사람들에게 많은 도움을 받게 되어 그들 모두에게 감사한 마음을 전하고자 한다.

2011년 겨울

월영 언덕의 연구실에서

차례

1장 _ 도시, 무엇이 문제인가?

도시에서 살아가기 ······ 11
도시가 만들어지기까지 ······ 12
도시를 분류해보기 ······ 13
도시화란 무엇인가 ······ 16
도시화로 인한 도시문제 들여다보기 ······ 19
21세기에도 매력적인 도시로 살아남기 ······ 27

2장 _ 미래의 도시, 어떤 모습일까?

유비쿼터스 시티(U-City)란 어떤 모습인가? ······ 33
에코시티(Eco-City)란 어떤 모습인가? ······ 39
슬로시티(Slow City)란 무엇인가? ······ 45
고령친화도시란 무엇인가? ······ 48

3장 _ 한국의 도시, 무엇이 다른가?

근대이전의 도시 어떠하였는가? ······ 59
근대이후의 도시 어떠하였는가? ······ 60
현대의 도시 어떠한가? ······ 66
앞으로의 도시 어떠한 모습일까? ······ 72

4장 _ 우리의 전통 집, 어떠한가?

우리나라의 자연환경적 조건은? ······ 79
고려시대말까지의 전통 집 모습 ······ 80
조선시대의 전통 집 모습 ······ 85
근대의 집 모습 ······ 92

5장 _ 현대의 집 이야기
해방 후부터 1960년까지의 집 모습 ······ 103
1960년 이후 오늘날까지의 집 모습 ······ 104
우리의 아파트는 진화 중 ······ 111
아파트의 구성 원리와 형식을 알아보자 ······ 121

6장 _ 친환경주거와 디지털홈이야기
친환경주거는 무엇인가? ······ 137
디지털홈은 무엇인가? ······ 147

7장 _ 고령화와 UD홈 이야기
인구 및 가구, 주택사정은 어떻게 변화하고 있는가? ······ 157
고령화현상을 말한다 ······ 165
고령화 사회에 필수적인 유니버설 디자인 홈이야기 ······ 167
실버타운이 궁금하다 ······ 177

8장 _ 코프주택과 코하우징 이야기
주택을 매개로 한 코뮤니티는 가능한가? ······ 189
코프주택과 코하우징은 어떻게 다른가? ······ 191
코프주택과 코하우징은 어떠한 절차를 거쳐 추진되는가? ······ 196
코프주택과 코하우징은 어떤 점에서 높이 평가되는가? ······ 198
한국에서는 어느 수준까지 왔는가? ······ 199

9장 _ 전원에 살아볼까, 전원주택 이야기
사람들은 전원주택을 꿈꾼다 ······ 211
전원주택을 건설하기위하여 검토할 것은? ······ 217
지속가능한 전원주택이 되기 위해서는 ······ 223

10장 _ 집은 어떻게 해야 잘 선택할 수 있을까?
새로운 집을 선택하기까지 ······ 237
집을 선택하는 데에 영향을 미치는 요인들에 대하여 ······ 238
선택할 수 있는 집에는 어떠한 종류가 있는가? ······ 243
집의 매매과정과 관련세금에 대하여 ······ 244
국민주택청약제도를 통하여 주택을 마련해보자 ······ 249
보금자리주택에 대하여 알아보자 ······ 252

11장 _ 집은 어떻게 만들어지는가?
내 가족이 생활할 집을 직접 만들고 싶을 때 ······ 257
주거 내에서 필요한 공간을 어떻게 설계하여야 할까? ······ 268
간단한 주택설계를 직접 해보자 ······ 278
주택평면의 종류를 살펴보자 ······ 281

12장 _ 실내디자인을 해보자
내 집의 실내디자인을 내손으로 해보자 ······ 287
실내디자인의 건축적 구성요소에 대하여 알아보자 ······ 290
실내디자인에서 필요한 각 요소에 대하여 알아보자 ······ 295

13장 _ 새롭게 바꾸는 리모델링은 어떻게
리모델링은 필요한가? ······ 315
리모델링 공사는 어디까지일까? ······ 320

제1장

도시, 무엇이 문제인가

오늘날 세계 각국에는 많은 도시가 존재하고 거기에 많은 사람들이 살아가고 있다. 최근에는 IT산업의 발달에 힘입어 스마트 시티 혹은 U시티 등으로 불리우는 첨단도시에서부터 전통적인 가치와 문화, 생활을 존중하는 슬로시티까지 참으로 다양하게 진화하고 있는 중이다.
그러면 여기에서 우리는 도시화는 어떻게 만들어지고 변화되어 왔는지 그리고 오늘의 모습을 살펴볼 필요가 있다.

제1장

도시, 무엇이 문제인가?

도시에서 살아가기

최근 통계청이 발표한 내용 중에 한국 전체 인구 중 도시의 동洞지역에 거주하는 인구의 비율인 도시화율이 2010년 82.1%라고 하였다. 이는 2005년에 비하여 0.6% 정도 증가한 수치이다. 즉 오늘날 한국 인구의 10명 중 8명 이상이 도시에 살고 있는 셈이다. 시골사람은 희귀하고 도시사람이 넘쳐나는 시대인 것이다.

그러면 세계의 사정은 어떠할까? 전 세계의 여러 나라의 도시화율을 2010년을 기준으로 하여 보면, 평균 50.5%의 도시화율을 보이지만, 이른바 선진국이라고 불리우는 국가일수록 80%를 넘는 도시화율을 보이고 있다. 특이하게 일본의 경우는 다소 낮은 66.8%를 나타내고 있어서 이례적이라 할 수 있다(통계청, 2010).

이와 같이 오늘날 세계 각국에는 많은 도시가 존재하고 거기에 많은 사람들이 살아가고 있는 것이다. 그 많은 도시를 기능, 인구규모 등에 따라 나누기도 하는데, 상업도시, 공업도시, 관광도시 등은 기능에 따라 나눈 것이며, 도시인구의 규모에 따라 거대도시, 대도시, 중소도시 등으로 나누기도 한다. 도시는 성장발달하기도 하고 퇴행하기도 하는데, 도시의 진화는 우리의 사회문화의 방향과 산업과 관련이 깊다. 그리하여 최근에는 IT산업의 발달에 힘입어 스마트 시티 혹은 U시티 등으로 불리우는 첨단도시에서부터 전통적인 가치와 문화, 생활을 존중하는 슬로시티까지 참으로 다양하게 진화하고 있는 중이다.

그러면 여기에서 우리는 도시화는 어떻게 만들어지고 변화되어 왔는지 그리고 오늘의 모습을 살펴볼 필요가 있다.

도시가 만들어지기까지

인류는 언제부터 도시에서 살기 시작했으며, 도시는 언제부터 만들어졌을까? 도시는 인류가 수렵과 채취의 생활에서 농경과 목축을 중심으로 정착생활을 영위하면서 만들어지기 시작하였다고 볼 수 있다. 물론 오늘날의 도시 모습과는 사뭇 다를 터이지만, 오늘날 도시가 가지고 있는 특징을 내포하고 있었다.

즉, 농경과 목축생활은 수리토목기술, 재배육종기술 등의 발달을 가져왔으며, 이러한 것들은 식량의 계획적 생산과 저장을 가능하게 하였다. 잉여생산물의 발생은 이를 관리하기 위한 전문가 집단을 필요로 하게 되었다. 이들 전문가 집단은 자신들의 정보를 교환하고 새로운 기술을 개발하기 위하여 집단적인 거주지를 만들어 당시 사회의 핵심적인 농경 및 목축에 관한 정보와 기술을 개발 및 관리하였다. 이러한 관리를 통하여 생산력의 증가와 안정이라는 사회적 순환을 창출하게 되었다. 결국 도시는 생산에 관한 정보를 축적하고 발신하는 장소가 되었으며, 주변 농경지의 중심적 거점으로서 작용하였다. 중심 거점으로서 도시에서는 정기적으로 조상에 대한 숭배를 행함으로써 많은 사람들이 모여들게 되고, 자연히 행정, 예술, 학문이 집중하게 된다.

따라서 이러한 도시는 다른 민족이나 적이 노리는 대상이 되므로 이를 막아내기 위하여 주변에 성벽이나 깊은 도랑을 파서 방어 기능을 높이게 된다. 그러다 보니 도시에는 한정된 토지 위에 많은 사람들이 모여 살게 되어 고밀도 거주가 되며, 또한 지역간의 교역이 이루어지는 문화와 문명의 발신지가 되었다. 메소포타미아나

이집트, 인더스강 유역, 황하강 유역의 문명 발상지에는 철기 문명의 발달과 보급에 의하여 이러한 고대 도시가 형성되어 있었으며, 이후 중세와 근세의 도시를 넘어 오늘의 도시에 이르게 된 것이다.

그러므로 도시는 인간 사회의 정착의 한 형태로서 자연적 촌락과는 대조를 이루는 인공적 거주지라는 기본적인 성격을 가지고 있다. 또한 식량 생산 이외에 2차, 3차 산업과 이에 종사하는 사람들이 고밀도로 거주하고 있으며 일정한 권역을 가지고 있으며, 인공적 장치, 인공적 조경 등을 가지고 있다. 그 본질적 기능은 주변 지역을 통합하며, 문화의 교류나 교역의 중심 거점으로서 작용하는 것이다.

우라나라에서 쓰이고 있는 「都市」의 都는 '도읍'이란 의미로 정치, 종교, 문화, 경제 군사 등의 정보가 발신되는 중추적 기능을 의미하고, 市는 '저자' 혹은 '시장'의 의미로 사람, 물품, 금전 등이 교류하는 거점으로서의 기능을 의미한다.

도시를 분류해보기

근대 이전의 도시는 내부적으로는 중심과 그 주변으로 구성된 개방적인 형태이나, 외부적으로는 방어적 형태를 지니고 있었다. 그리하여 내부적으로는 강이나 언덕과 같은 자연 지형을 지니고 있는 반면, 외부에 대해서는 성벽이나 담 등과 같은 인공적 구조물로 경계를 분명히 하여 성문을 통한 출입을 엄격히 통제하였었다. 이러한 시대에는 도시의 권역은 공간적으로도 행정적으로도 명확하였다. 근대에 들어서 철도나 자동차 등의 교통발달로 인하여 도시의 경계는 불분명해졌고 도시는 과거의 공간적 범위를 넘어서서 점차 외연적으로 확산하고 있는 중이다.

그러면, 오늘날 도시는 어디까지이며, 어떠한 범위를 가지고 있는 것일까?

여기에 대해서는 세계 각 국에서 나름대로 정의를 하고 있어서 다소 차이가 있다. 심지어 하나의 국가라 할지라도 통일되어 있지 않은 경우도 있다. 도시를 촌락과 구별하는 기준으로는 인구수, 인구밀도, 산업별 인구구성 등을 들 수 있다. 일반적으로 도시는 인구수에서 촌락보다 많으며 인구밀도가 높다. 예를 들면, 인구수에서 덴마크와 아이슬란드 등에서는 250~300명 이상, 프랑스와 독일 등에서는 2,000명 이상. 미국과 타이 등에서는 2,500명 이상, 일본에서는 50,000명 이상이 도시로 분류하여 각 국에 따라 차이가 난다. 우리나라의 경우를 보면, 인구 20,000명 이상일 경우에는 읍邑급, 50,000명 이상일 경우에는 시市급, 그리고 도시계획구역이란 용어를 사용하고 있다.

행정단위로서의 시에는 다음과 같은 조건을 가지고 있다. 첫째는 인구가 50,000명 이상이어야 하고, 둘째는 중심시가지 구역 내의 호수戶數가 전체의 60%이내가 되어야 한다. 셋째는 상공업 및 기타 도시적 업무에 종사하는 사람 및 세대의 인구가 전체의 60% 이상이 되어야 하고, 넷째는 도시적 시설 및 요건을 갖추고 있어야 한다.

이에 비하여 도시계획구역이란 하나의 도시로서 정비되고 개발될 필요가 있는 구역을 지정하는 것으로 반드시 행정구역에 의한 것은 아니다. 국토해양부장관이 인정하는 계획적 필요가 있는 경우 종합적인 판단에 의해 책정된다. 특별시·광역시 및 시의 관할구역, 군의 관할구역에 있는 읍급 구역, 위의 구역 외의 구역으로서 도시계획의 수립 및 시행이 필요하다고 인정되는 구역이 해당된다.

이외에 도시의 범위를 나타낼 때 도시권이라는 용어를 사용하는 경우도 있다. 도시화가 진행됨에 따라 시가지가 확대되며, 도시의 경제 사회적인 활동이 영향을 미치는 단독 내지는 복수의 도시를 중핵으로 하여 권역을 형성해 나가게 된다. 이와 같이 형성되는 일체적 범위를 도시권이라고 한다. 미국의 「표준 대도시 통계권(Standard Metropolitan Staistical Area; SMSA)」이나 영국의 「표준 대도시 노동권(Standard Metropolitan Labor Area; SMLA)」 등은 이러한 도시권을 정의한 것이다. 최근에 일본에서는 「표준 대도시 고용권(Standard Metropolitan Employment Area; SMEA)」라는 명칭으로 중심도시의 상주常住 인구, 상주취업인구의 구성 비율, 주야간의 인구 비율, 주변 시군지역의 취업인구의 구성비율, 통근율, 권역의 총인구 등으로 기준 설정을 시도하였다. 그러나 일반적으로는 도시권이라는 관습적 용어를 사용하고 있다. 서울시를 중심으로 주변의 신도시 일대를 포함하여 수도권이라는 용어를 사용하고 있는 것이 그 예이다.

• 지리적 입지 여건에 따라 분류해보기

지형이나 기후에 따라 분류해 볼 수 있다. 즉 지리적 위치에 따라서는 임해도시, 내륙도시라고 분류하고, 속지屬地 지형에 따라서는 구릉지도시, 고원도시, 오아시스도시 등으로 분류하기도 한다. 기후에 따라서는 아열대도시, 한랭지도시, 적설지도시 등으로 분류하기도 한다.

• 도시의 기능에 따라 분류해보기

도시의 주된 기능이나 산업이 무엇이냐에 따라 분류하는 것이다. 정치도시, 군사도시, 공업도시, 상업도시, 관광도시, 휴양도시, 교육도시 등이 있다. 따라서 이러한 하나의 기능이 특화되는 경우도 있지만 여러 기능을 복합적으로 겸하고 있는 경우도 많다. 복합화의 정도가 클수록 대도시가 된다.

• 인구규모, 인구동태에 따라 분류해보기

도시인구의 규모, 인구 증감율의 대소에 따라 분류하는 것으로 가장 흔하게 사용되고 있다. 인구규모에 따라서는 거대도시, 대도시, 중도시, 소도시로 분류하고 인구증감율에 따라서는 인구급증도시, 인구안정도시, 인구정체도시, 인구감소도시 등으로 분류하기도 한다. 인구의 규모에 대한 구체적 수치나 인구 증감율의 구체적인 수치는 통일되고 있지 않으나, 대체로 인구가 100만인 이상이면 거대도시, 50만인 이상이면 대도시, 10~50만인이면 중도시, 10만인 이하이면 소도시라고 한다. 한국에서는 인구 100만인 이상의 도시는 특별시 혹은 광역시로 분류하고 있고 있는데, 특별시는 서울시 한 곳뿐으로 인구가 천만인정도이다.

전 세계적으로 인구가 천만인이 넘는 도시는 1950년대에는 뉴욕시 1곳뿐이었으나 점차 증가하여 1975년에는 5개시, 2000년에는 19개시, 2015년경에는 23개시로 늘어나리라고 예측되고 있다. 인구 천만인이 넘는 10대 도시 중 일본의 동경都가 1975년 이래 가장 인구규모가 큰 도시로 나타났다.

• 계층적 관계에 따라 분류해 보기

도시는 세력권이나 영향권의 크기나 다른 도시와의 관계에서 계층을 형성하고 있다. 그 계층적 체계에 따른 도시의 위치를 나타내는 것으로, 수도, 블록중심도시, 지방중핵도시, 지방중심도시라는 분류가 있고 핵도시, 거점도시, 모母도시, 위성도시 등의 분류도 있다.

이외에도 도시의 공간적 형태에 따라서 선형도시, 격자도시, 별형도시 등으로 분류하기도 하고, 환경에 따라서 전원도시, 생태도시, 공해도시 등으로 분류하기도 한다.

도시화란 무엇인가?

• 도시화의 의미에 대하여

우리가 흔히 무엇 무엇으로 변화되어 가는 현상을 빗대어 '화化'를 붙이고 있다. 도시화, 근대화, 현대화 등의 용어가 그러하다. 그러면 도시화란 촌락과 같은 비도시지역이 도시로 변화되어 가거나 기존의 도시가 심화되어 가는 현상이라고 할 수 있으며, 또한 도시 인구가 증가하고 도시적 생활양식이 보급되는 현상이라고 할 수 있다. 여기에는 두 가지 의미가 포함되어 있는데, 전자는 공간적 측면에서 도시공간의 외연적 확산을 의미하고 또 후자는 사회경제적 측면에서 가치관 및 라이프스타일의 변화라고 할 수 있다.

그러나 지금으로부터 200여 년 전에까지만 해도 도시란 극히 예외적인 지역이었으며, 대부분의 사람들은 농경과 목축을 주로 하는 촌락에서 생활하였다. 18세기 영국에서 발생한 산업혁명은 그 당시까지 촌락을 중심으로 하던 사람들의 생활을 크게 바뀌어 놓았다. 산업이 농업에서 공업으로 이행해가면서 도시에 많은 인구가 빠르게 집중하는 상황을 만들어냈다. 이러한 인구집중은 기존의 도시공간을 주변 지역으로까지 확대하는 외연적 확산으로 나타났으며, 많은 새로운 도시도 만들어져, 많은 사람들이 도시에 거주하여 오늘에 이르게 된 것이다. 또한 오늘날 농촌지역이라고 하여도 매스커뮤니케이션의 발달, 교통의 발달로 인적 물적 교류가 확산되어 농촌지역의 사람들의 사고방식과 생활에 도시적 가치를 반영하게 되었다.

따라서, 도시화란 도시거주 인구의 비율을 의미하는 수치 이상의 도시화를 의미하고 있다. 오늘날, 세계 인구의 반 이상이 도시에 거주하고 있으며, 이 수치는 앞으로도 계속 증가하여 2030년경에는 60.3%에 도달하게 될 것이라고 예상되고 있다. 이러한 도시화 과정을 미국의 예로 보면 다음과 같다. 1800년 미국의 전체인구는 500만 명이었으며, 도시인구는 30만 명 정도였다. 도시인구는 전체 인구의 약 6%에 지나지 않았으나 1900년이 되면 전체인구가 7,600만명, 도시인구가 3,000만 명으로 늘어난다. 전체인구의 약 40%가 도시에 거주하고 있는 것으로 나타났다(Levy, 2003:29). 1800~1900년 사이의 미국 인구가 15배로 증가한 반면 도시거주 인구는 100배로 증가한 것이다. 이후 2010년에는 82.3%의 인구가 도시에 거주하는 것으로 나타났다. 미국은 다른 나라의 도시화 과정과 비교해 보면 대도시보다는 중소도시에 거주하는 인구가 높다는 특징이 있다(정환용, 2003:151)).

우리나라에서는 세계에서 유례를 찾아보기 힘들 정도의 빠른 속도로 진행되고 있다. 1960년에 28.0%에 머물던 도시인구 비율이 50년이 지난 2010년에는 82.1%

를 나타내고 있다. 도시국가가 아닌 바에야 더 이상의 높은 도시화율은 기대하기 어려울 정도에 와있다.

• 도시화의 유형에 대하여

이상과 같은 도시화 현상을 정리해 보면 대체로 다음의 3가지 유형으로 나누어 볼 수 있다.

◦ 제1유형 공업화로 인한 행정관리의 중추기능, 정보기능 및 이에 관련한 산업이 도시에 집중함으로써 발생되는 도시인구의 증가, 도시의 증가, 도시의 거대화 및 연담화라고 하는 도시화이다. 즉 2차, 3차 산업의 발달에 따라 도시의 인구 흡수력이 증대함으로써 발생되는 도시화로 선진국에서 흔히 볼 수 있다.

표 1-1 세계의 도시인구 및 비율(1950–2030)

구 분	1950년	1975년	2000년	2030년
세계인구(십억인)	2.52	4.07	6.06	8.11
도시인구(십억인)	0.75	1.54	2.85	4.89
도시인구비율(%)	29.7	37.9	47.0	60.3

* 자료: UN Population Division, 1999revision (www.undp.org/popin/)

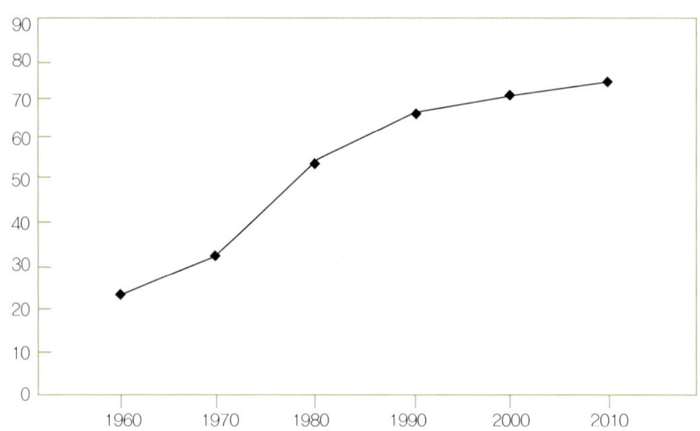

그림 1-1 연도별 도시화율의 변화 추이

◦ 제2유형 농촌지역을 탈출한 인구가 도시로 유입되어 발생되는 도시화이다. 농경지의 부족, 취업의 기회 부족으로 인한 잉여인구가 취업과 거주를 목적으로 도시에 유입되어, 그 결과 도시인구가 증가한다. 동남아시아, 인도, 아프리카, 라틴아메리카 등의 개발도상국에서 많이 볼 수 있는 도시화 현상이다. 도시인구의 증가 속도가 2차, 3차 산업의 발달 속도를 앞지르고 있어서 주택과 취업을 못한 사람들이 슬럼을 형성하는 도시화가 진행 중이다.

◦ 제3유형 농어촌 지역의 생활양식이 도시거주자와 구별이 가지 않을 정도로 도시적 생활양식으로 바뀌어져가고 있는 도시화이다. 이는 도시라는 경계를 뛰어넘어 도시적 생활양식의 보편화라고 할 수 있다. 이는 농촌지역에 공장이 입지하고, 겸업화 가구가 증가하고, 도시주택이 농촌 근교지역에까지 확산하며, 교통망과 정보망이 발달한 결과 나타나는 현상이다.

한국은 1960년대의 경제개발의 초기에는 제2유형의 도시화가 급속하게 진행되었으며 그 후 제1유형과 3유형의 도시화가 혼재되어 있다. 도시화로 인하여 국민의 생활, 경제, 사회, 문화 활동의 대부분이 도시를 중심으로 전개되고 있으며, 앞으로는 국민 생활을 지지하는 고도로 성숙된 사회, 고령화 사회, 정보화 사회 등이 도시를 기반으로 진행되어 그야말로 도시시대에서 거주하는 것이다.

도시화로 인한 도시문제 들여다보기

18세기 영국의 산업혁명은 주변의 여러 국가에도 파급되어 공업화의 길로 들어서게 하였다. 그리하여 공업문명의 시대에 접어들면서 당시까지 발달해 온 도시보다도 훨씬 광범위한 도시화가 진행되었다. 산업혁명은 공업기술의 혁명만이 아니라 근대국가와 시민사회의 체제를 갖추게 하고 자본주의 경제를 발달시켰다. 또한 공업기술의 혁명은 교통기관의 발달과 건축·토목기술의 발달을 가져와, 수많은 공업도시를 탄생시켰다. 도시가 지닌 공업 생산력의 증대는 경제의 규모를 증대시키고, 유통 및 관리기능의 발달을 가져와서 산업, 경제 및 인구를 도시로 집중하게 하였다.

또한 근대국가의 체제가 정비되면서 국가의 정치, 행정이 재편성되어 새로운 수도나 지방의 정치거점도시를 탄생시켰는데, 정치의 중심도시는 경제나 산업, 문화의 중심도시를 겸하게 도시의 발달을 가속화시켰다. 새로운 교통수단은 종래의 교통망에 혁신을 일으키게 되었으며 도시의 입지조건과 상호관계에 커다란 변화가 발생하였다. 새로운 도시의 탄생, 좋은 입지 조건에 놓인 도시의 성장, 도시의 새로운 교통체계 등은 도시의 범위를 확대시키고 결국은 거대한 도시를 탄생시키게 되었다.

이와 같이 산업혁명의 결과는 꼬리에 꼬리를 물고 새로운 기운과 문명을 탄생시켜 많은 도시를 탄생시키고 변모시켰다. 그러한 가운데 도시화로 인한 여러 도시문제가 발생하고 도시행정가들은 이것들에 대처하지 않을 수 없었다. 도시는 생물체와 같이 상호 유기적으로 연결되어 있었으므로 어느 한 지역에서 발생한 문제가 그 지역에 국한되는 경우는 드물고 연쇄적인 반응으로 나타나는 경우가 대부분이었기 때문이다.

• 전통적 도시화와 도시문제

최근에 스티븐 존슨이라는 작가가 발표한 논픽션 드라마로 「바이러스 도시」(원제목: The Ghost Map)라는 책이 우리나라에서도 소개되었다. 이 작품 속에는 1854년 영국 런던에서 발생한 콜레라가 당시 세계의 중심도시이던 런던시를 어떻게 초토화시키고 결국 영국의 도시 공중보건시스템의 변혁까지 초래하는 것을 보여주고 있다. 당시에는 콜레라가 공기로 오염된다고 믿었던 의학상식이 깨어지고 수인성 전염병이라는 것을 밝혀져 도시에서 어떻게 대처해야하는 가를 보여준다.

산업혁명으로 대량생산과 대량소비가 가능하게 되었으므로 당연히 대량의 원료가 공급되지 않으면 안되었다. 농촌은 대량의 원료를 공급하는 기지로 바뀌게 되었고, 대량의 양모생산을 위하여 농촌지역에서는 엔클로우즈 무브먼트(enclose movement)가 일어나고 농민은 농토에서 쫓겨나 도시의 공장노동자로 전락하게 된다. 이들 노동자에 의하여 제품의 생산이 유지되었으나 당시의 산업자본가들은 노동자의 생활환경이나 생활수준에 대해서는 관심이 없었다. 공업 생산력의 확대와 경제의 확대 재생산에도 불구하고 많은 노동자들의 생활은 비위생적이며 열악한 생활환경을 벗어날 수 없었다. 또한 농촌에서 쫓겨났으나 일자리를 찾지 못하는 유랑민들이 도시로 몰려들어 집단주거지를 이루면서 많은 하층민들은 극도로 열악한 생활환경 속에서 생활하였다.

전통적 도시화와 이에 따른 도시문제라고 하는 것은 이러한 근대도시의 성장 속에서 발생한 저임금의 도시노동자와 도시유랑민이 집중적으로 거주하고 있는 열악한 도시환경과 그들의 삶에 관한 문제였다. 19세기에서 20세기에 걸쳐서 자본주의 경제가 발달하면서 각 국의 공업도시나 대도시는 크게 성장하였으나, 그 그늘에 가려진 도시노동자들의 삶은 비참한 것이었다. 당시에 출판된 여러 책에는 이에 대하여 상세히 묘사되어 있다. 전통적 도시문제는 이와 같은 극도로 열악한 환경에 놓인 사람들의 문제만은 아니었다. 비위생적인 환경아래서 각종 전염병은 쉽사리 발생되었고 확대되었으며, 공장의 매연이나 하천의 오염도 점차 열악하지 않았던 도시지역에까지 침투하기 시작한 것이었다. 위에서 언급한 스티븐 존슨의 작품에 이러한 당시의 도시가 처한 상황을 잘 나타내주고 있다.

이러한 문제를 해결하기 위하여 여러 가지의 해결책이 논의되었는데, 대체로 다음의 3가지로 나누어 볼 수 있다.

첫째는 문제의 본질이 자본주의 경제체제에 있다고 생각하여 그 체제를 바꾸어 보려고 한 것이다. 마르크스 엥겔스가 지향한 바이었다.

둘째는 자본주의 경제체제를 인정하고, 공적인 개입을 통하여 산업자본의 무제

▌그림 1-2▌ 런던의 모습(1877년)

(자료: 都市計劃敎育硏究會, 都市計劃敎科書, 1997)

한적 활동을 제한하고 상하수도나 노동자의 주택을 공적 자금으로 건설하여 그들의 생활환경을 개선시키는 방향으로 해결책을 찾고자 하는 것이다. 영국의 공중위생법(1848)을 효시로 하는 것으로, 도시계획법의 법체계를 정비해 나가는 방향이다.

셋째는 보다 직접적으로 새로운 도시를 만들어 나간다는 것인데, 처음부터 이상적인 도시를 만들어 해결책으로 하고자 하는 것이다. 하버드 오웬의 이상적 공업도시의 제안(1816)을 필두로 하여 에베네저 하워드의 전원도시의 제안(1898) 등으로 이어지는 방향이다.

• 현대의 도시화와 도시문제

산업혁명 이후 공업의 발달은 1차 산업에서 2차 산업으로, 2차 산업에서 3차 산업으로 인구와 자본을 이전시키면서 경제는 확대 성장을 지속하였다. 이 과정에서 인구 또한 급속한 성장을 보게 되었다. 특히 제2차 세계대전이 끝난 20세기 중반이후, 세계 각 국에는 정치적으로는 민주주의, 경제적으로는 자본주의 체제가 보급되고, 교통과 통신기술이 대폭적으로 혁신·보급되었다. 한편, 에너지원이 석탄과 증기에서 석유와 전기로 전환되고, 각종 생산력이 증대되고, 거대 기업이 탄생하는 등 전체적인 소득과 생활수준이 크게 향상되며 이로 인하여 대중소비사회에로 전환이 촉진되었다.

이러한 것들은 결국 도시인구의 집중을 유발시켜 앞서 언급한 바와 같이 크고 작은 많은 도시를 탄생시켰다. 도시거주자들의 다양한 요구와 이에 대응하기 위한 다양한 산업의 탄생, 도시거주자의 독특한 행동양식이 등장하였다. 이른바 도시적 생활양식이 탄생한 것이다. 이러한 변화는 어떤 도시를 쇠퇴시키는가 하면, 입지 조건이 좋은 도시를 급속히 성장시켜 도시간의 명암의 차이가 크게 나타났다.

그러나 인구와 자본, 도시의 여러 기능이 빠르게 집중하는 도시에는 기존의 도시 지닌 여러 장치와 조직만으로는 점차 대응하기 어렵게 되어 여러 가지의 문제가 발생하기 마련이었다. 아래의 [표 1-2]에서 보는 바와 같은 다양한 문제의 근본은 토지 부족이나 지방자치단체의 재정 등 정도의 차이가 있으나 급속한 성장을 겪고 있는 도시에서 공통적으로 나타나고 있는 실정이다. 따라서 다양한 이익집단이 집중하여 있는 대도시일수록 뚜렷하게 나타나고 있으며 심각하다. 이러한 문제들은 전통적 도시문제와는 달리 특정 지구나 특정 계층에서 한정적으로 발생하는 것이 아니고, 전체 지역에서 보다 전면적으로 발생하고 있다.

표 1-2 현대의 다양한 도시문제

❶ 협소한 주택과 과밀 거주, 상하수도·생활도로·공원 등의 생활환경시설의 부족 등 주택이나 주택지 환경에 관한 문제
❷ 교통의 혼잡, 정체, 사고의 위험, 원거리 통근 등의 교통에 관한 문제
❸ 하천이나 가까운 바다의 수질 오염문제, 자동차 및 공장 등에서 배출하는 대기오염 문제, 각종 소음과 진동 문제, 쓰레기의 증가와 처리문제, 이로 인한 환경호르몬의 발생
❹ 녹지나 공원 등의 레크레이션 시설의 부족
❺ 도시경관의 획일성 문제
❻ 도시커뮤니티의 붕괴로 인한 극심한 인간소외 현상, 증가하는 비행 청소년의 범죄,
❼ 고령자·장애인·모자가정·영세민 등 사회적 약자 집단의 생활환경 악화
❽ 전통문화의 단절
❾ 기타

또한 문제는 상호간에 복잡하게 얽혀있어서 개별적 혹은 단독으로는 해결이 어려울 뿐만 아니라 오히려 다른 문제를 심각하게 만들 수 있다. 예를 들면 교통문제를 해결하기 위해서 도로를 확장하고자 한다면 소음과 진동문제가 발생하고 도로에 포함되는 사유지를 매입해야 하므로 주민의 민원과 시의 재정 문제가 심각해질

수 있으며, 협소한 주택과 과밀 거주를 해결하기 위해서 주택지를 개발하고자 한다면, 녹지 등의 자연환경의 훼손이 크게 우려된다. 이런 의미에서 현대적 도시문제는 전통적 도시문제에 비하여 보다 심각하다고 할 수 있다.

한편으로는 정체 내지는 쇠퇴하고 있는 도시에서는 도시의 존립 기반이 되는 산업이나 교통시설이 침체되어 감에 따라 도시 전체의 활력이 저하되고 불안정하여 이에 따른 여러 문제가 현저하게 나타난다. 산업의 쇠퇴에 따른 고용기회의 감소, 실업자나 빈곤자의 증가로 인한 복지행정 수요의 증대, 한편으로는 재정난이 심화되고, 이로 인한 생활환경 정비부족, 환경의 악화, 범죄 등의 증가로 인한 사회불안정, 도심의 침체화 등이다.

과거에 조선, 섬유, 기계 등이 주된 산업이었던 영국의 글래스고우, 리버풀, 맨체스터 등의 도시가 1970년대에 접어들면서 쇠퇴하기 시작한 데에서 잘 나타나 있다. 한국에서는 난방 연료가 연탄에서 석유와 가스로 전환됨에 따라 석탄 산업이 주된 산업이었던 강원도 태백시가 급격하게 쇠퇴한 예가 있다. 그러한 태백시가 휴양·관광산업으로 재도약을 하고 있는 것은 도시의 재생이라는 측면에서 주목받고 있다.

일반적으로 다양한 도시문제는 그 발생 과정에서부터 사회적 강자들은 보다 나은 환경을 추구하여 나가고 사회적 약자들은 남을 수밖에 없으므로 사회적 약자들의 피난처가 된다는 점에서 전통적 도시문제와 흡사하다. 그러나 이 문제가 도시 전체에 파급되어 상호 관련되는 점에서 전통적 도시문제보다 심각하다고 할 수 있다. 오늘날은 전통적 도시문제가 대두되던 시대와는 기술, 산업경제, 사회구조 등이 크게 다르다. 즉 이러한 것들이 기업을 거대화시키고 고도화시켜, 사람들의 의식과 생활양식을 바꾸어 놓았다. 오늘날의 우리가 누리고 있는 온갖 혜택과 그것을 지지해준 여러 조건과 그로 발생되는 모순 등이 오늘의 도시문제를 낳게 된 것이다.

그 특징을 다음과 같이 살펴볼 수 있다.

첫째, 오늘 우리의 생활을 지지해주는 다양한 대량의 소비생활에서 기인한 것이다. 즉 대량의 다양한 소비생활은 생산이나 공간 점유, 유통, 소비, 배설, 폐기물의 각 단계에서 규모를 현저하게 증대시키고 거대화, 광역화시켰다. 그 어느 시대보다도 많은 상품이 유통하고 소비되고 폐기되는 사회, 또한 각종 장치로서 자동차나 초고층의 빌딩이 넘치는 사회, 오늘의 도시는 그 어느 시대보다도 양적, 질적으로 팽창하고 복잡하고 거대화되고 있어서 그 안에서 다종다양한 문제가 발생하고 있는 것이다.

둘째, 오늘 우리에게 편리함과 쾌적함을 가져다주는 각종의 장치가, 또 다른 한편으로는 위험하고 귀찮은 것이 되는 위험성을 내포하고 있다는 특징이 있다. 예를 들면, 자동차는 편리하지만 한편으로는 위험한 흉기가 되며, 세탁기는 세탁을 편리하게 해주지만 각종의 세제로 인하여 하천이나 바다를 오염시키기도 한다. 이

▌그림 1-3▐ 지방도시의 밀집된 주거지역의 모습

와 같이 개인이나 지역에 있어서도 편리함을 추구할 수 있으나 동시에 위험성을 내포하고 있으므로 해서 문제해결이 어렵게 되는 경우도 허다하다.

셋째, 도시에는 다양한 사람과 기업이 모여 있으며, 그 다양한 주체는 자신들 스스로의 행동원리와 양식을 지니고 활동하고 있어서 그 다양성과 권리를 존중하고 실현하는 사회가 오히려 도시문제를 어렵게 하고 있다는 특징이 있다. 다양성과 권리의 존중은 한편으로는 개인의 이익과 희생이 도시 전체의 이익과 배치되는 경우도 있어 조정이 어렵다. 권리의 존중이란 한 개인이나 집단이 헌법에서 보장하는 행동을 할 수 있다는 전제도 있어서, 도시환경의 악화나 난개발, 도시경관의 악화를 방지하기 위하여 그 합의 과정에 다대한 노력과 시간이 요구되어 도시문제의 해결이 어렵게 된다. 즉 협소한 도로를 확장하기 위해서는 도시계획선 내에 위치한 토지와 주택들을 허물지 않으면 안 되지만, 오늘날은 그들의 동의가 없이는 사업을 진행하기가 어렵다. 그들의 동의를 이끌어내기 위해서는 다대한 노력과 시간, 경비 요구되는 것이 오늘의 도시문제이다.

한편으로는 효율성을 주장하는 획일적인 대응이나 대규모의 장치는 도시의 개성과 휴먼스케일을 상실하게 하고, 지역공동체나 가족 가운데에서 행해왔던 구제수단이 공동체 사회를 붕괴시키고 핵가족화를 촉진시키기도 하여 오늘의 도시는 다종다양한 문제에 직면하고 있다.

21세기에도 매력적인 도시로 살아남기

• 현대 도시문제의 해결방향

현대의 도시는 각각 다양한 문제에 직면하고 있어서, 도시의 인구, 위치, 산업, 환경, 성장의 경위 등에 따라 서로 다른 과제를 안고 있다. 따라서 일률적으로 말하기는 어려우나 거시적인 견지에서 본다면 대체로 다음의 4가지 방향에서 찾을 수 있을 것이다.

첫째, 도시재해의 위험을 감소시키는 방향이다. 태풍이나 집중호우로 인한 하천의 범람이나 둑의 붕괴에 의한 자연재해만이 아니라, 좁은 도로, 밀집주택, 오픈스페이스의 부족, 여기에 더하여 가스나 휘발유 등의 폭발성 물질로 인한 도시재해의 위험성이 가중되고 있으나, 이에 대한 저항력은 오히려 약화되고 있다. 특히 최근에는 좁은 도로에 무단 주차된 차량으로 인하여 구제차량의 진입이 불가능하여 화재가 확대되는 현상이 비일비재하며, 밀집주택가의 LPG가스의 폭발로 인한 재해가 증가하고 있다.

둘째, 생활관련 도시 기반 시설의 양적 부족을 조속히 해결하는 방향이다. 도로, 상하수도, 공원, 오픈 스페이스 등은 아직도 충분하지 못하며 후진성을 면치 못하고 있다. 그렇다고 하더라도 거대도시와 지방도시간의 과제는 그 질적 측면에서 다른 양상을 보이고 있다. 전자는 고밀도로 인한 도로나 하수도, 공원 및 오픈스페이스의 정비, 주택지의 정비 과제 등을 가지고 있으나, 후자는 밀도는 높지 않으나 저밀도로 확산되어 있는 시가지의 정비 과제, 상하수도의 정비과제 등을 안고 있다.

셋째, 도시환경의 질을 회복시키고 향상시키는 방향이다. 대기오염, 소음, 진동, 하천이나 바다의 수질오염 등 이른바 도시 공해를 해소시켜야 하는 과제이다. 거기에 덧붙여 도시의 어메니티라고 하는 용어로 총칭되는 환경의 쾌적성, 정돈, 조화, 미, 윤택함, 편안함 등 급속한 도시의 성장 과정에서 경시되어 온 질적 측면을 향상시키고, 도시전체의 활기를 회복시켜 새롭게 만들어 나가는 과제이다.

넷째, 공동체로서 도시를 유지시키고, 협조와 조정을 위한 규칙과 시스템을 확립시켜 나가는 방향이다. 도시에는 다수의 다양한 주체가 거주하고 있으며 이들은 도시거주의 매력이 되기도 한다. 반면에 이들은 다종다양한 대립과 반목을 만들어 내기도 하여 도시를 혼란에 빠트리기도 하여, 급속한 도시화의 과정에서 여러 가지를 경험하기도 하였다.

• 21세기에도 지속가능한 도시로 나아가기

21세기에 이미 진입하여 10년 이상 지나왔지만 향후 수십 년의 변화에 지속가능한 발전을 하기 위해서는 적절한 대응이 필요할 것이다. 21세기 사회에서도 지속가능하기 위하여 도시는 탈바꿈하지 않으면 안된다.

21세기의 도시 특징을 몇 가지 키워드로 정리해 볼 수 있는데 다음과 같다. 경제 및 산업의 소프트화 및 서비스화, 다양한 분야에서의 국제화, 고도의 성숙사회로의 진행, 여가사회로의 진행, 고도의 정보화 사회, 고령화 사회, 친환경화, 지속가능한 개발 등이 그 핵심을 이루고 있다. 이러한 특징은 지금까지 경험했던 산업형 성장도시와는 상당히 다른 모습과 기능을 가진 도시를 요구하고 있다.

첫째, 도시를 지지해주는 주요 도시산업과 도시기능을 21세기 사회에 적합하게 전환하는 방향이다. 이미 언급한 바와 같은 사회의 변화는 지금까지 도시를 지탱해준 기간산업의 존립을 위협하고 있으며, 또한 도시의 교통 입지 조건을 변화시켰다. 예를 들면 고속열차가 정차하느냐 않느냐에 따라서 도시의 성장이 크게 좌우되어 고속열차가 지나가는 여러 도시에서 정차하기를 요구하는 것이 살아남기 위한 전략 중 하나일 것이다. 따라서 도시의 쇠퇴, 축소를 피하고 도시의 취업기회를 확충해 나가기 위해서는 새로운 사회에 대응하는 모델 체인지가 필요하다. 그 방향으로서 유비쿼터스시티, 테크노폴리스, 콘벤션시티, 텔레토피아, 인텔리젠트시티, 패션문화도시, 리조트시티, 마리나시티 혹은 마리노폴리스, 슬로시티 등 다양한 콘셉트를 가진 도시에로 모델 체인지가 시도되고 있는데, 이러한 것들이 이러한 방향에 대한 대응책이라고 볼 수 있다.

둘째, 도시의 어메니티amenity를 향상시키는 방향이다. 즉 도시환경과 도시 시설의 질적 수준을 세부적인 수준까지 향상시킴과 동시에 개성적인 매력을 가진 도시로 나아가게 하는 것이다. 여기에는 도시에 사는 사람들의 생활의식과 행동이 고도의 수준에 도달한 점, 개성화 및 다양화해 온 점, 도시주민의 고령화 및 장수화가 급속하게 진행되고 있는 점 등이 배려되어야 할 것이다.

▌그림 1-4▐ 도시의 초고층 아파트 단지의 야경

제2장

미래의 도시, 어떤 모습일까

도시는 도시에 살고 있는 사람들의 요구를 받아들여 끊임없이 성장하고 발전하는 유기체와 같다. 그리하여 성장하기도 하는가 하면 정체하기도 하고 혹은 쇠퇴하여 사라지기도 한다. 미래에 도시가 살아남기 위해서는 어떻게 해야 할까? 먼저 21세기 사회가 무엇을 요구하고 있는지 사람들은 무엇을 추구하고 있는지 파악되어야 할 것이다.

제2장

미래의 도시, 어떤 모습일까?

도시는 도시에 살고 있는 사람들의 요구를 받아들여 끊임없이 성장하고 발전하는 유기체와 같다. 그리하여 성장하기도 하는가 하면 정체하기도 하고 혹은 쇠퇴하여 사라지기도 한다. 미래에 도시가 살아남기 위해서는 어떻게 해야 할까? 먼저 21세기 사회가 무엇을 요구하고 있는지 사람들은 무엇을 추구하고 있는지 파악되어야 할 것이다. 21세기 사회의 특징을 요약하자면, 디지털과 정보화, 고령화, 친환경화, 개인주의화 및 여가추구 등으로 나타낼 수 있을 것이다. 사회의 변화는 매우 다양하여 정보를 검색하는데 장소나 시간에 구애받지 않고 스마트폰 하나이면 어디서든 언제이든 원하는 것을 찾아낼 수 있는가 하면 지나친 스피드 사회에 대한 저항으로 느림을 추구하는 도시와 라이프스타일도 나타나고 있다. 또한 지구환경의 변화에 직면하여 지속가능한 사회를 지향하면서 도시의 인공적 환경에 녹색과 더불어 살아가고자 하는가 하면, 초고령사회에 직면하여 도시환경을 고령자에게 친절하게 하고 그들이 안심하고 거주할 수 있게 하는 방향으로 나아가기도 한다.

우리는 디지털과 정보화를 추구하는 도시를 여러 가지 이름으로 부르고 있는데, 유비쿼터스시티(U-시티) 혹은 스마트시티라고 한다. 느림을 추구하는 도시를 슬로시티라 하고, 녹색환경을 도모하는 도시를 환경도시 혹은 에코시티라고도 한다.

그러나 이러한 모습은 어느 특정한 기능에 집중하므로써 나타나는 것으로 실제의 도시는 다종다양한 기능과 모습을 동시에 가지고 있으며 공존하고 있다.

이 장에서는 현재 최첨단으로 변화하고 있는 다양한 도시의 모습을 살펴보고자 한다.

유비쿼터스 시티(U-City)란 어떤 모습인가?

우리는 이미 1997년 앤드류 니콜 감독이 제작한 '가타카(GATTACA)'라는 영화에서 유비쿼터스 시티를 볼 수 있었다. 영화에서는 인간의 유전자를 조작하여 우성인자로 태어난 앨리트 인간들은 사회의 상층부를 형성하고 자연의 섭리에 의해 태어난 열성인자의 인간들을 사회의 하층부로 밀어낸다. 가타카는 우주탐사에 관련한 회사의 이름이다. 영화에서는 술을 마신 다음날 회사에 출근하기 전 화장실에서의 소변을 통하여 몸의 상태를 자동 측정하고, 건물의 출입에는 인간의 홍채로 확인하기도 한다.

유비쿼터스란 의미는 라틴어 'ubique'를 어원으로 하는 영어의 형용사로 '동시에 어디에나 존재하는, 편재하는'라는 사전적 의미를 가지고 있다. 즉, 시간과 장소에 구애받지 않고 언제나 어디서든 정보통신망에 접속하여 다양한 정보에 접속할 수 있는 환경을 말한다. 최근 TV의 아파트 광고 속에서 옷장 속의 옷을 직접 입어보지 않고서도 어울리는지 아닌지 맞추어 볼 수 있고 아파트 밖에서도 부엌의 가스렌지가 켜졌는지 아닌지 확인할 수 있는 장면을 보게 된다. 어떻게 보면 상상 속에서나 가능한 일이 오늘날 우리의 주변에서 찾아 볼 수 있게 되었다.

또한 얼마 전에 K시의 미용실에서 일어난 살인사건의 용의자를 검거한 사례를 생각해보자. 사건 후 경찰은 CCTV로 인상착의를 파악하여 수색하고 있었는데, 용의자는 다른 도시로 탈출하였다. 용의자는 안심하고 PC방에서 자신의 아이디로 인터넷에 접속하였는데, 경찰에서 즉각 해당 PC방의 위치를 파악하여 용의자를 이틀 만에 검거한 적이 있었다. 정보화 사회가 아니라면 사건이 장기간에 걸쳐서 행해졌거나 미궁에 파묻혔을지도 모른다. 뉴욕이 범죄도시로 악명이 높은데 유비쿼터스 체제를 갖춤으로써 범죄율을 낮추고 자연환경도 청정하게 유지할 수 있었다고 한다. 즉 뉴욕경찰국의 리얼타임 크라임센터Real Time Crime Center에서는 뉴욕주민의 데이터베이스를 모아놓은 거대한 정보망을 바탕으로 범죄를 실시간으로 해결하고 있어 범죄율을 감소시키는데 기여하고, 허드슨강에 칩을 내장한 센서를 강 속에 설치하여 물의 상태를 실시간으로 파악하여 청정하게 유지하고 있다고 한다(동아일보, 2011).

● 유비쿼터스 시티의 개념

유비쿼터스Ubiquitous는 형용사로 '동시에 어디에나 존재하는, 편재하는'라는 사전적 의미를 가지고 있는데, 시간과 장소에 구애받지 않고 언제 어디서나 정보통신망에 접속하여 다양한 정보통신서비스를 활용할 수 있는 환경을 의미한다. 1988년 미국 사무용 복사기 제조업체인 제록스社의 팰러알토연구소에 근무하는 Mark Weiser가 '유비쿼터스 컴퓨팅'이라는 용어를 사용하면서 시작되었다. Weiser는 '언제 어디서나 컴퓨터에 접속할 수 있는 세계'가 도래할 것이라고 하였는데, 그로부터 20여년이 지난 오늘날 그의 예측은 실현되고 있다.

유비쿼터스 시티는 IT기술과 서비스를 동시에 접목시킨 것으로 도시의 구성요소에 컴퓨터와 정보통신기술을 통합하여 언제, 어디서나 사용자와 커뮤니케이션할 수 있도록 해 주는 환경으로써 유비쿼터스 네트워킹 기술을 전제로 구현된다. 그리하여 도시 전체가 정보통신기술을 통해 교통, 환경, 복지, 교육, 헬스 등이 네트워크로 연결되는 도시이다.

▌표 2-1▐ M. Weiser의 유비쿼터스 환경을 위한 조건

❶ 모든 구성요소가 네트워크에 연결되어야 한다.
❷ 사용자가 컴퓨터가 존재하는 것을 의식하지 않으면서도 자연스럽게 컴퓨터를 사용할 수 있어야 한다.
❸ 가상공간이 아닌 현실세계의 어디서나 컴퓨터 사용이 가능해야 한다.
❹ 사용자 상황(장소, ID, 장치, 시간, 온도, 명암, 날씨 등)에 따라 서비스가 변해야 한다.

▌표 2-2▐ 유비쿼터스 사회의 특성

구분	산업사회	정보사회	유비쿼터스사회
핵심어	생산, 에너지, 기계	기술, IT, 디지털	콘텐츠, 융합
공간	물리적 공간	사이버공간	물리적 공간과 사이버공간의 통합
특성	물리적 공간의 축소; 교류의 성장	물리적 공간의 활동; 기능의 디지털화	사물의 지능화, 기술, 감상, 문화
소비	물질재화의 소유; 공간, 시간적 제약	네트워크; 일정부분 공간의 제약	공간의 콘텐츠 시장화: 언제, 어디서나 콘텐츠 향유
선호	단순, 획일	신제품, 고기능 선호	차별성, 감성중시

출처: 원제무, 마음으로 읽는 도시, 삶의 공간을 가꾸는 도시계획, 조경2008. p.323.

• 유비쿼터스 시티에서는 어떤 유형이 있는가?

유비쿼터스시티는 기존 도시를 개발하고자 할 때 추구하는 목적에 따라 하나의 수단으로서 유용할 수 있다. 즉 도시별로 행정서비스, 교통체계, 의료복지 및 녹색환경의 추진 등의 추진 목적에 따라 유비쿼터스 컴퓨팅 기술을 접목시켜 특화시킬 수가 있을 것이다. 예를 들면 경기도 화성시가 2007년 7월 세계보건기구(WHO)로부터 건강도시 인증을 받았는데, 도농복합형 건강도시를 조성함에 있어서 유비쿼터스 컴퓨팅 기술을 적용하여 언제 어디서나 전방위적인 보건의료 증진에 기여할 수 있을 것이다. 화성시는 'U-Creative City'라는 슬로건을 내걸고 유비쿼터스 시

티에로 나아가고 있다.

도시는 다목적 기능을 가지고 있으므로 어느 한 분야만을 특화시키고 나머지 다른 분야의 기능이 조화를 이루지 못한다면 도시로서의 온전한 기능을 발휘하는 데에 문제가 있을 수 있다. 그럼에도 불구하고 유비쿼터스 시티를 지향하는 많은 도시들은 도시의 이미지를 결정할 수 있는 슬로건을 내걸고 있다. 이러한 대표적 기능을 중심으로 나누어 본다면 유비쿼터스 시티에서는 어떠한 유형이 있을 수 있을까 알아보자.

◦ 참여도시 참여도시란 시민, 단체, 기업 및 행정당국이 더불어 만들어 나가는 도시행정을 거버넌스방식을 강조하는 것으로, 과거의 행정당국 중심의 도시행정인 거버넌트와는 다소 다르다고 할 수 있다. 과거에는 도시행정에 주민들의 의견

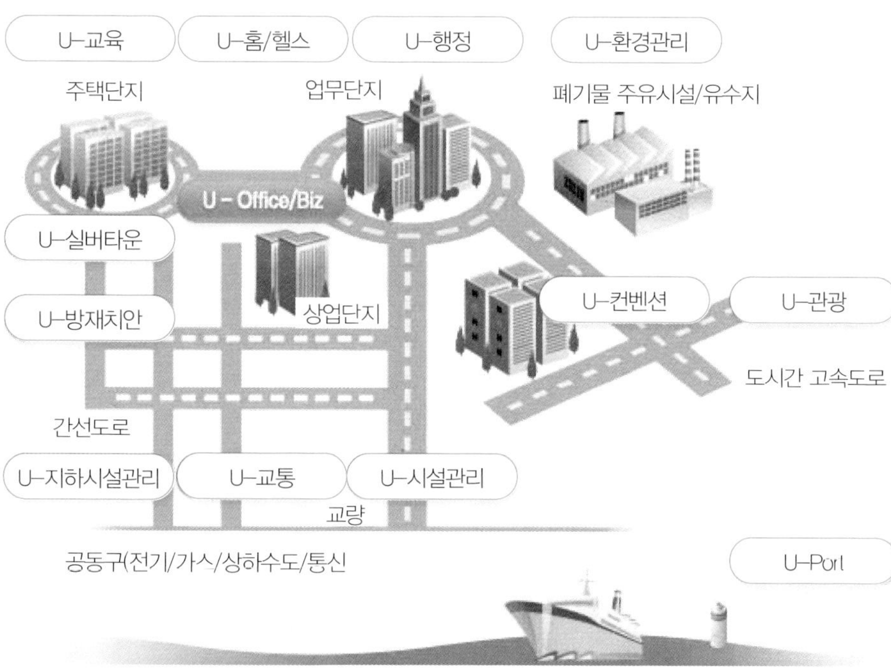

▌그림 2-1▐ U-City의 개념도 (자료: 한국토지주택공사 www.lh.or.kr)

을 반영하기 위하여 주민의견 청취나 공청회가 있었으나 주민들이 직접 참여하기 위해서는 시간과 노력을 들여야 하는 어려움이 있었다. 참여도시에서는 다대한 시간과 노력을 들이지 않고서도 사이버공간을 통하여 다양한 도시행정에 직접적으로 주민이 의견을 제시하고 그 결과의 반영 여부를 확인할 수 있다.

◦ 안전도시 일상생활에서 발생하는 다종다양한 사고로부터 도시민의 안전을 위하여 지속적으로 노력하는 도시를 말한다. 여기에는 도시 내의 환경설계를 통하여 범죄를 예방하는 범죄예방설계(CPTED: Crime Prevention Through Environment Design), 지능형 교통망 시스템을 이용하는 경우도 해당된다. 범죄예방설계는 범죄 발생을 억제하고 거주자는 자신들의 환경이 안전하게 느끼도록 하는데, 예를 들면 특정지역에 사람이 다가오면 센서가 발동하여 조명이 밝아져서 범죄를 예방하고 거주자는 안전감을 느낄 수 잇게 한다. 또한 도시 내의 주요지역에 CCTV를 설치하여 도시의 치안, 방범을 사전에 예방 및 감시하여 안전한 생활을 추구한다.

지능형 교통망 시스템은 실시간으로 도로상의 교통상황을 수집하고 적절하게 대처한다. 또한 외부의 전문기관과 연계하여 취득한 교통정보를 가공 처리하여 도로전광표지, WEB 등의 정보제공매체를 통해 제공한다. 이는 교통의 흐름을 원활하게 유지할 수 있고 교통사고를 사전에 예방할 수 있다.

◦ U-Eco City 공기, 물, 폐기물 및 동·식물 등의 자연환경에 관한 정보를 수집하여 도시의 통합센터에서 이를 관리하여 인간과 환경이 공존하여 환경부하가 적은 도시로 나아가게 하는 것이다. 초기에는 녹지와 같은 자연환경의 보존이 주요 관심사였으나 오늘날은 환경의 오염관리, 자원의 재생, 도시의 미기후 관리 등의 측면에서 각종 센서를 이용하여 오염물질의 배출을 차단하고 기후의 안정과 자연재난의 예방을 도모한다.

◦ 홈네트워크 복합기능도시 각 가정의 안전 및 보안, 문화 및 건강생활, 실내의 환

경조절, 가사생활 등의 다양한 생활의 기능에 유비쿼터스 컴퓨팅 기술을 접목시켜 쾌적하고 안전한 주생활을 영위할 수 있게 한다. 주동의 출입, 주호의 침입이나 도난, 화재나 가스의 누출 등으로부터 가정의 안전을 지킬 수 있도록 하는 한편, 가정 내에서의 건강체크 시스템, 냉·난방 조절 및 조명조절 등 다양한 기능이 가능하다. 아파트 외부적으로는 아파트 주요 지역에 설치된 CCTV를 통하여 자녀들의 안전을 살필 수도 있다.

또한 영상인식카메라를 이용한 영상번호인식기술 등을 통하여, 주차장의 입/출차 관리, 주차차량의 유도 및 정보 제공, 주차차량의 위치확인, 실시간 주차 가능 위치정보 및 주차가능 면수정보 등을 제공하여 주차 이용자의 편의성을 도모하는 주차자동관리서비스도 가능할 것이다.

에코시티Eco-City란 어떤 모습인가?

21세기에 들어서서 커다란 화두 중의 하나가 지구환경 문제라고 할 수 있다. 도시의 각종 건축물은 그 어느 시대보다도 규모가 대형화되고, 설비는 고도화되어 에너지 소모는 증가 일로에 있다. 이러한 에너지 고갈 현상과 더불어 지구의 온난화 현상, 오존층의 파괴 등으로 지구의 이곳저곳에서 이상기온 현상이 나타나고 있어 지구환경은 더 이상 방치할 수 없는 문제이다. 지구환경의 보존이라는 관점에서 에너지, 자원, 폐기물 등을 주 변환경과 조화로우면서도 지속가능한 점을 충분히 고려한 도시가 요구되고 있다. 1992년의 브라질에서 개최되었던 리우회의 이후 각 국에서는 환경에 관련한 법을 제정하고 있으며 우리나라에서도 1995년 말에 환경부에서 '환경비전 21'을 발표하여 환경 친화적 도시환경 조성에 큰 관심을 가지고 추진해 오고 있다.

오늘날 에코시티는 지속가능한 도시, 환경도시, 녹색도시, 생태도시 등의 유사한 이름으로 불리우고 있으며 환경보전과 지역발전이라는 두 마리 토끼를 잡을 수 있는 도시 개념으로 받아들여지고 있다. 생태도시로 유명한 브라질의 꾸리찌바시는 도시의 1/5이 녹지이며 총100km의 자전거도로와 보행자전용 '꽃의 거리'가 있어서 도시 자체가 하나의 관광자원으로 되어 연간 3억 달러가 넘는 소득을 창출하고 있는 것이 좋은 예이다. 여기에 생태계의 순환을 청정하게 유지하기 위해서 여러 도시에서는 유비쿼터스 컴퓨팅 기술을 응용하여 U-Eco City의 방향으로 나아가고 있는 실정이다. 창원시는 국내 최대의 철새도래지인 주남저수지의 생태환경을 보전하면서 진해만과 마산만의 연안보전, 도심 곳곳의 테마공원 조성과 도시숲 확대 등으로 새로운 생태환경도시로 나아가고 있다.

• 에코시티의 개념

에코시티란 해당도시 혹은 지역을 중심으로 생태환경을 보전하면서도 그 가치를 극대화시켜 지역의 경제, 사회가 균형 발전하므로써 현재와 미래 삶의 질을 지속적으로 향상시킬 수 있는 도시라고 말할 수 있다(환경부:2006). 학문적으로는 에코시티란 도시를 하나의 유기적 복합체로 보아 다양한 도시 활동과 공간 구조가 생태계의 속성인 다양성·자립성·순환성·안정성 등을 포함하는 인간과 자연이 공존할 수 있는 환경 친화적인 도시로 정의하기도 한다. 유사한 개념으로 전원도시, 환경도시, 녹색도시, 에코폴리스, 환경 보전형도시, 에코시티 등이 있다.

에코시티의 진화를 대개 4기로 나누어 볼 수 있는데, 제1기는 1970~80년대 경 등장할 당시로 공해를 극복하고 자연환경을 보전하고 녹지를 확보하는 것이 주요 개념이었다. 제2기는 1980년~1990년 중반까지로 주로 생물의 네트워크를 유지하고 비오톱biotope을 복원하고 다양한 지역문화권을 보존하는 것이었다. 제3기는 1990년대 중반부터 2000년대까지로 자원의 순환이라는 주요 개념으로 진화되어 자원순환, 신재생에너지 및 생태주거단지의 개발 등으로 나타났다. 제4기는 2000년대 이후로 지속가능한 도시를 만드는 것이 주요 개념이다. 환경과 생태에 머

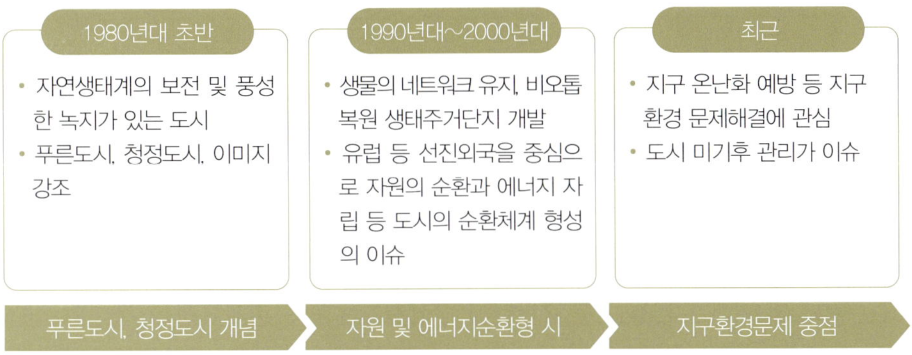

▌그림 2-2▐ 에코시티의 진화단계

▌표 2-3▐ 생태도시와 유사한 개념의 도시

명칭	개념
전원도시 (Garden City)	• 현대적 의미에서 도농통합형의 저밀도 경관도시라고 볼 수 있다. • 중심부에는 밀집된 도심을 두고 주위에는 농업용 그린벨트를 조성하여 여기에 적은 수의 사람이 거주한다는 계획 내용을 가지고 있는데, 주로 대도시 주변의 신도시 건설에 적용되었다.
자족도시 (Self-sufficient City)	• 도시의 자립성을 강조하는 신도시의 개발전략으로, 도시인구 규모에 어울리는 수준의 경제활동과 도시기능을 가지고 도시 기반시설을 확보함으로써 도시계층 구조상 역할을 원활하게 담당하고 있는 도시이다. 특히 에너지 및 자원 이용의 효율성을 강조하고 외부 자원에 대한 의존성이 현저하게 낮은 것이 특징이다.
녹색도시 (Green City)	• 조경학적 측면에서 도시경관과 녹지조성을 어떻게 할 것인가가 강조된 것이 특징이다. • 도시생활과 자연이 서로 합쳐진 건강하고 풍요로운 도시를 만들기 위한 경관조성에 힘써야 한다는 것으로 공원이나 휴식공원이 주변의 건물과 조화를 이루도록 한다든지 실내외 공간에 식물이나 분수를 이용해 친근한 공간을 만드는데 역점을 두고 있다.
생태도시 (Eco-City)	• 생태계의 보호와 인간성 회복에 주안점을 두고 있다. • 기본적 요소로 첫째 도시공간이 가진 인간성 상실을 극복하는 것, • 둘째 도시경관에 자연과 사람을 접촉 대상으로서 도입하는 것, • 셋째 지역의 기후 풍토를 고려하여 커뮤니티 조성에 활용하는 것을 들고 있다. 예를 들면 독일의 슈투트가르트시 도시계획 중 '바람의 길을 배려한 커뮤니티 조성' 이란 사례에서 엿볼 수 있다.

묻지 않고 경제적, 사회적 측면을 통합한 보다 광범위한 의미로 시민과 함께 환경의 부하가 낮은 도시로의 전환을 주제로 한다. 미기후의 관리를 통하여 자연재해의 예방하고 친환경산업구조로 나아가는 지구 전체의 환경문제를 고민하고 이에 대응해나가는 도시의 개념이다.

특히 유비쿼터스 컴퓨팅 기술의 진화로 이동수단이 자유로운 시대에 즈음하여 도시 전체의 다양한 환경을 통합센터에서 실시간으로 관리함으로써 자연을 최대한 보존하도록 하는 것이 미래의 도시가 생존해나갈 수 있는 전략이 될 것이다. 미래에 주민들이 가장 살고 싶고 최고 삶의 터전이 될 것이라고 보는 요소가 풍부한 자연환경이 바탕이 된 첨단도시인 U-Eco City일 것이다.

• 에코시티에는 어떠한 것이 필요한가?

이미 언급한 바와 같이 에코시티에 관련한 유사한 개념이 여러 가지 있지만, 그 중에서도 핵심적인 것은 '지속가능한'일 것이다. 지속가능의 의미에는 소극적 의미와 적극적 의미로 나누어 볼 수 있다. 소극적 의미에는 각종 계획에 있어서 환경보전에 대한 깊이를 더하거나 환경오염 규제의 기준을 강화하거나, 에너지 보존의 규제를 강화하거나 더 많은 재활용을 해야 한다는 등의 공공의 의사결정에 있어서 환경에 대한 관심과 비중을 높여서 경제성장과 환경보전의 조화를 얻고자 하는 것이다. 흔히 우리 주변에서 많이 시도되고 있는데 우리는 이것으로 경제개발과 환경보전을 병행할 수 있다고 이해하고 있다. 그러나 이것은 지구자원의 고갈을 지연시키는 정도에 지나지 않아 성공적인 지속가능한 개발에는 소극적 의미로는 충분하지 못하다는 문제가 있다. 적극적 의미에는 환경의 한계 용량 내에서 나아가서는 환경 용량의 확대를 지향하는 환경창조의 개념까지 의미한다. 도시 내의 자원으로 물질이나 에너지의 수요과 공급이 가능한 자기완결을 지향하는 것이다. 우수 이용, 태양열 이용 등을 포함한 각종의 대책을 하고 부지 외부에서의 물이나 에너지의 유입을 억제하고 폐기물의 양도 최소화하였다. 이러한 자기완결적

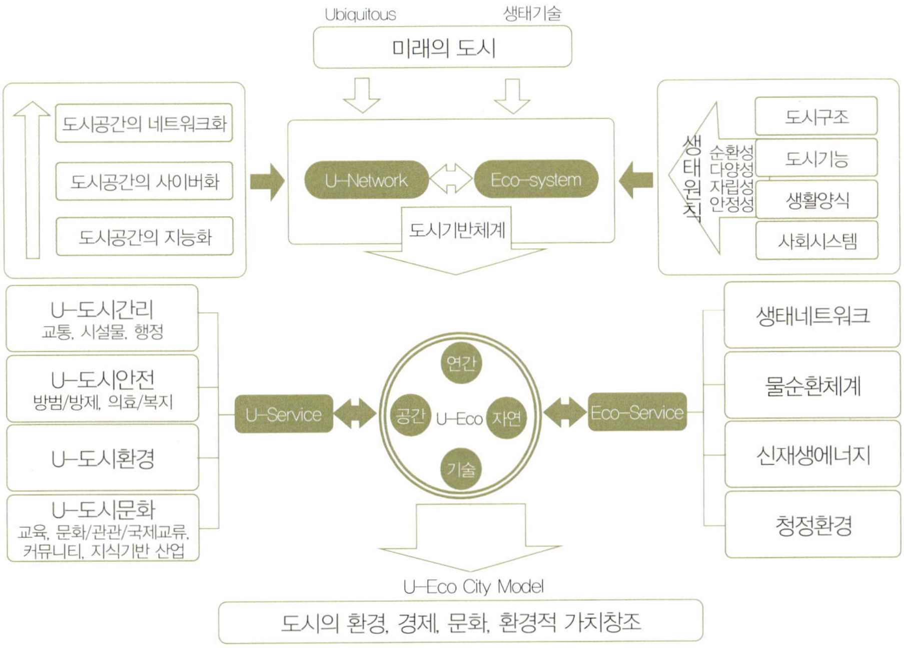

▌그림 2-3▐ U-Eco City의 개념도 (www.ueco.or.kr)

▌그림 2-4▐ 네덜란드의 에코도시 Amersfoort 조성사례(6000세대)
(자료: 왕광익, 저탄소 녹색도시 조성사례, 국토연구원, 2009. 8.1)

활동을 초월하여 삼림이나 자연생태계의 보전과 확산을 통하여 환경의 한계 용량을 점진적으로 확대시켜 나가는 생태전략까지도 포함하게 된다.

◦ 에코시티는 고밀도로 개발되어야 한다. 유럽 공동체는 도시 환경 보존에 관한 녹색 보고서(Green Paper on the Urban Environrnment:1990)를 발표한 바 있는데, 여기에서 지속가능한 도시로 개발하려면 고밀도 도시 개발이 되어야 한다고 하였다. 고밀도 도시compact city란, 직장, 주거, 서비스 등의 시설을 가급적 도시의 중심부에 집중적으로 수용하여 주민들의 이동거리를 단축시켜 도보 내지는 자전거로도 충분하게 하여 도시 주변의 자연환경을 보전하여 도시 생활의 질을 높이는 것이다. 이렇게 도심부를 고밀도화하면 도시가 교외로 확산되어 주변 자연환경을 파괴하는 것을 방지할 수 있기 때문이라고 하였다.

◦ 에코시티는 생태계의 순환이 원활하여야 한다. 도시 고유의 기후 풍토에 맞는 자연환경이 보전되고 또 이들의 활용을 도모하여 생태계의 측면에서 다양하고도 자립적이며 안정적인 순환구조를 갖는 것이다. 즉, 생태계의 순환과정이 살아 숨쉬며 풍부한 녹지대와 다양한 생물의 종種이 확보된 도시가 생태도시라고 할 수 있다. 도시거주자에게는 친밀한 생활의 장이 되고 더불어 에너지와 자원이 절약되는 곳이라 할 수 있다.

◦ 에코시티는 시민이 참여하는 도시여야 한다. 지구환경 측면에서 지속가능하고자 한다면 도시는 시민의 참여가 효과적으로 보장되고, 불평등으로 인한 사회적 긴장과 갈등이 해결될 수 있으며 자율교정능력과 혁신능력을 가진 사회체계로 되어야 한다. 스스로 문제를 해결하고 정치, 경제, 행정, 기술 체계가 유연하여 도시 자신의 수용능력에 알맞은 시민 생활의 질을 향상시킬 수 있는 능력을 가진다. 도시가 가진 환경오염과 악화에 대하여 시민에게 공개하고 충분한 논의를 거쳐 시민 스스로 환경보전에 앞장서고 시민참여가 보장되어야 한다. 일본의 키타큐슈시는 시민참여로 생태도시로 거듭난 도시인데, 20세기에 들어서 제철소와 발전소의 건

립으로 일본 최대의 공해도시라는 오명으로부터 벗어나기 시작한 것은 시민의 자발적 모임인 지역의 부인회가 공해와 고군분투하여 얻어낸 결과이다.

슬로시티Slow City란 무엇인가?

• '느린 삶'을 추구하다

앞에서 언급한 U-시티의 경우는 언제 어디서나 시간과 장소에 구애받지 않고 원하는 서비스를 받을 수 있는 오늘날 사회의 최첨단의 모습이다. 그러나 그렇게 신속하게 서비스를 받지 않으면 안 되는 절대 절명한 일이 과연 얼마나 자주 있을까 하고 자문하여 본다면 누구도 쉽사리 그렇다고 대답하기 어려울 것이다. '슬로우'란 '빨리'의 반대로 느린 삶을 추구하는 것으로 슬로라이프, 슬로푸드가 그러하다. 슬로라이프와 슬로푸드를 바탕으로 전통에서 묻어나는 느린 삶을 통하여 삶의 질을 추구하는 사람들의 바램이 슬로시티로 나타난 것이다.

슬로시티란 용어가 우리나라에서 사용되기까지 5년도 되지 않은 짧은 역사를 가지고 있는데, 2007년 전라남도의 담양군, 신안군, 완도군, 장흥군이 슬로시티로 지정되었고 2009년에는 경남 하동군 악양면과 충남 예산군이 추가로 지정받아 모두 6개의 슬로시티가 존재하면서이다. 슬로시티는 이탈리아에서 1999년 슬로운동에서 출발한다. 슬로운동에는 슬로푸드, 슬로스쿨, 슬로튜어리즘, 슬로리빙 등이 다양하게 포함되어있는데, 슬로시티는 지역의 역사와 전통에 가치를 두고 지역문화와 지역민의 삶을 느리게 유지할 수 있도록 해주는 도시이다.

이탈리아의 4개의 작은 도시 오르비에토Orvieto, 그레베Greve, 브라Bra, 포지타노Positano 시장들이 모여서 대도시화와 물질 만능주의에 반대하고 인간답게 사는 마을로 만들자는 슬로시티운동을 결성하였다. 2002년 당시 인구 1만 4000천 명 정도의 작은 도시 그레베에 패스트푸드점의 진출로 지역의 고유한 음식문화와 삶이 사라지고 도시의 전통적 생산성이 위협을 받는 것에서 당시 시장으로 재직 중인 파울로 사투르니니Paolo Saturnini가 주민들을 설득하여 슬로시티를 선언하였다. 그리하여 패스트푸드점의 진출을 막고 지역고유의 음식문화와 생태계를 보전하게 되면서 역사의 바퀴를 뒤로 돌리는 것이 아니라 인간이 생활의 중심이 되는 삶을 지향하게 된 것이다.

• 슬로시티의 요건

U-시티, 생태도시 등은 별도로 도시의 인증이 필요 없는 것에 비하여 슬로시티는 국제슬로시티연맹인 Cittaslow으로부터 슬로시티로서 심사기준을 통과하고 인증을 받아야만 슬로시티라고 할 수 있다. 세계적으로 슬로시티로 인증을 받은 국가 및 도시는 2009년을 기준으로 16개국 121개 지역으로 유럽 13개국 112개 지역, 오세아니아 2개국 3개, 아시아 2개국 6개 지역이다. 아시아에서는 유일하게 우리나라가 포함되어 있다(www.cittaslow.net).

슬로시티의 요건은 다음과 같다.

▌그림 2-5▌ 슬로시티의 로고와 이탈리아 슬로시티인 Chiavenna 시의 토요일 모습
(자료: www.treehugger.com)

▮표 2-4▮ 슬로시티 인증을 위한 부문과 인증항목

부문	인증항목
환경 정책	• 공기의 질 측정 및 관리 시스템, 음용수 공급 및 수질기준 • 퇴비화를 위한 기술 및 보급촉진(가정 포함), 오염 관리 시스템과 조절 프로그램, 대체에너지 이용 촉진프로그램, 전자스모그 오염관리시스템과 조절 프로그램, 소음방지 및 조절 프로그램, 외관을 해치는 광고물 배제 및 관리계획 • 환경관리시스템의 도입, 적용, 지방의제 21과의 연계, 농업 유전자 변형기술 이용금지
기초 인프라 정책	• 녹지지역의 공급 및 보존, 역사적 중심지 및 문화재 보존, 복원계획 • 도시지역 리스타일링 및 재정비프로그램, 건축 장애물이 없는 포장도로 • 배리어프리도시 조성, 대안교통수단(자전거 등) 활성화 기반조성 • 접근이 가능한 무료 공공화장실, 마을중심부 외에 휴게장소의 설치, 시민 친화적 공공 행정서비스의 지원 시간, 슬로시티 정보 제공의 공간 존재 • 시민에게 헌신적인 '좋은 생활' 콜 센터, 고객 지향적 상점의 영업시간 계획 • 가정생활을 편리하게 하는 프로그램의 촉진(레크레이션 활동 프로그램, 노인과 병약자를 위한 가정보호 프로그램), 교통 및 보행안전 통합관리 계획
도시질 향상	• 역사적 중심지 및 문화재 보존과 복원계획, 재산보호와 커뮤니티안전이 조화된 안전시스템, 공공시설 내 재활용이 가능한 식기류 사용, 효율적 쓰레기 관리 • 공적, 사적 장소에 지역 생산종 및 보호제 식재, 도시행정의 온라인 서비스화 • 친환경 건축 촉진 계획, 역사적 중심지 이용의 확대 프로그램
토산품 가치화 정책	• 년 단위 지역특산품 목록 및 수량 작성, 지역특산품 판매시장 개설 • 지역문화행사의 가치화와 보존활동, 유기농법의 장려, 유기농 식품생산 프로그램 및 인증제도, 전통수공업품 및 특산품 보호, 지원책, 슬로푸드 맛과 영양에 관한 대책, 소멸위기에 처한 수공예품의 생산방식 보전, 학교급식 보호를 위한 취사시설의 개선
방문객 환대 정책	• 공공장소에 슬로시티 휘장사용, 슬로푸드 향연의 개발 이행 및 지원 • 다중언어 표지판(교통표지판 등), 관광안내 및 친절교육프로그램 • 도시홈페이지를 통한 슬로활동안내, 다중언어의 관광안내도 • 슬로시티 안내서 발간, 상품가격의 투명성 유지를 위한 가격표시 규정 사용 • 모든 커뮤니티 행사에 대한 지원, 마을 중심부에 방문객의 접근 가능한 주차장 계획, 지역행상 및 축제의 방문객 참여 확대를 위한 시설개발 및 지원과 환영정책, 슬로시티 목적에 부합한 이니셔티브개발
인식 확대 정책	• 슬로시티 목적에 부합한 공공업무, 도시공문서에 슬로시티 마크 찍기 • 슬로시티 운동의 대외적 확산을 위한 프로그램, 슬로시티관련 콘텐츠 웹사이트 마련, 슬로시티 관련 자료의 존재와 유포, 사회적 차원의 대외적 교육 및 협력 프로그램, 슬로시티 적용 및 이행, 평가점수 향상을 위한 계획 및 재원 프로그램 • 지역생산품 이용 장려(학교, 병원, 커뮤니티 센터 등) • 슬로시티 인식 확산을 위한 주민 홍보계획

출처: 박경문 외(2010). 한국형 슬로시티 인증평가 항목 개발 연구. 대한국토·도시계획학회지. 「국토계획」 제45권 제3호, pp.47–59에서 재구성.

◦ 인구가 5만 명 이하의 도시 만이 가능하다.

◦ 슬로시티의 헌장이 정한 기준의 50% 이상을 만족시켜야 한다.

그리고 이를 준수하고 있는 지 정기적인 실사를 받아야 한다.

판정기준은 환경정책, 사회기반시설, 도시구조의 질적 측면, 지역생산물의 사용 권장, 주민의 친절, 슬로시티에 대한 주민들의 인식 등에 관련한 6개 부문 55개 인증항목으로 구성되어 있다.

◦ 이러한 기준을 통과하면 슬로시티 달팽이 로고를 사용할 수 있고 연회비를 납부하여야 한다.

다음의 [표 2-4]는 국제슬로시티연맹의 인증항목을 나타내 것인데, 국가마다 가중치를 두어 약간씩 차이를 두어 적용하고 있다. 최근 슬로시티로 지정되고 난 뒤에 많은 관광객이 몰려와 원래의 모습이 사라져가고 관광 상품으로서 남는 슬로시티는 경계해야할 것이다.

고령친화도시란 무엇인가?

● 고령친화도시의 개념

대부분의 고령자들은 오랫동안 자신이 살아왔던 도시에서 계속 독립적으로 살아가기를 원하고 있다. 그러나 고령화가 계속됨에 따라 도시의 많은 제도와 시설은 고령자에게 그다지 적절하지 못한 경우가 많아 고령자들의 지역사회 내에서의 활동이 위축되고 나아가서는 삶의 질이 떨어지게 된다.

고령친화도시란 단지 노인친화도시라기보다 가령加齡에 따른 변화에 적합하도록 도시의 물리적, 사회적 환경이 재정비되어 고령자가 스트레스를 받지 않고 살아나갈 수 있는 고령친화도시aging friendly city를 말한다. 그러므로 도시의 물리적인 시설은 모든 사람들에게 적합한 유니버셜디자인의 개념으로 구성되어 있어야 하고, 사회적 환경은 고령자의 실제적인 지역거주를 면밀하게 지원할 수 있어야 한다.

◦ 고령친화도시의 의의

고령친화도시는 고령자들로 하여금 건강을 유지하고 사회참여를 북돋우고 안전을 보장하므로서 궁극적으로는 삶의 질을 향상시키는 데에 기여한다. 실제적으로는 고령친화도시는 지역사회의 계속적 거주aging in community에 근거하여 도시의 물리적, 사회적 구조와 서비스가 고령자들의 다양한 욕구에 대응하는 것이다.

- 고령친화도시는 고령자들에게 활동적인 노화의 기 회를 제공할 수 있다. 활동적인 노화에는 개인 혹은 가족을 둘러싼 건강과 의료서비스, 물리적 환경, 사회 경제적 상황, 개인적 특성 등이 영향을 미친다. 고령친화도시에는 이러한 요인들이 상호작용하여 나타난다.
- 고령친화도시는 노화에 대비하여 사회가 지불하여야 하는 사회적 비용의 절감을 가져올 수 있다. 또한 고령자들에게는 양질의 삶의 기회를 제공하는 것이다. 고령자를 위한 정책이 시설보호와 집단거주에서 자신의 집과 지역사회에 거주하는 체제로 변화하고 있는 것에도 기인한다.
- 노인만이 아닌 연령에 관계없이 누구나 이용할 수 있는 유니버셜디자인으로 하여 모든 사람이 거부감 없이 이용할 수 있어야 한다. 나아가 거주민에게 평생에 걸쳐서 지역사회에 안정적으로 거주할 수 있는 기회를 제공하는 것이 된다.

● 고령친화도시의 조성

고령친화도시를 조성하기 위하여 요구되는 제 영역에 관하여 크게는 2가지 영역에서부터 많게는 8가지 영역으로 나뉘고 있다([표 2-5] 참조).

이들 여러 영역은 상호 중복되는 특징을 가지고 있어 이들을 정리하여 4가지 영역으로 나누었는데, △고령친화적 지역사회와 주거환경 정비, △고령친화적 대중교통 확립, △지역사회 지원과 시민참여 확대, △건강과 사회복지서비스 확립 등이다.

◦ 고령친화적 지역사회와 주거환경 정비

고령자들이 지역사회 내에서 안전하고 편안하게 나이 들어가는 것에는 주거와 지역사회의 지원이 필수적이다. 이러한 고령자생활의 기반이 되는 주거와 지역사

▮표 2-5▮ 고령친화도시를 조성하기 위한 제 영역

구분	영역
세계보건기구(WHO)	• 옥외공간과 건물 • 지역사회 지원과 건강서비스 • 의사소통과 정보 • 시민참여와 고용 • 존경과 사회적 융합 • 사회참여 • 주거 • 교통
미국 애틀란타시	• 건강한 라이프스타일 유지 및 향상 • 주택유형과 교통수단의 다양화 • 정보와 서비스 접근성 강화
미국뉴욕시	• 지역사회와 시민참여 • 주택 • 공공공간과 교통 • 건강서비스와 사회서비스
자생적 은퇴촌(NORC)	• 사례관리와 지원 및 사회복지서비스 • 건강관리와 지원 및 예방 서비스 • 교육과 사회화 및 여가활동 • 프로그램 참가자의 자원봉사활동기회 부여
김선자(2010)	• 다양한 주거 개발과 보급 • 이동과 접근성이 보장된 도시환경, • 활동성 유지를 위한 도시설계 • 건강관리 및 예방프로그램 확대
정경희(2011)	• 고령친화적 주거 및 교통환경 조성 • 노인권익증진 및 노인공경기반 마련

회의 환경정비는 고령자의 독립성과 생활의 질, 이동성에 중대한 영향을 미치며, 지역거주aging in place 능력에도 관계된다. 고령친화적 지역사회와 주거환경의 정비를 위해서는 중점과제로 △고령친화적 옥외활동공간 정비, △고령친화적 공공건물 정비, △고령자의 주거안정과 안심거주 지원 등이다.

◦ 고령친화적 대중교통 확립

교통은 사회와 시민활동의 참여, 사회복지서비스, 취업 및 건강관련서비스에도 영향을 미치므로 고령자의 활동적 노화과정에 필수적 요소이다. 그러므로 손쉽게

▌표 2-6▐ 고령친화적 지역사회와 주거환경 정비의 중점과제 내용

중점과제	세부 내용
고령친화적 옥외 활동 공간 정비	• 지역사회 거주환경의 전반에 걸친 쾌적성 유지 • 공원과 산책로와 같은 녹지공간에의 접근성 확보 • 녹지공간의 무장애시설 설치와 치안유지
고령친화적 공공건물 정비	• 공공건물에의 안전성, 접근성 확보 • 공공건물 내의 고령자 전용서비스 공간 확보
고령자의 주거안정과 안심거주 지원	• 고령자 전용의 다양하고 저렴한 주거와 서비스 지원 • 고령자주택의 개조 지원 • 주택 관리를 위한 저렴한 서비스와 정보 지원 • 자연재해나 각종 공해로부터 안전하고 재정적 보조

▌표 2-7▐ 고령친화적 대중교통 확립의 중점과제 내용

중점과제	세부 내용
편리하고 안전한 교통환경 확립	• 저렴한 대중교통의 비용체계 확립 • 고령자가 이용하기 쉬운 교통수단간의 연계, 타 지역과의 연계 • 대중교통의 승하차, 번호 인식 등의 수월성 확보 • 충분한 양의 대중교통 확보와 경로석 비치 • 범죄로부터 안전한 대중교통 확립
안전한 보행환경 확립	• 보행자 우대 및 미끄럽지 않는 도로 확보 • 안심 보행을 위한 시각적 청각적 신호체계 확립 • 자전거 전용도로 확보
고령자우대 교통환경 확립	• 고령자에게 친절한 운행 및 교통 법규 엄수 • 고령자가 식별하기 쉬운 다양한 교통정보 제공 • 고령자가 접근하기 쉬운 무장애시설의 정류공간과 위치 확보 • 고령자 우대 주차구역 확보

이용할 수 있으며 저렴한 가격의 대중교통이 필요하다. 이를 위한 중점과제로는 △편리하고 안전한 교통환경 확립, △안전한 보행환경 확립, △고령자우대 교통환경 확립 등이다.

◦ 지역사회 지원과 시민참여 확대

고령자들이 은퇴하였다고 하여 지역사회에의 기여도 멈추는 것은 아니다. 지속적인 사회참여는 전 생애를 걸쳐서 건강과 웰빙에 강한 연관성을 가지고 있다. 다양한 레저 활동, 문화적 정신적 활동은 고령자들이 자신감을 가지고 자신의 노후를 살아나갈 수 있게 한다. 또한 사회적 통합감을 기르게 하고 소외되지 않은 느낌을 가지게 한다. 그리하여 보수를 받지 않는 자원봉사를 하기도 하고, 은퇴 후에 재취업하기도 한다. 실제로 재취업하기를 바라는 고령자가 훨씬 많다. 고령친화도시는 고령자들에게 지역사회를 위하여 봉사할 기회와 재취업할 기회를 제공하여야 한다.

이러한 활동적 노화를 유지하기 위해서는 자신의 생활과 요구에 조화를 이룰 수 있는 실질적 정보에 잘 연계되어 있어야 한다. 서로 다른 기관과 매체들로부터 다

▌표 2-8▌ 지역사회 지원과 시민참여 확대의 중점과제 내용

중점과제	세부 내용
고령자 재취업 확대	• 자원봉사할 기회의 제공 • 자원봉사 내용이 고령자들의 재능에 부합할 것 • 재취업 기회의 확대와 취업을 위한 훈련프로그램 제공 • 근무조건의 탄력적 적용을 통하여 고령자의 능력 발휘 지원 • 고령자의 창업 지원과 기업가정신 격려
고령친화적 정보통신	• 모든 통신매체의 고령친화적 체제 확립 • 면대면을 통한 의사소통 장려 • 컴퓨터와 인터넷의 접속을 위한 친절한 설명서와 도우미 지원
고령자 우대분위기 조성과 사회참여	• 다양한 지역사회의 이벤트 활동에 고령자들의 접근성 우선 확보 • 대중매체의 고령자에 대한 긍정적 이미지 제고 • 지역사회의 다양한 의사결정 과정과 수행에 참여 기회 제공 • 지역사회의 학교교육에서 자신들의 경험과 지식을 공유할 기회 제공

양한 정보를 접촉할 수 있는데 이러한 정보들과 의사소통을 하고 잘 관리하는 것이 필요하다.

많은 고령자들은 변화하는 사회 내에서 자신들에 대한 사람들의 행동과 태도에서 갈등을 느낀다. 지역사회와 가족 내에서 조차 배려의 부족, 세대차나 소외감을 느낀다. 고령자들이 지닌 가치, 경험을 사회와 연계시켜 고령자들이 사회 내에서 융합되고 존경받을 수 있는 것이 필요하다.

◦ 건강과 사회복지서비스 확립

고령자들이 가령화 과정에서 가장 높은 관심을 보이는 것은 건강에 관한 양질의 서비스를 어떻게 받는가 하는 것이다. 건강을 유지하는 것은 노후생활을 활동적이고 독립적인 생활로 유지하는 데에 필수적이다. 고령자들을 위한 의료비용은 해마다 증가하고 있어 고령자들이 스스로 건강을 유지하는 것은 양질의 삶을 유지하는 것 뿐 만아니라 사회적 비용을 감소시키는 효과도 있다. 이 분야의 중점과제로는 △건강한 라이프스타일 유지, △개호서비스의 정비 등으로 나뉜다.

▌표 2-9▐ 건강과 사회복지서비스 확립의 중점과제 내용

중점과제	세부 내용
건강한 라이프스타일의 유지	• 사회복지서비스와 대중교통의 원활한 연계성 확립 • 영양과 식사서비스 정보와 기회제공 • 건강증진프로그램의 정보와 기회 제공 • 사회복지서비스 종사자의 전문성 확보
개호서비스의 정비	• 지역사회의 의료보건시설과의 연계성 확보 • 자택과 개인적 케어서비스의 접근성과 질 향상 확보 • 개호예방사업의 추진

- 외국의 사례

◦ 미국 아틀란타시의 이스트포인트 프로그램East Point NORC Program

지역현황 및 특징

미국 조지아 주 아틀란타시의 외곽에 위치한 이스트포인트는 인구 4만 명의 작은 도시이다. Hartsfield-jackson국제공항이 인접해있으며 많은 대중음악가들이 'East Point Home'라고 부른다. 4만 명의 인구 중 3천 명 정도가 65세 이상의 인구로 55%의 백인, 43%의 아프리카 흑인으로 구성되어 있다. 약 80%가 자가이며, 30년 이상의 거주 경험을 가진 고령자들이 42%를 차지하여 지역사회의 전통과 연대의식이 강한 특징을 가지고 있다. 그러나 고령자층의 빈곤율이 14%에 이르고 주택도 낡았고 거의 대다수가 단독주택에 거주하고 있다.

2003년에 NORC(Naturally Occurring Retirement Communities) 프로그램이 3개의 기관(Greater Atlanta 유태인협회, 아틀란타지역위원회, Fulton카운티 노인복지센터)이 주축이 되어 창설되었다. 연방정부와 주정부에서 12만 불의 공적 자금지원이 이루어졌으며 추가적으로 자금이 마련되었다.

NORC프로그램을 위해서 프로그램코디네이터, 복지전문가, 지역사회로부터 권한을 위임받은 2명의 노인 등 4명의 스텝에게만 유급으로 결정되었다.

NORC 프로그램의 진행

이스트포인트의 경우 다음과 같은 NORC 프로그램 절차를 거쳐 진행되었다.

❶ 지역사회에 대한 이해가 필요하다.

- 1200명의 고령자들을 대상으로 하는 심층 인터뷰를 하여 지역민들의 요구 서비스 종류 및 수준을 파악하였다. 그 결과를 정리하여 보니, 활기찬 지역사회와 독립적 노후생활 〉 자택케어 〉 식사서비스의 순서로 나타났다.
- 이러한 결과의 도출을 위하여 소집단 토론, 가가호호방문 설문조사, 지역사

회의 지도 만들기 사업 등 진행하여 지역민의 마음 깊숙이 내재된 요구수준을 이끌어 낼 수 있었다.

❷ 서비스의 우선순위를 결정하여야 했었다.

- 다양한 요구수준을 검토하여 지역거주aging in place에 필수적인 4개의 우선 서비스를 결정하였다. 대중의 인식 〉 공공안전 〉 대중교통 〉 주택보수의 차례였다.

❸ 지역사회의 다양한 기관과의 파트너십을 이루어야 한다.

- 다양한 기관과의 연계사업에서 주도적 운영기관을 결정해야 한다.
- 지역사회의 각종 자산 발굴; 고령친화적 지역도서관으로의 변화를 이끌어 내야 한다.
- 지역보건소에서의 고령자용 의료보건기구의 염가 판매를 시도하였다.
- 지역 레크레이션 센터에서의 고령친화적 프로그램 운영하였다.

❹ 프로그램의 개발과 수행이 필요하다.

- 고유의 브랜드를 육성하기 위하여 이스트포인트 NORC 로고를 개발하고 이에 대한 홍보를 강화하였다.
- 그 중에서 고객 맞춤용 대중교통 확립; 고령자용 교통쿠폰 등을 발행하여 지역민에게 밀착된 서비스 수준을 유지하였다.
- 주택개보수서비스 'Safe Home'; 고령자주택 개보수를 위한 자원봉사 활동을 촉진하였다. 즉 자재는 집주인이 조달하고 소소한 수선은 자원봉사자가 수행하였다.
- 규모가 큰 재건축과 같은 활동은 프로그램코디네이터가 지역전문가와 연계하여 추진하였다.

NORC 프로그램의 평가

지역 고령자를 위한 프로그램이 실제로 어느 정도 만족하고 있는지 기대수준과 실제와의 일치도를 파악할 필요가 있다. 그리하여 ❶서비스 실시 후 주택 방문조사를 통하여 피드백을 함 ❷서로 다른 색의 쿠폰을 이용하여 레스토랑과 같은 지역시설의 이용 후 만족도를 평가함 ❸워킹그룹을 구성하여 1주에 3번 정해진 마을을 순회하면서 주민들의 불만 및 요구 사항을 청취함 등의 다양한 방법을 이용하여 평가하였다.

▌그림 2-6▐ 소집단 토론의 구성원들이 지역슈퍼마켓의 현장에서 활동하고 있는 모습

(자료: www.norcblueprint.org)

제3장

한국의 도시, 무엇이 다른가

오늘날 세계 각국에는 많은 도시가 존재하고 거기에 많은 사람들이 살아가고 있다. 최근에는 IT산업의 발달에 힘입어 스마트 시티 혹은 U시티 등으로 불리우는 첨단도시에서부터 전통적인 가치와 문화, 생활을 존중하는 슬로시티까지 참으로 다양하게 진화하고 있는 중이다.
그러면 여기에서 우리는 도시화는 어떻게 만들어지고 변화되어 왔는지 그리고 오늘의 모습을 살펴볼 필요가 있다.

제3장

한국의 도시, 무엇이 다른가?

우리나라의 도시화율이 2010년을 기준으로 82.1%에 달하고 있는 실정이다. 그러한 가운데 지역 연담도시가 통합하여 광역시 규모의 대도시로 거듭나고 있기도 한다. 2010년 경상남도 창원시가 그러한데, 기존의 창원시, 마산시 그리고 진해시가 통합하여 인구 백만명을 넘어선 광역시 규모로 전환되었다. 인구 백만명을 넘어선 거대도시는 서울특별시와 6대 광역시 외에도 광역시 지정은 되어 있지 않으나 백만명을 넘어선 창원시, 수원시 등이 있다. 이들 백만명 이상의 거대도시의 총인구는 전체 인구의 반을 차지한다. 특히 서울시와 인천시, 경기도 인구는 전체 인구의 과반수인 약 2400만 명이 거주하고 있으며, 부산시와 울산시, 창원시를 비롯한 경남권에 약 800만 명에 가까운 인구가 거주하고 있으므로 우리나라의 북서축과 동남축에 전체 인구의 70% 가까운 인구가 거주하고 있는 양상이다. 이러한 우리의 도시화는 어떻게 이루어졌으며 현재의 모습은 어떠한지 살펴보기로 한다.

근대이전의 도시 어떠하였는가?

• 고려시대까지의 도시 모습

한반도에 있어서도 도시는 농경생활의 정착과 잉여농산물이 생기면서 발달하기 시작하였다. 「삼국유사」에 나타난 단군신화에 의할 것 같으면, "환웅桓雄이 무리 3천을 거느리고 태백산정의 신단수 밑에 내려오니 이를 신시神市라 하고 환웅천왕이라 하였다. 풍백風伯, 우사雨師, 운사雲師를 거느리고 농경, 수명, 질병, 죄형, 윤리 등 인간 360여 가지 일을 다스렸다."고 되어 있다.

신시의 '市'는 '물건을 사고파는 시장이나 저자', '사람이 많이 모여사는 번화한 곳'을 의미하는 문자이다. 풍백, 우사, 운사 등은 농경에 종사하지 않은 오늘날의 전문가 그룹을 의미하므로 신시는 우리나라의 역사에 최초로 나타나는 행정도시라고 할 수 있다.

이러한 소박한 신전도시에서 출발한 한반도의 도시문명은 북쪽에서 시작하여 남쪽으로 이동한 것으로 보이고 주로 하천유역을 중심으로 형성되었다. 삼한시대에는 한반도 전역에 걸쳐서 도시가 발달하기 시작하였는데, 모두 78개 정도라고 알려진 삼한의 작은 나라들이 주로 성읍城邑국가가 그것을 잘 설명해 준다.

삼국시대 이후에도 이들 중 몇몇 성읍은 규모가 커지면서 제대로 된 도시로 발달하였는데, 금관가야국이 김해시가 되고, 완산국이 전주시가 되는 등 이들 성읍국가 중 상당수가 오늘날의 유수한 지방도시로 발전한 예가 그러하다.

삼국시대의 도시는 더욱 더 발달된 모습을 짐작할 수 있다. 고구려의 수도였던 평양이 얼마나 풍요롭고 화려한 도시 문명을 형성하고 있었는가에 대한 기록은 없으나, 평양성지의 조방을 통하여 뚜렷이 알 수 있다. 백제의 수도였던 사비성(부여)에 대한 도시계획이 존재하였음을 「주서 백제전」, 「수서 백제전」등을 통하여 짐작할 수 있다. 이들 기록에 의하면 백제왕성은 사방이 1리반이었고 가옥수는 1만호를 헤아렸는데, 이를 5개의 대 구획으로 분할한 후 다시 5개 항巷으로 구획하였다고 되어있다.

고구려나 백제의 도시에 대한 기록이 희소한 데에 비하여 신라의 도시에 관한 기록은 풍부하다. 통일신라시대로 이어졌기 때문이다. 「삼국유사」에 의하면, 신라의 전성시대에는 경중京中은 17만 8,936호 1360방坊 55리였다고 하여, 당시의 경주의 규모는 상당하였던 것으로 보인다. 또한 "민가는 기와로만 덮고 풀로 이지 않았으며 밥은 숯으로만 짓고 나무를 때지 않았다"고 기록되어 있어 당시 수도의 웅장하고 화려함을 짐작하게 하며 왕도 안은 방리제坊里制가 시행된 바둑판 모양의 도시였음을 알 수 있다.

고려의 수도인 송악(개성)은 성안을 5부 35방 344리로 구분하였는데, 이것이 당시 개경의 규모이었다. 송나라 사신 서긍이 지은 「고려도경」에 의하면, "왕성의 규모는 크지만 지붕은 대개 풀로 이어 비바람을 가릴 정도이며, 부잣집은 기와로 이었으나 겨우 열에 한 둘 뿐인 정도이다"고 되어 있으나, 왕성 안에 70구(區)의 절이 있었다고 하니 그다지 초라한 것은 아니였다고 보여진다. 또한 「고려사」에 의하면 "개성의 호戶가 10만에 이른다"고 하여 관아, 절, 민가가 섞여 오밀조밀하게 모여 살았던 것으로 짐작된다. 고려의 지방도시로 큰 것은 서경(평양), 동경(경주), 남경(한양)의 3경인데 특히 서경은 군사 및 정치상 수도 다음의 중요도시로 꼽았다.

• 조선시대의 도시 모습

◦ 조선시대 전기의 모습

조선은 1394년에 한양으로 천도하여 조선시대 말까지 한양을 수도로 사용하였으며, 그 후 개화기 및 일제강점기를 거쳐 오늘날까지 수도로서 그 역할을 다하고 있다. 당시 한양의 도성 안 5부 59방(뒤에 49방이 됨)의 넓이는 약 17.9 ㎢였고, 도성 밖 10리 안의 한성 관할구역인 성저십리城底十里의 넓이는 약 250 ㎢ 정도였다. 조선왕조실록 세종 10년 윤 4월 8일 조에 "경성 5부 호 1 6천 9백 2십 1, 구口 10만 3천 3백 2십 8, 성저십리 호 1,779" 라고 기록되어 있어 당시의 인구는 11~12만 정도 였을 것으로 짐작된다.

지방도시로는 계림(지금의 경주), 안동, 상주, 진주 등의 25개 읍[1]이 있었다. 대개 교통의 요충지에 위치하였는데, 사람과 물자의 교역이 빈번한 전산업형前産業型

도시라 할 수 있다.

● 조선시대 후기의 모습

임진왜란과 병자호란의 양란을 겪고 나서 조선 후기에 들어서면서 도시 사회에 변화가 생기는데, 그 요인은 다음과 같다.

첫째, 공업상의 변화인데 종래의 관공장官工場 중심이던 독점적 수공업에서 독자적인 사공장私工場이 등장하여 경쟁적인 생산 활동이 이루어졌다는 것이다.

둘째, 상업상의 변화인데 외국과의 무역이 활발해지고 금속화폐의 유통과 장시場市의 보급, 보부상의 활동 등으로 상업인구가 증가하여 상업이 크게 발전한 것이다.

셋째, 이촌향도離村向都 현상으로 인하여 도시의 인구가 증가한 것이다. 즉 신분질서가 문란해지고 지식의 보급 등으로 의식개혁이 일어나면서 관리와 양반의 수탈과 천재지변에 지친 농민들이 도시로 몰려와 도시 노동자로 변화한 것이다.

따라서 한성은 17세기에 들어서 왕궁을 중건 혹은 창건하여 도시의 면모가 일신되었고, 인구 또한 증가하여 10만인에 육박하였다. 지방도시도 상공업이 크게 발달하여 단순한 행정도시 만이 아니라 경제도시로서의 면모도 갖추게 되었다. 특히 안성은 상공업으로, 강경과 원산은 장시 중심의 대규모 상거래로 각각 특별한 행정적 기반이 없이 순전한 경제도시로 번창할 정도였다.

18세기 중엽에 쓰여진 이중환의 「택리지」에는, 청나라 무역의 중심지로 평양과 안주, 생선·소금의 집산지로 경주, 수륙 교통이 긴밀하여 상거래가 편리한 곳으로 상주, 인구가 많고 물자가 풍부하기로 전주를 꼽으면서 이들을 '대도회大都會'라고 표현하였다. 다음으로는 원주, 철원, 대구, 안선, 강경, 나주 등은 '도회지' 라고 표현하여 도시의 규모를 구별하여 나타내었다.

조선후기의 주요 도시의 인구수를 알 수 있는 자료 「호구총수戶口總數」에 의하

1_ 당시의 25개 읍으로는 계림(지금의 경주), 안동, 상주, 진주, 김해, 경산(지금의 성주), 완산(지금의 전주), 나주, 광주(光州), 광주(廣州), 충주, 청주, 공주, 수원, 교주, 원주, 춘주(지금의 춘천), 강릉, 삼척, 황주, 해주, 회양, 철원, 연안, 부평 등이다.

면, 한성이 20만인 규모, 개성, 평양, 상주, 전주, 대구, 충주, 의주 등이 1~2만인 규모, 진주, 해주 등의 49개 부, 읍이 6천인 이상의 인구 규모를 가지고 있는 것으로 나타났다. 이를 도시인구는 57만여 명으로 전국 인구 740여만 명의 약 7.8%로 추정되었다(손정목, 1998).

근대이후의 도시 어떠하였는가?

• 개화기의 도시 모습

개화기는 1876년의 강화조약으로 부산이 개항된 시기부터 1910년 한일합방으로 국권이 상실된 시기까지이다. 이 시기는 길지 않지만 기존의 질서가 무너지고

▌그림 3-1▐ 조선시대 말기의 시장풍경
(자료: 사진으로 보는 조선시대, 서문당,1986)

새운 질서로 개편되는 등 중대한 변혁이 일어났는데, 도시에서는 지방도시의 변화가 특히 뚜렷하였다. 부산, 원산, 목포, 군산, 마산 등의 개항지는 외국 자본에 의하여 현저하게 도시화되어 갔다. 수원, 청주 등의 13도의 도치道治[2]에는 재판소, 경찰서, 세무서, 사범학교, 우체국 등이 설치되어 행정도시로서 면모를 새로이 갖추었다. 또한 경부선, 경의선의 철도 개통은 철도변에 위치한 지방도시에 활기를 주었다.

• 일제강점기의 도시 모습

이 시기에 일본은 몇 차례에 걸쳐 지방행정제도를 개정하였으며, 1912년과 1934년의 2차례에 걸쳐 도시계획을 시행하였다. 주요 도시지역을 기초 행정단위인 부府로 정하고 군郡 지역은 220개 지역으로 축소하였다. 1920년에는 면제面制를 개정하여 수원, 개성, 영등포, 공주 등의 24개 지역을 지정면指定面으로 하였다. 이후 일본 자본에 의한 공업화가 시작되며 조선인의 교육 및 산업에 대한 자각이 고취되면서 이촌향도 현상이 현저하게 나타났다. 1930년의 인구조사 결과 도시지역인 부·읍의 인구는 1,933,062명으로 총인구 21,058,305명의 약 9.2%에 해당되었다.

1930년대에 한반도를 대륙침략을 위한 병참기지화하면서 군수 수송 능력을 증강시키기 위하여 교통·통신시설을 확충하였는데, 이로 인하여 노동력이 도시로 급격하게 집중되면서 도시화가 진행되었다. 대전, 전주, 광주 등(1935년), 나진(1936년), 해주(1938년), 진주(1939년) 등이 읍에서 부로 승격하였다. 이후 제2차 세계대전이 시작되면서 군수품의 생산과 수송을 위한 주요 도시를 중심으로 도시화가 가속화되어 1944년 인구조사를 실시한 결과, 전국 인구 25,917,881명에 대하여 도시지역인 부, 읍의 인구가 각각 3,555,246명, 2,648,000명이 되어 약 23.9%에 해당되었다. 이는 1930년의 도시인구 비율과 비교하면 3배 이상의 증가세를 나타내고 있다.

2_ 당시의 도치로는 수원, 청주, 공주, 전주, 광주(光州), 대구, 진주, 해주, 평양, 의주, 춘천, 함흥, 경성(鏡城)등 13개소이다.

▮그림 3-2▮ 1910년경 서울의 동대문 일대
(자료: 서문당, 사진으로 보는 조선시대, 1986)

▮그림 3-3▮ 군사도시인 함경북도 나남시의 모습
(자료: 서문당, 사진으로 보는 독립운동, 1986)

▌그림 3-4▐ 1920년대 서울의 종로거리
(자료: 서문당, 사진으로 보는 조선시대, 1986)

현대의 도시 어떠한가?

● 현대도시의 도시화 과정

현대에 들어서 우리나라의 도시와 도시화는 1960년을 분수령으로 보아야 할 것이다. 그 이유는 사회적 정치적 혼란이 안정되기 시작한 시기이며, 경제개발 5개년 계획이 시작되면서 근대적 산업화의 기초가 마련되기 시작하였기 때문이다. 또한 정확한 인구조사가 실시되어 주민들의 인구이동 현상을 제대로 포착할 수 있었던 시기이기 때문이기도 한다.

1960년 이전의 도시화 과정에서는 해방과 더불어 해외 동포가 귀국하고, 월남인구가 도시에 정착함으로써 도시화에 중요한 역할을 하였다. 특히 서울시의 경우만을 보더라도 1945~49년 사이에 약 66만 명이 유입되어 도시 시설과 주택이 심각하게 부족되는 고전적 도시화 현상을 나타내었다. 다시 6·25사변과 휴전의 사회적 혼란을 겪으면서 경제적 곤궁으로 인한 농촌인구의 도시 유입은 계속되었다.

1960년 이후의 도시화도 이촌향도라는 형태로 계속되었다고 보는데, 농촌의 경제적 빈곤이 도시로 인구을 끌어내었기 때문이다. 교육과 취업의 기회 확대라는 사회의 전반적인 의식 변화가 수반된 현상이라고 보아야 할 것이다.

▌그림 3-5▐ 1962년 서울의 시청 앞 거리

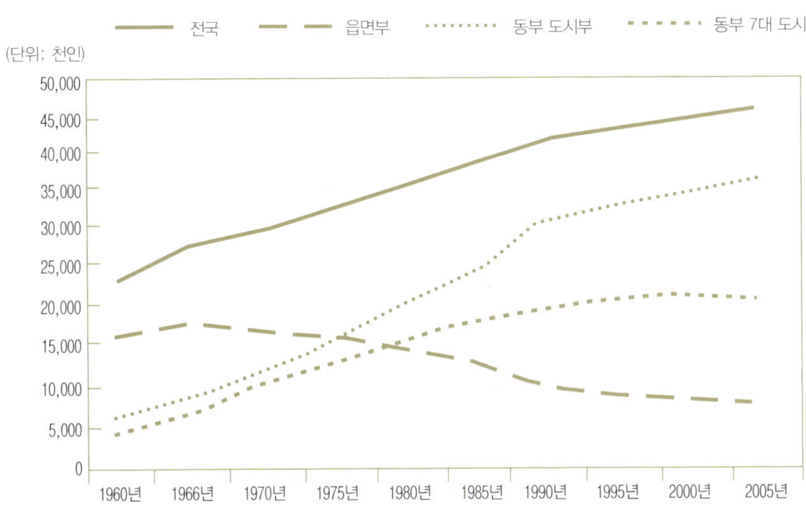

▌그림 3-6▐ 연도별 지역별 인구규모의 변화추세

농촌인구는 1960년대 후반부에 들어서서 농촌의 절대 인구가 감소하기 시작하였다. 이것은 농촌의 근대화 과정이 본격화되면서 농업의 생산성이 향상됨과 동시에 기계 영농으로 자연히 유휴 노동력이 많이 발생하기 시작하였기 때문으로 파악 된다. 게다가 제2차 경제개발계획이 계속되면서 서울을 비롯한 대도시 지역에 설치된 각종 공단지역이 도시 내의 유휴 노동력과 농촌의 유휴 노동력을 동시에 고용함으로써 산업화를 통한 도시화가 촉진되었다.

1970년대에는 이러한 도시화가 수도권과 남동해안권역을 중심으로 가속화되는데 70년대 중반 이후에는 도시와 농촌의 인구 비율이 거의 과반수는 이루면서 대도시 중심으로 이루어지던 도시화가 서서히 중소도시에도 나타나기 시작하였다. 동부 도시인구와 7대 도시인구의 변화를 보면, 70년대 전반까지는 동부 도시인구의 대부분을 대도시 인구가 차지하고 있어서 중소도시의 인구는 20% 전후를 나타내었으나, 70년대 중반 이후부터 중소도시의 서서히 인구가 증가하기 시작하고 있다.

1980년에는 도시인구가 전체 인구의 57.3%를 차지하여 도시인구가 급증하였다. 80년대의 도시화는 수도권의 개발 억제 정책과 남동해안 공업지역의 정비계획으로

1. 서울특별시, 2. 부산광역시, 3. 대구광역시, 4. 인천광역시, 5. 광주광역시, 6. 대전광역시, 7. 울산광역시, 8. 경기도, 9. 강원도
10. 충청북도, 11. 충청남도, 12. 전라북도, 13.전라남도, 14. 경상북도, 15. 경상남도, 16. 제주특별자치도

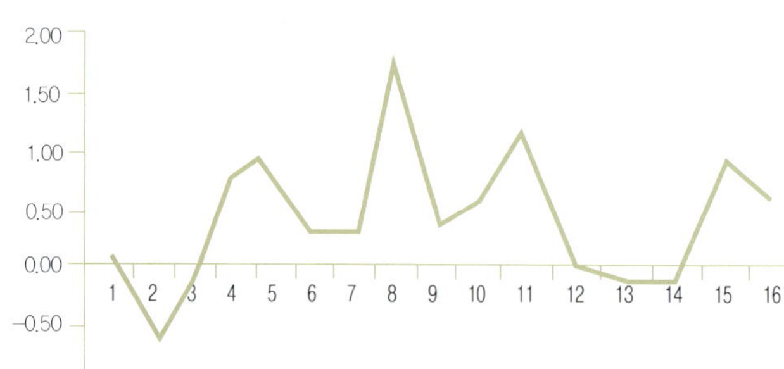

그림 3-7 전년도 대비 16개 시도 인구증감율(2009년 기준)

대도시의 산업시설과 인구유입을 유발시키는 각종 기관이 지방의 중소 도시로분산함으로써 대도시 중심의 도시화가 둔화하기 시작하였다. 그럼에도 불구하고 80년대 후반부에는 전체 인구의 70%가 도시거주로 나타나 중소도시의 도시화가 가속화됨을 알 수 있었다. 특히 수도권 주변의 위성도시 개발은 연합도시화와 거대도시화를 촉진시켰다.

1990년대 이후 21세기에 걸쳐서 도시 인구가 전체 인구의 80% 이상을 차지하고 있는 가운데 중소도시 인구의 비율이 갈수록 높아지고 있는데 그 주된 이유는 서울의 외곽에 소재하고 있는 위성도시의 활성화로 인한 것이다. 2010년에 이르러 16개 시도별 인구증감율을 살펴보면 이를 잘 설명해주고 있는데, 서울시, 부산시 등의 대도시의 인구는 감소하거나 정체 상태인 반면에 경기도는 뚜렷한 증가세를 보이고 있다.

21세기 현대도시의 현황

오늘날의 우리나라의 도시 현황은 어떠할까? 우리는 도시라고 한다면 수도 서울시를 떠올리며 서울시는 대한민국의 대표이다. 이 서울시 외에도 6대 광역시가 있고 77개의 중소도시가 있다. 6대 광역시 중 울산시를 제외하고는 해방 이전부터 만들어진 도시로 해방 후 극심한 변혁 과정에서 도시화를 통하여 도시 공간의 외연적 확대를 경험하였다. 기존의 도시에 공간적 확대와 팽창이 더해진 것이다. 그렇기 때문에 전통과 현대의 병존이라는 동전의 앞과 뒤와 같은 복잡한 도시문제가 얽히고 있다고 보아야 할 것이다.

그렇다면 7대 특별시 및 광역시를 제외한 중소도시는 77개 시는 언제 생성되었을까? 이들 도시의 생성을 살펴보면 우리의 도시화 과정을 축약하여 볼 수 있을 것이다. 1949년에 지방자치법이 시행되면서 당시의 도시는 서울, 부산을 비롯한 18개 시 뿐이었다. 오늘과 같은 1 특별시 6 광역시 77개시로 형성된 것은 80년대 이후의 급격한 도시의 생성에 의한 것이다. 특히 서울시의 인구 분산 정책으로 인하여 그 주변부에 위성도시의 건설이 활발하였던 이유도 있다. 게다가 1995년의 도시와 농촌의 통합이라는 행정구역의 개편으로 도시화는 거의 성숙단계에 이르렀다고 할 수 있다. 서울과 경인지역의 전국 도시인구의 약 60% 가량이 집중하여 있는 것과 남동해안 지역에 부산광역시와 울산광역시의 2대도시와 주변 중소도시가 집중하여 있는 것이 우리나라 도시화의 양극현상으로 볼 수 있다.

특히 중소도시의 생성은 80년대 전반과 후반에 가장 왕성하게 나타났는데, 각각 15개, 20개 지역이 시로 승격되었던 과정을 보면, 80년대의 물밀듯한 도시화 과정을 이해할 수 있을 것이다. 거기에다가 이들 35개 시 중에서 12개 시가 서울시 주변부에 집중하여 서울과 경인지역을 중심으로 강력한 도시화가 성립되었으며, 중소도시의 도시화가 두드러지게 나타났다. 80년대 후반이 되면 대도시의 인구가 도시 전체 인구의 70% 이하로 감소하게 된다. 1990년에는 7대 도시의 인구가 도시전체 인구의 66.3%를 점유하게 되었다. 1990년대에 들어서는 1995년에 행정구역의 개편으로 도시와 농촌간의 통합형 도시가 탄생하여 전국이 도시화 물결에 휩싸여 전체 인구의 79.7%가 도시 거주로 나타났다. 그러나 90년대 후반부의 도시인구의 증가는 통합형 도시의 탄생에도 불구하고 약 170만 명 정도의 증가를 보여 도시화 과정이 이미 성숙되었음을 알 수 있다. 그러나 이러한 급속한 도시화의 이면에는 농촌지역의 급격한 인구 감소, 그 중에서도 젊은 연령층의 감소로 인한 과소화 현상이 내재되어 있다.

이들 77개 시의 인구규모를 보면, 20만인 미만의 시가 40개 시로 51.9%를 차지하고 있다. 특히 80년대 이후에 승격된 시가 대부분이다. 인구 50만 이상이 되는 시 중에서 도청 소재지를 제외하고는 대부분이 서울시 주변의 위성도시로 이루어져 있는데, 1990년에 5개(분당, 산본, 일산, 평촌, 중동) 신도시 건설이 큰 영향을 미쳤다. 이러한 77개 시의 최근 인구 증감률을 살펴보면 도시의 성장과 후퇴를 알 수 있다. 2009년의 전년도 대비 인구증가율을 살펴보면 75개 시(제주도 제외) 중 경기도 도시의 인구증가율이 가장 뚜렷하게 증가하고 있음을 알 수 있다. 경기도에는 75개시 중 27개 시를 포함하고 있는데, 그 중에서도 화성시는 9.2%, 오산시는 6.4%라는 놀라운 증가율을 보이고 있는 반면에 안양시, 안산시, 구리시, 군포시는 감소

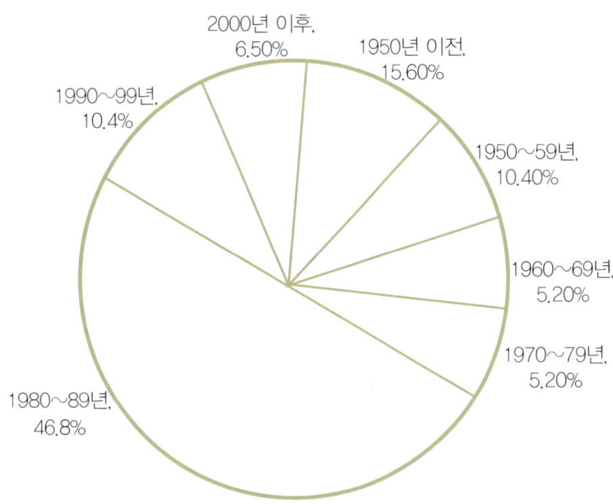

▌그림 3-8▐ 도시의 생성년도에 따른 비율 (2005년 기준)

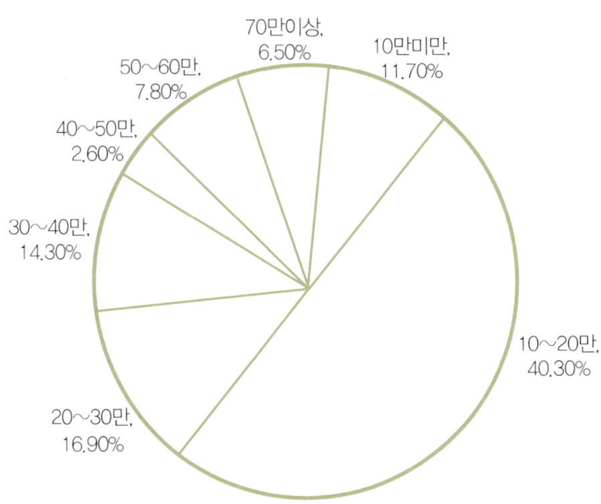

▌그림 3-9▐ 인구규모에 따른 도시의 비율

세를 보이고 있다. 특히 전남의 나주시는 -2.3%라는 75개 시 중 가장 큰 감소율을 나타내고 있다([그림 3-12] 참조). 이와 같이 도시는 새롭게 태어나 스스로 성장하고 있는가 하면 그렇지 못한 경우도 있다.

앞으로의 도시 어떠한 모습일까?

앞으로 우리는 어떻게 변화해 나가는 것일까? 미래의 모습에 대하여 누구나 궁금하다. 특히 인간 수명의 장수명화와 첨단기술의 발달로 인하여 도시와 생활은 앞으로 어떠한 모습이 될까? 통계청에서는 향후 우리나라의 인구성장율과 총인구의 변화 추이를 발표하였는데, 2020년 이후 인구성장률은 마이너스로 돌아서게 되어 실질적인 인구감소로 이어질 것이라고 예측하였다. 여기에는 여성의 출산율이 더 이상 증가되지 않는다는 전제되어 있다. 즉, 총인구는 2020년의 4천9백3십5만 명 정도를 정점으로 감소하기 시작하여 2050년이 되면 4천2백3십4만 명 정도로 줄어들 것이라고 하였다. 그 때쯤이면 인구성장률은 마이너스 1%를 넘어 이러한 우리의 미래는 오늘의 일본의 모습보다 더욱 심한 침체를 경험하게 될 지도 모른다.

미래의 도시 모습을 예측하기 위하여 인구성장율과 총인구의 추이를 살펴본다고 하더라도 이를 완전하게 예측할 수는 없다. 최근 평균수명 100세 시대가 곧 도래 할 것이라고 설득력 있게 논의되고 있다. 의료기술의 발달로 평균수명이 예상보다 더욱 길어지게 되면 인구감소는 다소 완화될지도 모른다. 그러나 고령인구와 고령화율은 심각하게 나타날 것이라고 추측할 수 있다. 한국과 일본의 고령화율의 추이를 나타내는 [그림 3-11]을 살펴보면 우리의 경우가 일본보다 더욱 가파르게 고령화율이 상승하고 있는 것을 알 수 있다. 이러한 빠른 고령화 속도를 경제사회적 지원이 따라가지 못하여 제대로 작동하기 어렵게 될 것이다. 또한 젊은 인구의 고령인구 부양율이 높아져 사회적 불만과 불안이 야기될 가능성이 높다고 본다.

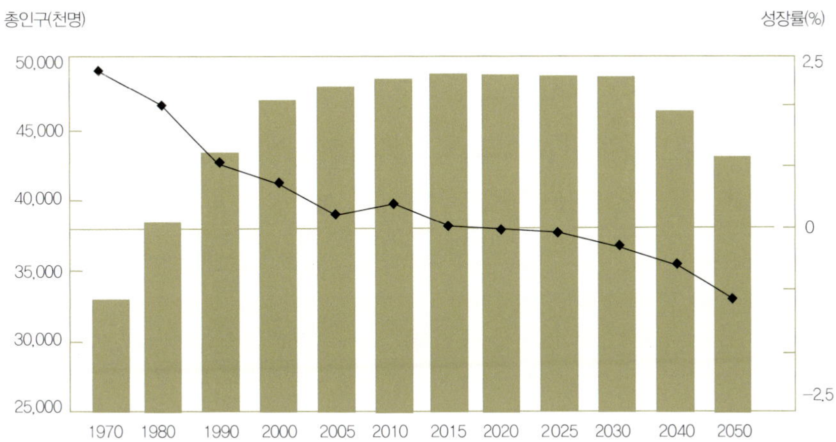

▌그림 3-10▐ 2050년까지의 총인구 및 인구성장율의 추이 (자료: 통계청)

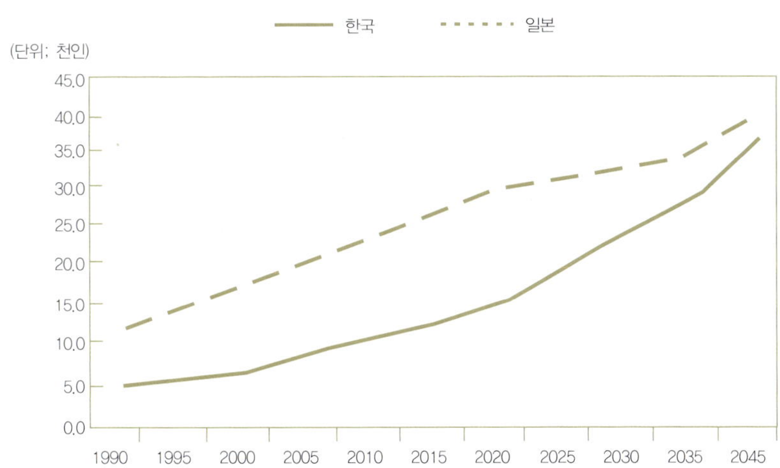

▌그림 3-11▐ 한국과 일본의 고령화율 추이

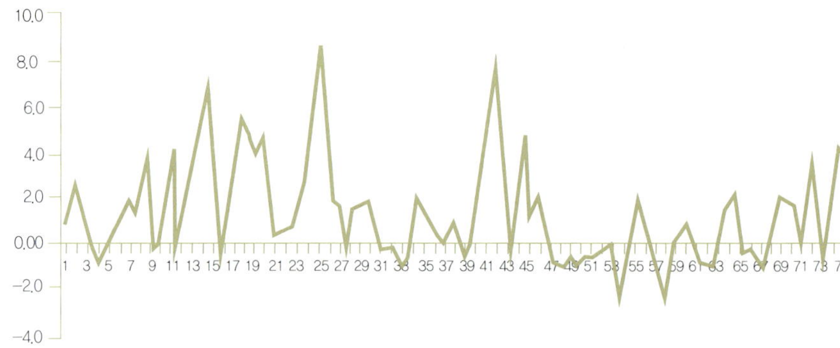

▌그림 3-12▐ 전년도 대비 75개 시의 인구증감율 (2009년 기준)

1 경기 수원시, 2 성남시, 3 의정부시, 4 안양시, 5 부천시, 6 광명시, 7 평택시, 8동두천시,9 안산시, 10 고양시, 11 과천시, 12 구리시
13 남양주시, 14 오산시, 15 시흥시, 16 군포시, 17 의왕시, 18 하남시, 19 용인시, 20 파주시, 21 이천시, 22 안성시, 23 김포시
24 화성시, 25 광주시, 26 양주시, 27 포천시, 28 강원 춘천시, 29 원주시, 30 강릉시, 31 동해시, 32 태백시, 33 속초시, 34 삼척시
35 충북 청주시, 36 충주시, 37 제천시, 38 충남 천안시, 39 공주시, 40 보령시, 41 아산시, 42 서산시, 43 논산시, 44 계룡시
45 전북 전주시, 46 군산시 47 익산시, 48 정읍시, 49 남원시, 50 김제시, 51 전남 목포시, 52 여수시, 53 순천시, 54 나주시, 55 광양시
56 경북 포항시, 57 경주시, 58 김천시, 59 안동시, 60 구미시, 61 영주시, 62 영천시,63 상주시, 64 문경시, 65 경산시, 66 경남 창원시
67 마산시, 68 진주시, 69 진해시, 70 통영시,71 사천시, 72 김해시, 73 밀양시, 74 거제시, 75 양산시

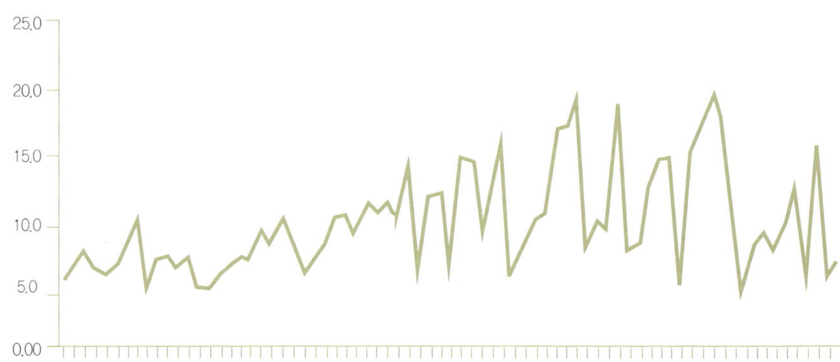

▌그림 3-13▐ 75개 시의 고령화율(2009년 기준)

제주도를 제외한 75개 시의 인구증감율과 고령화율을 나타내는 [그림 3-13]을 비교해 보면 인구정체 내지는 감소 추세를 보이는 도시일수록 고령화율이 높게 나타나고 있는 것을 알 수 있다. 도시인구의 변화가 없는 정체현상이 오래 지속되거나 감소를 보이는 도시는 미래에 어떠한 모습으로 살아남아야 할 것인지 고민하게 될 것이다. 도시는 살아움직이는 유기체와 마찬가지이므로 도시에 거주하는 사람들이 가장 행복하게 살아갈 수 있는 공동의 선을 찾아야 하는데 이것이 쉽지 않다. 현대 도시일수록 시민들의 이해관계는 복잡하여 어떤 이에게는 득이 될 수 있는 사업이 어떤 이에게는 독이 될 수도 있으므로 시민과 행정이 끊임없이 소통하여야 지속가능한 도시로 살아남아야 할 것이다.

• 지속가능한 도시로 살아남기

21세기에도 도시가 살아남고 번영되기를 원한다면, 도시는 경제적으로 효율적이 되어야 하고, 사회적으로 융합되어야 하며, 친환경적이 되어야 한다. 경제적 개발은 기본적 물질적 욕구를 채워주기도 하지만, 건강보존과 교육, 좋은 환경을 위한 방면에서의 필요한 생활의 질을 향상시켜준다. 많은 경제적 활동은 환경에서 나는 자원에 의존하므로 자연환경의 파괴를 촉진시키지만, 또 다른 면에서는 환경을 보존하고 향상시켜주는 방법을 개발하기도 한다. 그러므로 이 양자간의 균형이 중요하며, 나아가 시민의 참가를 통하여 기업과 행정이 하나의 목표를 향한 융합이 필요하다. 예로서 미국 오스틴시의 년차 보고서(2000)에 나타난 지속가능성 지표를 참고로 하여 보면 지속가능한 개발의 목표를 구체화하는데 쉬울 것이라고 생각한다.

다음은 캐나다의 마니토바시가 지속가능한 개발을 추진하기 위한 자문기관들의 모임이 만든 환경과 경제에 관한 마니토바회의Manitoba Round table on Environment & Economy에서 제안된 지속가능한 도시로 나아가기 위한 도시개발의 원리인데, 이를 통하여 우리의 미래도시가 어떻게 살아남아야 할 지 그 방향을 찾아보아야 할 것이다.

표 3-1 미국 Austin시의 지속가능성 지표

(Hays, Williamson, Travis counties의 경우, 2000)

구분	항 목
커뮤니티, 아동 분야	❶커뮤니티의 안전성 ❷가정의 안전성 ❸성인의 문맹율 ❹학생들의 학업수행능력 ❺학교의 질 ❻교육에서의 평등성 ❼법집행에서의 평등성 ❽자본접근성에서의 평등성 ❾리더위치의 평등성 ❿예술의 참여 ⓫애타심과 자원봉사성 ⓬근린관계 ⓭아동보살핌의 평등성 ⓮아동보살핌의 접근성 ⓯고용
직업, 경제분야	❶정부 ❷능율성 ❸생활비 ❹주택보급율 ❺가계수입 ❻노동의 유용성 ❼직업훈련의 유용성 ❽수출산업의 성장 ❾취업기회 ❿산업의 다양성 ⓫고용주의 다양성 ⓬기업가정신 ⓭기술혁신
건강, 환경분야	❶개개인의 육체적 건강 ❷개개인의 정신적 건강 ❸건강보험커버율 ❹공기의 질 ❺위험물질의 존재 ❻수질 ❼에너지 사용 ❽고형폐기물 ❾물의 활용
대지, 하부구조분야	❶경관의 매력성 ❷지역내의 농촌지역 ❸공공의 오픈스페이스 ❹신개발지의 밀도 ❺자전거로 가능한 여행거리 ❻상호접촉 시간

표 3-2 미래의 지속가능한 도시개발의 원리

(Manitoba Round table on Environment & Economy에 근거함)

❶ 경제의 양면을 고려한 종합적 의사결정을 해야 한다.
❷ 미래세대를 고려한 경제적 환경적 관리가 요구된다.
❸ 책임을 공유한다.
❹ 환경과 경제에 영향을 미치는 정책, 프로그램, 결정 등을 적극 검토하여 반대한다.
❺ 자원을 보존한다.
❻ 쓰레기 용량을 최소화시킨다.
❼ 생태계의 용량이나 질 능력을 향상시킨다.
❽ 손상된 환경을 복구한다.
❾ 과학기술의 혁신은 인간의 건강과 경제적 성장을 포함한 환경의 질에 필수적이어야 한다.
❿ 몸은 지방에 머물러 있다고 하더라도 정신은 세계적인 차원에 머물러야 한다.

출처: http://www.gov.mb.ca

제4장

우리의 전통 집, 어떠한가

우리는 우리의 뿌리를 찾아가노라면 비록 신화 상의 인물이라고 하여도 '환웅과 웅녀, 그리고 그의 자손인 단군'의 이야기를 하지 않을 수 없다. 동굴 속에서 살던 곰과 호랑이가 사람이 되고 싶어 하였으나 호랑이는 쑥과 마늘만 먹고 견디지 못하고 도망을 가고 곰만이 21일 동안 참고 수도하여 여자가 되었다고 되어 있다. 웅녀는 사람이 되고 난 뒤에는 어디에서 살았을까?

제4장

우리의 전통 집, 어떠한가?

우리는 우리의 뿌리를 찾아가노라면 비록 신화 상의 인물이라고 하여도 '환웅과 웅녀, 그리고 그의 자손인 단군'의 이야기를 하지 않을 수 없다. 동굴 속에서 살던 곰과 호랑이가 사람이 되고 싶어 하였으나 호랑이는 쑥과 마늘만 먹고 견디지 못하고 도망을 가고 곰만이 21일 동안 참고 수도하여 여자가 되었다고 되어 있다. 웅녀는 사람이 되고 난 뒤에는 어디에서 살았을까?

우리의 조상들이 어떠한 집에서 살아왔으며 이집들이 어떻게 변해왔는가 하는 것은 신화속의 이야기처럼 상상에 맡길 수는 없다. 역사적 기록과 남아있는 유적, 유물을 근거로 전통 집에 대하여 알아보자.

우리나라의 자연환경적 조건은?

그 나라가 위치하고 있는 자연환경적 조건은 건축기술이 발달하지 못한 원시시대의 집구조와 모양에 큰 영향을 미친다. 그렇다면 우리나라의 자연환경적 조건을 간단하게 살펴보면, 먼저, 우리나라는 남북으로 길게 뻗어 있어 남북 간의 기온 차이, 강수량의 차이가 심하게 나타난다. 또, 겨울에는 북서 계절풍으로 인해 한랭 건조한 기후가 나타나고 여름에는 고온 다습한 기후로 겨울과 여름의 기온 차이도 크다. 연평균 북부지방은 4~8℃, 중부지방이 10~12℃, 남부지방이 13~14℃ 정도로 북쪽으로 갈수록 기온의 하강이 크다. 연강수량은 제주도가 1,500~1,700mm, 중·남부지방이 1,000~1,500mm, 백두산 남동부지방은 500~600mm로 북쪽으로 올수록 적다.

이와 같이 우리나라는 국토면적이 넓지는 않음에도 불구하고 비교적 다양한 자연환경에 놓여 있어서 추운 겨울을 지낼 수 있는 '온돌'이라는 특수한 난방법과 더운 여름을 지낼 수 있는 '마루'라고 하는 바닥공간이 하나의 주택 안에서 발달할 수 있었으며 북부지방에서부터 제주도지방까지 지역별로 다양한 주거 형태가 형성되어 있었다.

고려시대말까지의 전통 집 모습

원시시대의 집

한반도에서의 원시시대의 집에 관한 자료는 주로 집터의 발굴에 의한 것이며, 최근까지도 여러 지역에서 집터가 발굴되고 있다. 원시시대의 집터는 구석기 시대와 신석기 시대의 것으로 나누어 볼 수 있는데, 구석기 시대에는 동굴과 같은 자연적인 형태의 집에서 수렵, 어로 생활을 영위하였으며, 인공적인 집이 만들어진 것은 신석기 시대 이후로 본다. 이 시기의 집은 자연적 구조를 이용한 동굴에서 인공적 구축물로 집을 만드는 단계로 발전되어 가는데, 그 형태가 대부분이 움집이다. 신석기 시대의 후기에서 청동기 시대로 넘어가면서 지상의 집 형태로 발전한다.

움집

움집은 자연적 형태의 집에서 인공적 시설물로 나아가면서 만들어진 집으로 땅을 파고 기둥을 세워 도리를 보낸 후 서까래를 걸쳐 지붕을 짜고 나뭇가지, 풀, 흙

등으로 덮은 것이라 추정된다. 집터 바닥의 형태는 토기에는 원형이나 원형에 가까운 방형이 많았다가 후기로 가면서 장방형으로 발전하게 되는데, 크기도 커진다.

초기의 것으로는 직경 3.5~7m, 깊이는 60㎝ 내외가 가장 많았으며, 내부에는 가운데 노지(화덕)와 저장공이 있었다. 이를 중심으로 하는 여성들의 공간과 출입구에 가까운 남성들의 공간으로 구분하여 사용했던 것으로 추측된다. 이 시기에 사용되었던 대표적인 토기인 즐문櫛紋토기는 항아리 모양의 밑바닥이 첨저尖底 혹은 외저嵬底로 되어 있으며 토기 표면에 점선, 파행사선, 빗살무늬 등의 무늬가 있다. 대부분의 움집은 하천 하류 연안이나 해안 평야 등에서 발견되고 있다. 당시의 사람들은 주로 어로와 수렵을 생활수단으로 한 채집경제 체제 단계로서 구릉지나 하천에 집터를 형성하였던 것이다.

후기로 가면 취락의 크기도 커지고 바닥 모양도 장방형으로 되면서 다양한 규모가 나타난다. 움집 규모와 깊이의 다양화는 취락 내부에 계급이 분화되기 시작한 것을 암시한다. 면적 40~50㎡, 깊이 50~100㎝가 대부분이나, 20㎝의 것도 발견된다. 이는 움집이 반지상 형태로 발전되어나가는 과정으로 볼 수 있다.

노지爐址는 안쪽에 치우쳐져 있거나, 규모가 큰 경우 두 곳에 만들어져 있는 곳도 있었다. 저장공은 볼 수 없었으며, 토기의 밑바닥이 편편하고 무늬가 없는 무문토기가 사용되었다. 집터 내의 저장공이 별도로 없다는 것은 농경이 시작되면서 더욱 큰 저장시설이 필요하게 되어 거주부분과 분리하여 마련된 것으로 추측된다. 또한 작업대와 같은 큰 돌이나 주거지 내에서 칸막이를 세운 흔적 등이 발견되어 기능분화가 일어나고 있었음을 짐작한다.

◦ 움집 이외의 집

후한서, 삼국지, 진서 등의 중국의 문헌에서는 이와 같은 움집(혹은 수혈주거) 외에도, 귀틀집, 고상주거 등에 관한 기록이 있어 기후에 대응한 다양한 집이 존재하였음을 짐작할 수 있다. 뿐만 아니라 무문토기 후반기에는 땅을 파고 만든 움집에서 더 나아가 땅위의 지상주거로 나아갔다. 가야시대의 가형토기家形土器는 박공지붕의 2층 주거로 기와가 사용되었음을 보여준다.

- 귀틀집: 나무를 횡으로 놓아 감옥처럼 만든 것으로 통나무를 우물 井자 모양으로 쌓아서 벽체 구성하였으며 기둥이 없다. 무주 구천동, 강원도, 함경도 등 산간지방과 지리산 화전민들이 짓고 살던 집의 형태와 비슷하다(후한서 동이전 변진조).
- 고상주거: 집의 바닥이 높은 樓나 원두막 같은 주거로 「소거巢居」라 하였다. 여름에는 소거에서 거처하고 겨울에는 「穴居」에서 거처하였다(진서 사이전 숙신조).

● 삼국시대의 집

삼국시대의 집은 중국에서 불교가 유입되면서 급격히 발전하였으며, 목조 가구식 구조로 정착되었다. 이 시대의 집에 관한 자료는 고구려의 고분벽화에 나타난 약간의 집에 관한 그림 이외에는 전혀 그 유구를 찾을 수 없으며, 삼국사기, 삼국유사, 그리고 중국의 문헌을 통하여 고찰할 수 있다.

◦ 고구려시대의 집

고구려의 집에 관하여 고찰할 수 있는 자료로는 삼국지, 신당서 등의 중국 문헌과 고구려의 고분 벽화에 남겨진 주택도 및 주택에 관련된 부속 건물 등이다.

삼국지 위지 동이전 고구려조(三國志 魏志 東夷傳 高句麗條)에 의하면 당시 고구려인들이 수렵·어로 생활과 더불어 농경생활을 영위하였으며, 부경桴京이라는 작은 창고와 서옥婿屋 등의 풍속이 있었다고 한다. 신당서 동이전 고구려조新唐書 東夷傳 高句麗條에는 민가는 초가지붕이었으며 특히 '구민성동작장갱온화이취난窶民盛冬作長坑溫火以取暖'이라 하여 하층민 사이에는 중국 북부지방에서 성행하고 있는 갱坑이라는 난방시설과 유사한 원시형태의 온돌시설인 '장갱長坑'이 존재하였음을 나타내 주고 있다.

고분벽화를 통해 보면 맞배지붕과 우진각 지붕의 건물들이 살림채, 부엌, 우마사牛馬舍 등으로 구분되어 있어 당시 귀족 주택은 독립된 건축물棟에 따라 기능별 공간 분화가 잘 이루어졌던 것으로 특징지을 수 있다

◦ 신라시대의 집

신라의 경우는 삼국사기三國史記, 삼국유사三國遺事 등과 같은 국내의 문헌자료를 통해 당시의 집에 대해 비교적 자세하게 고찰할 수 있다. 삼국사기에 의하면 당시에는 집의 규모 및 양식, 건축재료에 대하여 신분에 따른 규모·장식·건축재료 등에 대한 가사제한이 있었다. 삼국사기 옥사조에 의하면, 신분에 따라 방의 크기, 지붕, 장식, 두공枓拱의 양식, 기단에 사용되는 석재의 공정과 그 층급, 장벽의 높이와 그 지붕 벽면 도장재료, 실내에 사용되는 발과 병풍 및 자리 등의 장식재료, 마루에 쓰이는 목재의 종류, 대문의 장식 등을 자세하게 규정하고 있다. 이러한 가사제한을 받지 않는 계급은 성골계급 뿐으로, 진골 이하부터 서민에 이르기까지 이 규제가 적용되었다.

◦ 고려시대의 집

고려시대의 집을 규명할 만한 문헌자료로는 고려사高麗史, 고려도경高麗圖經, 동문선東文選 등이 있다. 고려의 집은 삼국시대의 주택 양식을 계승하였으며, 귀족들은 중국의 영향을 받았으며, 서민들의 집은 신라 고유의 영향을 크게 받았을 것으로 추측된다.

고려후기 이인로李仁老의 동문선 공주동정기公州冬亭記에는 '겨울에는 따뜻한 방, 여름에는 시원한 마루(冬以燠室 夏以涼廳)'라는 기록이 있어 주택 내에 온돌과 마루가 공존하였음을 보여주고 있다. 여기에는 또한 「토탑(土榻: 흙으로 만든 침상)」, 「혈지위화穴地爲火」 등 온돌과 관련된 용어들이 자주 등장하여 이 시기에 이르러

서는 온돌이 보편적 난방방식으로 지역적으로 널리 보급되었음을 알 수 있다. 상류주택에서는 중국(송)의 영향으로 기와와 화초장을 사용하였으며 고려중기 이후 노인과 아동을 위해 온돌을 사용하였다 하다. 서민주택은 초가 또는 목조가구식 구조로서 온돌과 마루가 모두 존재하였다.

고려 말에는 유교의 영향으로 향교를 신설하고 모든 백성들에게 가묘를 세우도록 하여 조선시대에 주택 내에 사당이 보급되는 토대를 마련하였다. 또, 이 시기부터 주택건축에 풍수지리설과 음양론이 영향을 미쳤으며, 고려사에는 '호족이 다투어 큰집을 지어 법을 문란케 하고...'와 같은 기록을 통해 가사규제가 존재하였음을 짐작할 수 있다.

조선시대의 전통 집 모습

오늘 우리가 알고 있는 초가집 혹은 기와집의 전통 집의 모습은 대부분 조선시대 후기의 모습이다. 그러나 고구려 시대의 고분 벽화에 나와 있는 당시의 주택의 모습을 보더라도 집 모습은 비슷비슷하다. 수 백 년의 시간이 흘렀다 하더라도 우리 조상들의 집 모습은 크게 변하지 않았다. 그리하여 조선시대의 집을 통하여 고려시대까지 파악되지 않은 조상들의 집 모습을 어느 정도 이해할 수 있을 것이다.

어느 시대를 막론하고 집의 규모와 구조, 방의 배치 등은 그 시대의 정치적 사회적 제도와 밀접한 관련이 있다. 조선시대의 집을 이해하기 위하여 먼저 조선시대의 집에 영향을 미치는 요인들에 대하여 살펴보아야 할 것이다.

• 집에 영향을 미친 요인

조선시대에는 정치적·사회적 제도, 유교사상, 그리고 음양 및 풍수지리사상 등이 집을 어떻게 지어야 할 것인지 공간은 어떻게 배치하여야 할 것인지에 많은 영향을 미쳤다.

◦ 정치사회적 제도가 영향을 미치는 부분

조선시대의 가장 큰 특징은 철저한 신분제도이다. 양반, 중인, 이교, 양인, 천인 등 신분에 차이에 따라, 집터家垈, 집의 규모家舍, 장식 등의 규제가 있었다.

집터家垈의 제한은 건국 초에 태조가 각 품에서 서인에 이르기 까지 한양에서 집터의 넓이를 제한하도록 한 것으로, 태조 4년(1395)에 정일품 35부負로 하고 이하 5부씩 감해서 육품은 10부, 서인은 2부로 하도록 하였다. 1부는 오늘날의 39평에 해당한다. 그러나 경국대전 호전 급조가지조經國大典 戶典 給造家地條에는 예종 원년에는 대군·공주가 30부, 왕자·옹주는 25부, 정일이품은 15부 등으로 처음보다 훨씬 좁아져서 한양의 인구 증가와 토지부족을 간접적으로 시사하고 있다.

신분에 따른 집의 규모家舍제한은 세종 13년에 구체적으로 정해져서 경국대전에 기록되어 하나의 건축법규로서 지켜져 왔다. 세종 13년 세종실록에 실린 가사규제에 의하면 대군大君 60칸, 군君·공주公主50칸, 옹주翁主·종친宗親·2품이상二品以上 40칸, 3품 이하三品以下 30칸, 서인庶人 10칸으로 규제하였다. 그러나, 가사규제가 제대로 지켜지지 않은 예가 많아서 여러 차례에 걸쳐서 개정을 하게 된다.

장식의 규제로는 단청丹靑 및 화공花供, 숙석熟石의 사용을 금지시켰다. 이는 삼국시대에도 볼 수 있는 것이나 문종 원년에 이르러서는 관부官府와 사찰寺刹만은 예외로 하였다.

◦ 유교사상이 영향을 미치는 부분

조선시대의 숭유배불정책은 소박, 청빈, 선비적인 것을 지향하고 본능적·감정적인 것은 억제하였을 뿐 아니라, 조상숭배, 가부장적 대가족제도, 남녀유별 등의 사상이 집의 공간 구성에도 직접적인 영향을 미쳤다.

먼저, 조상숭배사상에 따라 가묘제를 채택하고 중인이상의 주택에는 반드시 「사당」을 설치하였다. 둘째, 가부장적 대가족제도의 영향으로 여러 세대를 위한 공간과 서열 및 신분의 높고 낮음에 따른 공간을 조성함으로써, 규모가 커지고 공간 분화가 다양하게 이루어졌다. 또한 종가를 중심으로 가옥이 배치되는 동족촌을 형성하여, 경제적·자위적인 상부상조 협동체를 이루었다(예: 안동 하회마을, 경주 양동마을). 셋째, 남녀유별사상에 의해 남성공간과 여성공간이 철저하게 분화되어 상류주택에는 안채와 안방 등의 내측의 여성공간과 사랑채와 사랑방 등의 외측의 남성공간 뚜렷하게 구분되었다.

◦ 음양오행설과 풍수지리설이 영향을 미치는 부분

음양오행설이란 우주만물은 음(−)과 양(+)으로 이루어져 있어 이들이 결합하여 오행(木, 火, 土, 金, 水)으로 나타난다고 믿는 것이다. 이를 바탕으로 땅에 관한 자연 이치를 설명하는 것이 풍수지리설이다. 이 두 가지 사상은 미래의 길흉화복을 예언한다고 믿는 도참설과 결합하여 조선시대의 일상생활 전반에 영향을 미쳤다.

음양오행의 법칙은 자연뿐만 아니라 인간에게도 적용된다고 하여 인간의 운명을 예지하는 철학의 체계로 자리 잡게 되었다. 특히, 우주만물을 생성하고 변화시키는 기氣는 땅속에서 흐르며 땅 위의 것들을 움직이므로 생기가 모이는 장소를 선택함으로써 자연을 이용하고자 하였다.

풍수는 음양오행설을 바탕으로 땅에 관한 자연의 이치를 설명하는 이론으로서, 조상의 묘를 통해 자손의 번성과 입신출세를 바라는 음택풍수와 집터에 의해 그 목적을 달성하고자하는 양택풍수로 나뉜다. 따라서 풍수사상은 집터의 선정, 건물의 위치와 좌향, 집의 형태를 이루는데 널리 적용되었다. 집터가 나쁘면 아무리 좋은 집을 지어도 복을 얻지 못하고, 좌향은 집주인의 운명에 영향을 준다고 믿었다. 좌향에서 가장 중요한 요소는 안방, 부엌, 대문으로, 이들 요소의 위치와 방향은 반드시 풍수전문가가 결정해야 했다. 또, 집의 평면 형태는 좋은 뜻을 지닌 글자 모양을 갖추어야 한다고 생각하여, 구口, 일日, 월月과 같은 모양은 그 뜻이 먹을 것이나 해, 달을 의미하기 때문에 길한 것으로 여겨졌으며, 공工, 시尸와 같은 모양은 상서롭지 못한 것으로 피하였다.

• 집의 평면구성과 구조

◦ 양반집의 평면구성

조선시대에는 철저한 신분제도가 있었으며 이에 따른 집터 및 규모에 제한이 있었다고 하였다. 그리하여 상류층이라고 할 수 있는 양반계급과 서민들의 집에는 차이가 있는데, 상류층인 양반 집에는 신분에 따라 남성과 여성에 따라 채와 방을 달리하였다. 즉 양반 여성과 자녀들이 거주하는 안채와 양반 남성이 거주하는 사랑채, 그리고 하인들이 거주하는 행랑채로 나뉜다.

평면도 150

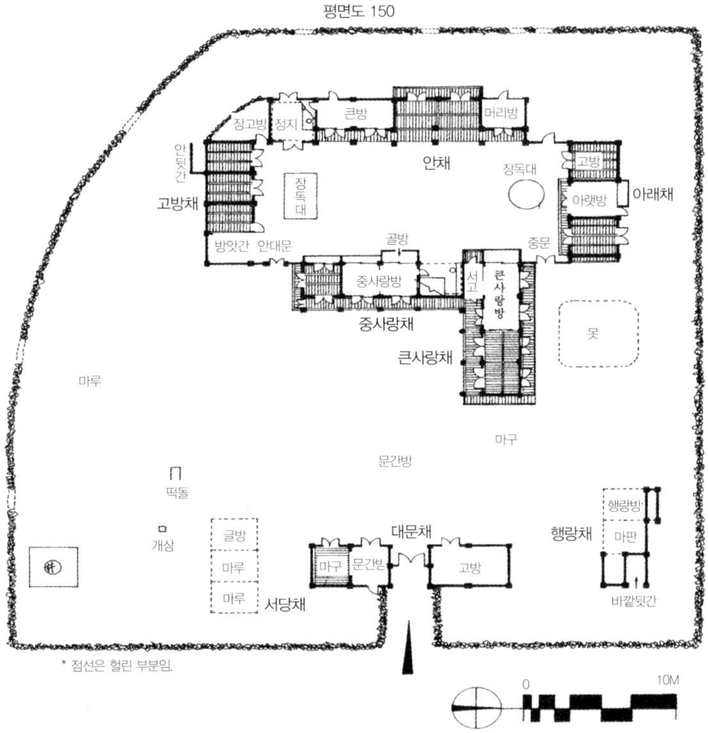

▌그림 4-1 ▌ 경북 영천지방의 상류주택
(자료: 김광언, 한국의 주거 민속지, 민음사, 1988.)

각각의 채에는 방들이 놓이는데, 이들 공간은 주인의 신분과 재력에 따라 그 규모가 다르다. 안채에는 안방과 건넌방, 부엌 등이 있고, 사랑채에는 큰 사랑방, 작은 사랑방이 있으며, 행랑채에는 행랑방, 청지기방 등이 있다. 이들 각 채에는 외부공간으로서 마당을 끼고 있는데, 안마당, 사랑마당, 행랑마당이 그러하다.

▌그림 4-2▐ 대청의 분합문(왼쪽-여름철, 오른쪽-겨울철)

▌그림 4-3▐ 안방과 사랑방 (왼쪽: 추사 고택의 안방, 오른쪽: 운현궁 노락당의 사랑방)

▌그림 4-4▐ 사당과 별당

중인이상의 집에는 그 외에 별당이 있을 수 있으며 사당이 있다. 별당은 중상류 이상의 집에서 볼 수 있는 곳으로 주택의 건물과는 별도로 만들어져 있으며 은퇴한 노주인이나 장성한 자녀가 사용하기도 한다. 주택 건물 가운데 가장 화려하게 건축되어진다. 반면에 사당은 선조의 위패를 모셔두는 곳으로 집터의 가장 뒤쪽, 주로 지대가 높은 북서쪽에 위치하고 1칸 또는 3칸 정도로 되어 있다.

◦ 양반 집의 구조

집의 구조는 다른 대부분의 건축물과 마찬가지로 목조 구조로 되어있는데 기단基壇, 가구架構, 지붕, 천장, 바닥 및 벽체 등으로 나누어 볼 수 있다.

대부분의 주택은 바닥에서 30~50㎝ 정도의 기단 위에 세워지는데 기단의 높이는 집주인의 신분에 따라 차이가 있다. 따라서 서민주거에 비해 중상류층의 집일수록 기단의 높이가 높다.

집은 기둥 위에 도리와 보를 걸치고 그 위쪽에 서까래를 걸치는 가구방식이다. 이에 따라, 지붕은 맞배지붕, 우진각지붕, 팔작지붕의 세 가지가 있다. 지붕은 대부분 골기와로 잇게 되나, 서민의 경우는 초가가 많다. 천장은 거의 반자천장이며 반자틀에 종이를 붙여 마감하였다. 상류주택에서는 우물천장으로 마감하고, 대청은 천장을 가구하지 않고 연등천장으로 마감하였다.

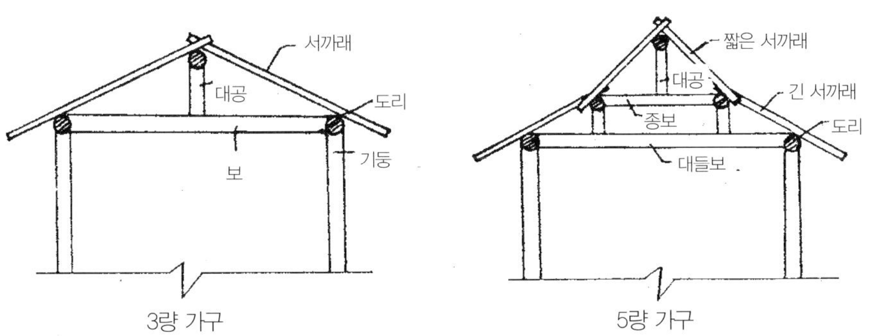

▌그림 4-5▐ 가구架構 방식

바닥은 거주용은 온돌을 놓고 바닥면에는 종이를 바르고 그 위에 다시 콩기름으로 문지른다. 대청이나 마루방은 우물마루나 장마루를 깐다. 식품이나 문서를 수납하기 위한 광은 마루바닥이지만 그 외에는 흙바닥이다. 벽체는 기둥과 기둥사이에 상인방, 중인방, 하인방을 끼고 그 사이에 깃을 세워 다시 가시새로 얽어 흙을 칠한 흙벽으로 하며, 건물 내부는 회칠 또는 벽지를 바르고 외부는 회칠을 한다.

◦ 각 지방별 서민들의 집 모습

각 지방별로 다른 기후나 풍토는 전통집의 모습에 많은 영향을 준다. 특히 서민들의 집은 그 영향을 그대로 집에 나타내기 마련이지만, 중상류층의 집은 지방에 따른 특징이 큰 차이가 나타나 보이지 않는다. 그것은 중·상류의 경우는 신분적 특징에 의해 자연환경보다는 사회문화적 환경에 영향을 크게 받기 때문이라고 할 수 있다. 중상류층의 집은 그들의 사회적 지위를 나타내고 있으므로 수도 한양이나 지방의 양반들의 집에 많이 다르지 않은 것이다. 양반의 집은 기본적으로 마당과 채, 그리고 방으로 구성된다.

지방에 따른 집의 차이는 서민주택에서 두드러지게 나타나는데, 전국의 팔도를 중심으로 다음의 그림과 같이 그 대표적 집의 모습을 분류해 볼 수 있다.

• 서울지방형: 서울 지방의 서민주거는 대지의 경계선을 따라 대문, 안채 등이 하나의 지붕으로 연결되어 전체 평면이 ㄱ자형, ㄷ자형, ㅁ자형을 이루고 있다. 안채에는 안방과 건넌방 사이에 마루방을 두고 있으며, 안방 아래에 직각으로 꺾이는 곳에 부엌을 두고 있다. 대문과 연결된 곳에 사랑방이 위치한다.

• 함경도지방형: 이 지방은 다른 지방에 비해 겨울이 길고 눈이 많이 쌓이는 곳이므로 추위에 견딜 수 있는 폐쇄적인 형태가 발달하였다.

이 지방의 집은 양통형 혹은 田자형으로 대표적인 겹집구조이다. 즉, 살림채에 부엌과 정주간이 나란히 위치하고 그 옆에 안방, 윗방, 사랑방 등이 田자형으로 배치되어 있는 평면이다. 부엌과 정주간 사이에는 벽체가 없고 부엌 쪽으로 개방되어 있어 가족의 식사 및 실내에서의 작업 등에 이용된다. 또, 부엌 옆으로 마구간이나 광 등이 살림채와 일체화되어 있다.

• 평안도 지방형: 이 지방의 집은 살림채의 부엌 옆으로 안방과 윗방 등이 한 줄로 병렬되어 있는 것으로 방 앞에는 좁은 툇마루가 있을 뿐 마루방이 없다. 사랑방은 사랑채로 독립되는 것이 많다.

• 경기도 지방형: 이 지방의 집은 살림채의 평면이 ㄱ자형으로 서울지방과 유사한 점이 많으나 살림채를 대지 내에서 자유롭게 배치할 수 있는 점이 다르다. 사랑채는 대문과 연속하여 있는 경우가 많으며 살림채와는 독립하여 만들어진다.

• 남부 지방형: 전라도와 경상도 지방의 집이 여기에 속하는 데, 살림채가 일자형으로 부엌, 안방, 마루방, 건넌방을 일렬로 병렬한다. 각 방의 앞에는 툇마루가 설치되며 사랑방은 사랑채로 독립되는 경우가 많다.

• 제주도 지방형: 함경도 지방의 집과 형태적으로 유사한 겹집구조를 가지고 있다. 살림채의 안방과 건넌방 뒤쪽으로 폭이 좁은 고방 또는 광이 있으며, 마루방은 그 중앙에 놓이게 된다. 위채와 아래채에 각각 독립된 부엌을 가지고 있다.

▌그림 4-6▐ 지역별 주택유형 (자료: 김광언, 한국의 주거민속지, 1988)

근대의 집 모습

• 개화기의 외래문화와 집

우리나라에 서적과 같은 문물이 아닌 건축물로서 외래의 것이 직접 소개되기 시작한 것은 개화기로부터 시작된다. 1876년 일본과의 병자수호조약이 체결된 이후 부산(1876), 원산(1879), 인천(1883) 등이 차례로 개항되면서, 일본식과 서양식의 집이 개항지를 중심으로 건설되었다

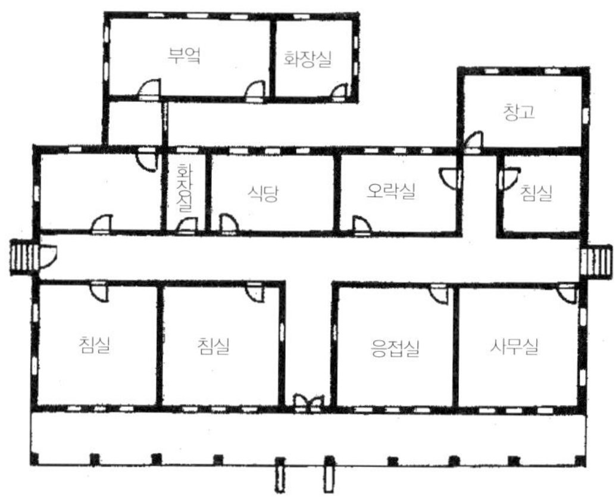

▌그림 4-7▌ 세창양행 사택의 평면(1884)

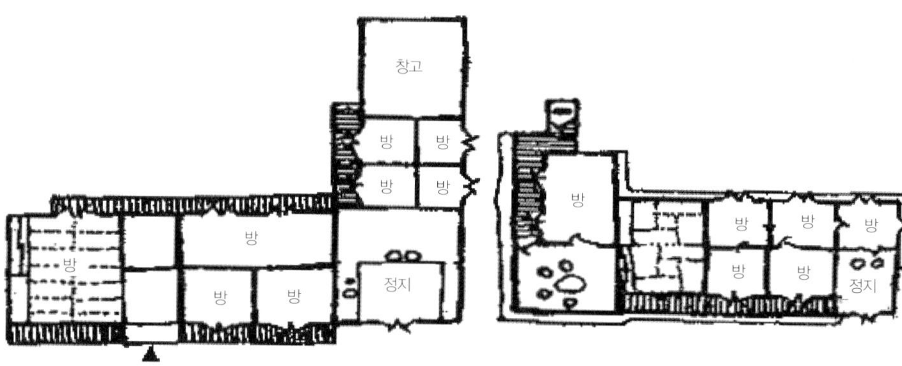

▌그림 4-8▌ 한일절충식 주택의 평면(함경도지방)

서양식 집은 주로 외국 공관의 건축 및 산하 외교관의 집, 구미인 선교 단체를 통한 종교 건축물과 산하 선교사의 집이나 사제관, 외국인 상사의 주재원을 위한 사택 등을 통하여 소개되었다. 최초에 우리나라에 소개된 서양식 주거는 1884년 인천에 세워진 독일인 상사인 세창양행의 사택이라고 한다. 그 내부는 사무실, 응접실, 침실, 부엌, 식당, 오락실 등으로 구분되고, 외벽은 회칠을 한 붉은 벽돌 기와지붕과 아케이드가 있는 일부 2층의 벽돌 건물로 지어졌다.

우리나라에 거주하기 시작한 서양인이 살기 위한 서양식 집과는 달리 당시의 양반계층에서도 서양식 집을 모방하기도 하였다. 즉 새로운 모습의 서양식 집을 직접 짓기도 하고 또는 전통 집의 일부를 개조하여 서양식 가구를 들여서 응접실과 서재를 서양식으로 꾸미기도 하였다.

일본식 집은 특히 부산을 중심으로 크게 번창하였으나 기후·풍토적인 제약 때문에 점차 순수한 일본식 집보다는 한국식을 많이 가미한 형태로 변형되고 발전된다. 즉, 방에 온돌을 놓고 벽을 두텁게 하고 창호 면적을 비교적 작게 하는 경향을 띠게 된 것 등이다.

• 개화기의 전통집의 변화

그렇다면, 당시의 서민들도 서양식이나 일본식의 집을 동경하였을까? 서민들은 오히려 전통적 신분질서에 따라 누릴 수 없었던 집에 관한 여러 규제를 뛰어넘으려고 하였다. 신분계급의 질서가 붕괴됨에 따라 그 동안의 신분에 따른 가사규제가 사실상 무너지고 재력을 가진 중인계급이나 부농계층에서 과거의 상류층 집을 모방하여 집을 크게 신축하거나 화려하게 장식하였다, 또 좀 더 기능적으로 공간을 바꾸기도 하여 신분상승을 하고자 하는 욕구가 건축행위에서도 나타났다.

1905년경부터는 서양식 건물에 의한 영향을 보여주는 것으로 한양절충식 점포가 서울의 종로와 남대문 일대에 집중적으로 분포하였다. 이들 점포는 이층 건물로서 아래층은 전통적 양식이며 이층은 서양식의 난간을 장식한 것으로 토착적인 것과 외래적인 것의 절충이었다. 이것은 외래문화의 유입과정에서 나타나는 자연적인 기술의 결합 내지는 흥미로 볼 수 있다.

▌그림 4-9▐ 개회기 부산의 시장모습(1904년경)

▌그림 4-10▐ 한·양 절충식 점포(1908년경 남대문 일대)
(자료: 서문당, 사진으로 보는 근대한국, 1982)

한편 외국의 문물에 자극을 받은 개화파의 지식인들은 신문 등의 언론을 이용하여 우리의 생활을 개선하기 위해 상하수도, 변소, 목욕시설, 난방시설 등을 근대화해야 한다고 주장하였다. 또한 채광과 환기의 중요성을 주장하면서 위생적인 부엌공간, 주부의 에너지 소모를 절감시키기 위한 식당의 설치 등을 강조하였다. 그 외에도 치도론治道論, 다층 건물의 이용 등도 주장하였다. 그러나 이와 같은 생활개선의 내용이 일반인들의 생활이나 의식을 개선시키기에는 미치지 못했으나, 새로운 건축자재인 벽돌, 유리, 시멘트, 함석 등의 보급은 어느 정도 이루어졌다.

• 일제 강점기에 나타난 다양한 집

이 시기는 1910년 한일합방에서 부터 1945년 해방까지의 기간이 해당된다. 개화기와 내용적으로 연결되는 부분이 많은데도 불구하고 구분하는 것은 이 시기에는 서양과는 직접적인 교류가 단절되었다는 데에 있다. 즉 모든 서구 문물은 일본을 통하여 교류됨으로써 일단 일본의 시각에 의하여 굴절되어서 유입되었다고 보는 것이 옳을 것이다. 1920년대에는 일본의 근대적 건축 교육을 받은 한국인 건축가가 등장하였고 주택건축업자, 즉 집장사가 등장하여 이들이 집을 지어 팔고 사는 주택의 상품화 시대가 시작하였다.

◦ 절충식주택

절충식 주택은 상류층이나 급진적 개화론자의 집에서 서양식 혹은 일본식을 가미하는 형태로 나타났는데, 서양식 절충인 경우는 대부분이 전통집의 일부 공간에 의자와 테이블을 설치하거나 온돌 대신에 스토브와 침대를 설치하는 것이었다. 일본식의 경우는 방바닥에 다다미를 깔기도 하였다. 특히 겨울이 길고 추운 함경도 지방에서도 일본식 다다미방으로 개조하고 현관을 붙인 경우가 발견되기도 하였다.

◦ 생활개선운동과 개량주택, 그리고 문화주택

1920년대에는 개화론자들에 의한 생활개선운동이 일어났다. 여기에는 내용으로

두 부류로 나뉘는데, 하나는 위생론이고, 또 하나는 실질적인 주택개량론이다. 위생론자들은 집의 일조, 환기, 통풍, 습도 등의 중요성을 강조하여 전통 집을 위생적으로 유지하고자 하는 내용이었다. 반면에, 주택개량론자들은 집에 현관을 설치하고 응접실을 두고 거실을 남향으로 하고 동선을 복도로 모을 것 등의 내용을 바탕으로 전통 집과는 다른 특징을 가지고 있었다. 이것은 일본의 중복도형 평면형식을 그대로 답습하는 것이었는데, 특히 일본의 근대건축 교육을 받은 한국인 건축가에 의하여 주장되었다. 그리하여 외관은 전통 집과 비슷해 보이지만 현관을 설치한다든지 복도를 두고 부엌을 뒤로하고 변소를 살림채에 붙이는 개량주택으로 나타났다.

이와는 달리 서양식 방갈로를 모방한 집이 소개되는데 김유방의 문화주택이 대표적인 예이다. 김유방은 1922년에 잡지 개벽」에 "문화생활과 주택"을 연재하면서 서양식을 바탕으로 한 문화주택을 설계하여 제시하였다. 이집의 평면은 전통 집과는 달리 거실, 각 방, 화장실, 부엌이 복도를 중심으로 연결되어 있었다.

◦ 개량한옥

절충식 주택이나 개량주택, 문화주택이 소수의 지식층에서 받아들여졌던 것에 비하여 일반 대중들은 전통집을 변화시키는데 관심이 있었다. 즉, 전통집에 약간의 변화를 준 개량한옥을 받아들인 것이었다. 개량한옥은 과거의 상류층 집을 모방하여 삼량 가구를 오량 가구로 하고 부연을 달아서 처마 끝을 높이는 장식적 요소와 새로운 건축재료인 함석과 유리를 이용하여 함석으로 된 물통받이를 이용하고 마루 앞에 유리문을 다는 외형적 격식을 중요시 한 것이었다. 집의 규모는 12~13평 정도였으며, ㄱ혹은 ㄷ자형의 전통적 서울지방 서민주거의 평면형을 그대로 지녔다.

이 개량한옥은 1934년 조선시가지계획령이 발표되어 새롭게 조성된 신시가지에 택지를 잘게 나누어 집단으로 건축되었다. 처음에는 규모가 큰 택지로 매각하였으나 당시의 한양의 중산층이 이러한 택지를 매입할만한 경제력이 없었다. 그리하여 중산층이 구매할 수 있으며 또한 선호하는 집으로 건축하여 파는 집장사가 등장하게 된 것이었다. 개량한옥은 주택의 상품화 시대를 열게 되었다.

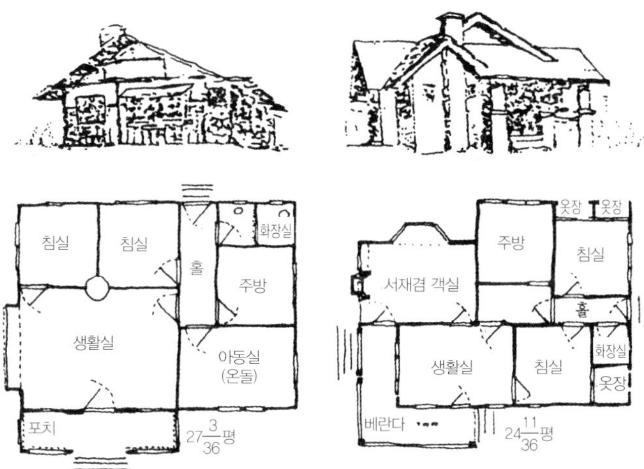

▌그림 4-11▐ 김유방의 문화주택

▌그림 4-12▐ 개량한옥의 평면
(서울 가회동, 자료: 송인호)

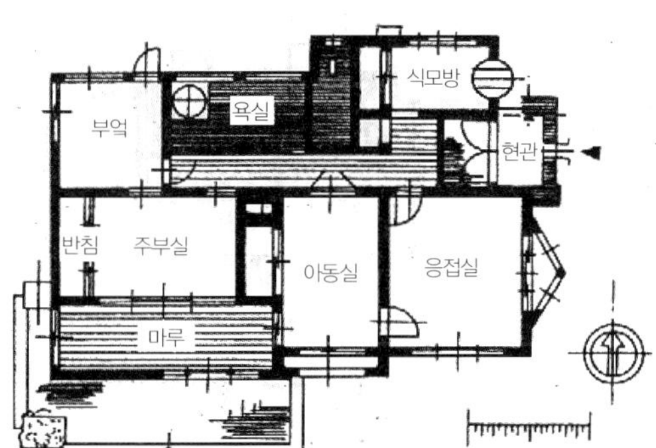

▌그림 4-13▐ 박길용의 개량주택

▌표 4-1▐ 조선주택영단 표준 설계도

형별	도 면	평수 및 간수
갑		• 20평 4간 ┌ 8첩 ├ 6첩 ├ 4첩반 └ 3첩 (이 외 10종류 있음.)
을	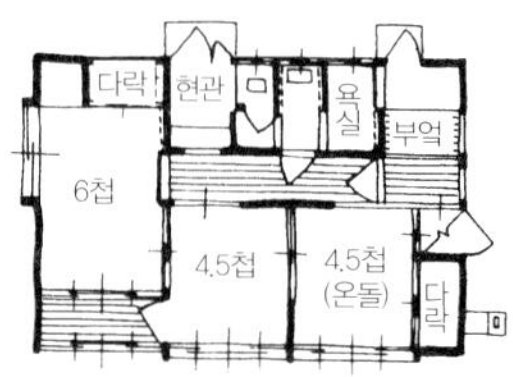	• 15평 3간 ┌ 6첩 ├ 4첩반(온돌) └ 4첩반 (이 외 9종류 있음.)
병	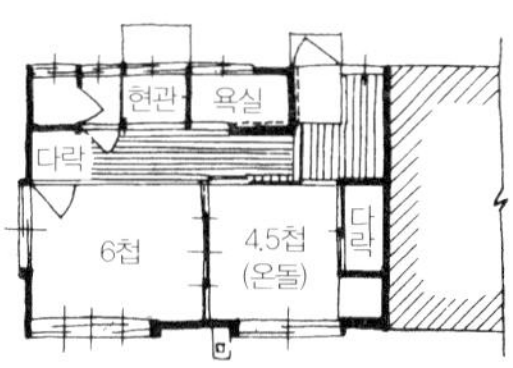	• 10평 2간 ┌ 6첩 └ 4첩반(온돌) (이 외 3종류 있음.)
정	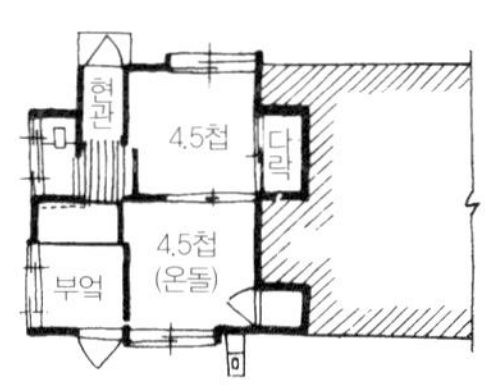	• 8평 2간 ┌ 4첩반 └ 4첩반(온돌) (2종류 있음.)
무	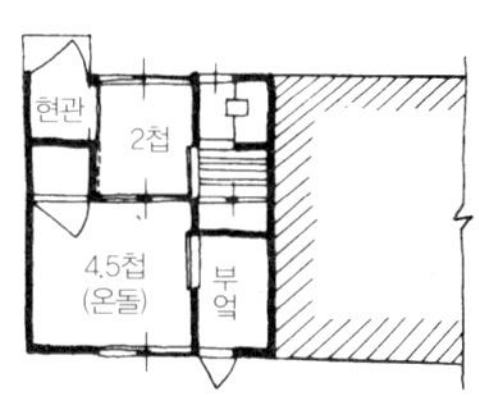	• 6평 2간 ┌ 4첩반 └ 2첩 (2종류 있음.)

*자료: 주택공사, 주택공사 20년사, 1979

◦ 조선영단주택

1940년대에 이르러서는 한양뿐 아니라 지방도시인 원산이나 청진 등에서도 주택부족 문제가 심각해지자, 1941년 조선총독부가 주택을 계획적으로 공급하기 위한 조선주택영단을 설립하였다. 문화주택이나 개량한옥 등이 민간주도적인 집이라 한다면 조선주택영단의 집은 행정부 주도로 이루어진 것이다.

조선주택영단은 우리나라 최초로 표준설계에 의한 주택을 대량으로 건설하였다. 제2차 세계대전으로 인한 물자부족으로 조선주택영단의 완공수량은 계획에 크게 미치지 못하였다. 단독주택을 일단의 택지 위에 구획을 지어 건축하였는데, 대부분이 일본인을 위한 주택 공급이 우선 목적이었다. 일본식 평면에다 한국식의 온돌을 가미한 형태로 목조 단층에 시멘트 기와 지붕을 갖추었다. 여기에는 계층에 따라서 중상류 계층을 위한 2종류, 하류 계층을 위한 3종류의 합계 5종의 기본 설계와 방이나 부엌의 위치를 조금씩 바꾼 20여종의 변형 설계안이 있었다.

제5장

현대의 집 이야기

우리에게 있어서 현대란 언제부터 일까? 사전적 의미로 ‘현대’는 ‘지금의 시대’ 혹은 ‘사상이나 그 밖의 것이 현재와 같다고 생각되는 시기부터 지금까지’라고 되어있다. 그리하여 현대는 짧게는 현재와 극히 가까운 일이십년을 볼 수도 있고 혹은 20세기 이후로 볼 수도 있다.

제5장

현대의 집이야기

우리에게 있어서 현대란 언제부터 일까? 사전적 의미로 '현대'는 '지금의 시대' 혹은 '사상이나 그 밖의 것이 현재와 같다고 생각되는 시기부터 지금까지'라고 되어있다. 그리하여 현대는 짧게는 현재와 극히 가까운 일이십년을 볼 수도 있고 혹은 20세기 이후로 볼 수도 있다.

우리나라에 있어서 현대란 정치적으로 민주주의와 경제적으로 자본주의가 사회에 뿌리를 내리기 시작한 시기로 보는 것이 타당할 것이다. 그리하여 1945년 해방 이후의 오늘날까지를 현대로 볼 수 있을 것이다. 집이야기에 있어서는 현대의 상징이라고 할 수 있는 아파트가 등장하는 1960년 이후가 가장 현대의 집이야기에 해당된다고 본다.

해방 후부터 1960년까지의 집 모습

• 해방 후부터 육이오전쟁까지의 집

해방이 되면서 여러 가지의 사회적 상황에 큰 변화를 겪게 되지만 그 중에서도 서울, 부산 등의 도시 상황은 밀려드는 유입인구로 심각한 상황이었다. 특히 주택 사정은 일제강점기 말부터 곤란한 지경이었는데, 해방 후의 급속한 유입인구로 더욱 심각하였다. 서울시의 경우는 1945~49년 사이에 약 66만인의 인구가 급증하여 해방 전부터 누적되어온 주택난이 극에 달하고 있었다. 미군정이 일반에게 불하한 일본인의 적산 가옥은 이러한 주택난을 해결하는데 큰 도움이 되지 못했으며 도시의 여기저기에는 이주민의 판자집이 난립하였다.

한편 조선주택영단은 1946년에 대한주택영단으로 개칭하면서 새로운 시대에 적응할려고 하였다. 특히 해방 전의 조선주택영단에서 발표한 표준주택설계안은 일본의 주택을 모방한 것이었으나 1945년 조선주택영단의 현상설계 모집에서 당선된 평면을 보면 이러한 것에서 탈피하여 우리의 전통성을 찾으려고 하는 노력을 엿볼 수 있었다. 당시의 현상설계 평면에서는 전통집의 마루를 살리면서도 서양식의 거실과 조화를 이루고 있으며 북쪽 현관에 부엌, 변소를 설치하는 등 평면으로 합리성을 추구하고 있었다.

• 육이오 전쟁 후 새로운 움직임

이 시기의 혼란한 상황 아래에서는 주택 건설이 무엇보다도 선결 문제였으나 쉽게 진전을 보지 못하였다. 더욱이 1950년에 발발한 6·25사변에 의해 당시 주택 재고의 약 25%에 해당하는 60만호의 주택이 파괴되었다. 이에 대한주택영단은 피난민을 위한 긴급구호주택을 건립하였으나 전쟁 중의 건축자재의 부족, 경제적 곤궁 등으로 목조 장옥(長屋: 전면 폭이 좁고 길이가 길게 지어진 집), 흙벽돌집이 고작이었다. 전쟁이 끝나고 시멘트 생산이 본격화되면서 국민주택이 건설되었다.

1960년 이후 오늘날까지의 집 모습

1960년대 이후 도시 인구 집중은 경제개발로 인하여 대량의 농촌 인구가 도시로 이주함으로서 가속화되었다. 서울과 부산 등의 대도시권을 중심으로 진행된 인구 집중과 도시화는 심각한 주택부족에 시달리게 된다. 주택보급율이 최근에 와서야

102%를 나타내는 것으로 보아 지난 50여 년 간 만성적인 주택부족문제에 시달렸던 것이다(통계청, 2011). 특히 서울, 경기, 인천의 수도권 인구가 전체의 47.9%를 점유하고 있어서 수도권의 주택문제는 지방도시와는 또 다른 양상을 보이고 있다.

이와 같은 도시 인구집중에 따른 주택부족에 대처하는 것은 토지 이용을 고도화한 아파트 건설이 필연적인 것이었으며, 1962년 대한주택공사의 '마포아파트 단지'를 최초로 시작하여 지난 50여 년 간의 지속적 아파트 건설을 통하여 전체 가구의 47.1%가 아파트에 거주하고 있어서 단독주택(39.6%)보다 더 보편적인 주거가 되었다(통계청, 2011).

• 단독주택은 다가구주택으로

1970년대 이후 아파트의 고층화, 대형화와 더불어 급배수 설비, 난방 설비 및 부엌 설비 등이 획기적으로 발달되면서 이러한 것들이 단독주택에도 크게 영향을 미쳐 주거설비 면에서 질적 향상에 기여하는 바가 컸다. 1970년대 중반 제4차 경제개발 5개년 계획이 시작되면서 도시주택은 급속도로 변화하기 시작하는데, 2층 단독주택의 건설이 일반화되면서 주택의 연면적이 대지면적보다 넓은 역전 현상이 나타났다. 따라서 이시기를 전후하여 도시주택을 1층 주택기, 과도기, 2층 주택기로 나누어 볼 수 있다.

▌그림 5-1▐ 1960년대 서울의 단독주택

◦ 1층 주택기(1970년대 중반까지); 이 시기에는 전통주택에서 사용되어 왔던 ㅡ, ㄴ, ㄷ자 형식의 평면을 가진 단층주택이 일반적이었으며, 온돌방, 부엌, 마루, 변소 등으로 공간이 구분되었다. 안방은 주택평면의 가장 안쪽에 배치되어 있으며, 마루를 통하여 출입할 수 있도록 되어 있다. 전통주택의 형식이 거의 그대로 전승되고 있다고 볼 수 있다. 그 후 화장실이 주택 내부에 자리잡기 시작하고, 현관이 만들어져 현관을 통해서 외부공간인 마당과 내부공간이 연결되는 폐쇄적인 관계로 바뀌게 된다. 이때까지는 방별로 연탄보일러 형식을 유지하는 개별난방을 취하고 있었다.

◦ 과도기(1970년대 중반); 3차례에 걸친 경제개발계획의 수행되면서 서구적 가치관이 팽배하던 시기로, 난방방식과 화장실 등의 설비가 개선되면서 주택구성이 좀 더 자유로워졌다. 마루의 규모가 확장되어 거실화 되고 입식부엌과 부엌의 일부에 식탁과 의자를 두어 식사 기능을 담당하게 하는 'Dining Kitchen'이 도입되기 시작한다. 층의 일부를 나누거나 혹은 반지하 공간을 임대하는 등 2층의 단독주택로 나아가는 전의 과도기적 현상을 보여준다.

◦ 2층 주택기(1970년대 후반이후); 도시화가 가속화되면서 다가구 거주가 일반화되면서 2층 주택은 도시주택의 일반적인 모습이 되었다. 1층과 2층을 연결하는 계단은 내부계단에서 외부계단으로 전환되어 간다. 초기에는 1세대가 사용할 수 있도록 내부계단을 두었으나, 그럼에도 불구하고 2층을 임대하는 경우가 빈번해지자 내부계단과 외부계단을 병용하게 되고 80년대 중반이후에는 외부계단 만을 두어 1층과 2층의 생활이 독립된 다가구주택으로 변화하게 된다. 따라서 주택의 방도 초기에는 1층에는 거실과 안방, 부엌, 욕실 등을 두고 2층에 자녀실을 두는 방식이었으나, 차츰 2층도 1층과 유사한 공간구성으로 변화하여 2세대 이상이 상호간섭 없이 사용할 수 있는 구성으로 되었다.

▌그림 5-2▐ 전통기와를 얹은 1970년대 초의 단독주택

▌그림 5-3▐ 1970년대 초의 1층 단독주택

▌그림 5-4▐ 1970년대 후반의 2층단독주택

이러한 과정 중에 전통주택의 마루는 서양의 리빙룸과 같은 거실로 변화하였고 난방방식의 개선으로 안방과 부엌의 배치가 아무런 방해를 받지 않게 되었다. 안방은 1980년대 대형 평수의 아파트에서 나타나는 안방과 부속 화장실, 침실 등으로 구성되는 안방공간의 확대현상이 단독주택에서도 나타난다. 또한 단독주택의 외관도 초기에는 서구주택의 일방적 모방이 뚜렷하다가 1980년대 중반이후 전통적 요소를 도입하여 적용시키는 방향으로 전환하게 된다. 그 후 다시 1990년대 이후 세계화의 흐름 아래 도시주거의 모습은 전통적 모습을 탈피하여 또 한 번 발전을 하게 된다.

▌그림 5-5▐ 1980년대 중반의 다가구주택

▌그림 5-6▐ 1990년대 이후의 다양한 단독주택의 모습

• 다가구주택, 다세대주택 및 연립주택은 어떻게 다른가?

단독주택에는 단독주택, 다중주택, 다가구주택, 공관 등으로 구분된다. 단독주택은 말 그대로 단독가구가 거주할 수 있는 주택을 가리킨다. 다중주택은 3층 이하, 330㎡이하의 연면적을 가진 단독주택으로 구분소유가 불가능한 주택이다. 주로 학생 또는 직장인 등 여러 사람이 장기간 거주할 수 있는 구조로 되어 있으면서도 독립된 주거의 형태가 아니어도 된다. 주로 대학가 근처에 많이 존재한다. 이에 비하여 도시주택으로 일반화된 다가구주택은 단독주택의 범주에 포함된다. 다가구주택은 3층 이하, 660㎡이하의 연면적을 가진 주택을 나타내는 것으로 구분소유가 불가능하다. 즉 구분 등기를 통한 분양을 할 수 없다는 의미이다.

이에 비하여 다세대주택과 연립주택은 약간 다르다. 다세대주택은 4층 이하로서 660㎡ 이하의 연면적을 가진 주택으로 구분소유가 가능하여 분양할 수 있다. 연립주택은 다세대주택과 유사한 조건이지만 연면적의 조건이 660㎡이상이다.

▌그림 5-7▌ 우리나라 주택의 구분

• 준주택, 도시형생활주택은 무엇인가?

최근에 준주택과 도시형생활주택이란 용어가 사용되기 시작하였다. 2010년 4월 5일에 「주택법」 개정안이 공포·시행됨에 따라 '준주택'은 주택 이외의 건축물과 그 부속토지로서 주거시설로 이용가능한 시설의 개념이다. 오피스텔, 노인복지주택, 고시원 등이 주거시설로서의 기능을 하게 됨에 따라 준주택에 속하게 되었다.

준주택과 더불어 도시형생활주택은 최근의 1-2인의 가구의 증가와 고령화 추세를 반영하여 등장한 주택이다. 지금까지 20가구 이상이 주택건설을 위해서는 주택건설업자의 사업승인절차 및 건설기준 - 분양가상한제, 관리사무소 설치, 소음기준, 조경기준 등 - 이 엄격하게 적용되었다. 반면에 19가구 이하의 건설에서는 대지의 분할 혹은 연접개발로 주거환경이 열악해지거나 안전성이 우려되며 충분한 주차장의 확보가 되지 못하는 등의 문제가 있었다. 이러한 문제로 소형주택의 공급이 원활하게 이루어지지 못한 점을 완화하여 공급의 활성화를 꾀하게 한 것이다.

▌그림 5-8▐ 오늘날 도시 단독주택지의 모습

▮표 5-1▮ 공동주택과 도시형 생활주택 비교

구분	일반 공동주택	도시형 생활주택
감리	주택법 감리를 따름	건축법 감리를 따름
분양가상한제	분양가상한제 적용대상	미적용 대상
입지지역	허용지역은 모두	도시지역 중 허용지역
주거전용면적	297㎡ 이하	단지형 연립주택, 단지형 다세대 주택은 85㎡ 이하원룸형은 50㎡ 이하
건설기준	주택건설기준 등에 관한 규정	일부 건설기준과 부대 복리시설은 적용에서 제외,주차장 완화
공급규칙	주택공급에 관한 규칙을 따름	분양보증, 공개모집 등 일부만 적용

도시형생활주택의 사업승인 대상을 현행 20세대 이상에서 30세대 이상으로 완화하고 150세대 미만의 국민주택규모 이하의 공동주택으로 한다. 단지 상업·준주거지역에서 300세대 미만의 원룸형 도시형 생활주택을 주상복합으로 건설하는 경우도 건축허가로 완화한다. 도시형 생활주택의 공급활성화를 위하여 주택건설기준 중 부대·복리시설의 설치요건을 완화하여 단지형 다세대주택은 건축심의를 거치면 5층까지 가능하며 제1종 일반주거지역 내에서는 피로티를 포함하면 6층까지도 가능하게 하였다.

우리의 아파트는 진화 중

• 1960년대 이전의 아파트

한국에서 아파트라고 말할 수 있는 것은 1960년대에 들어서면서이다. 그전에는 기숙사와 같은 형태의 공동주택인데, 1930년대 서울에서 장옥長屋, 료寮라는 이름으로 근로자의 주거로 제공된 것이 그 시작이다. 그 후 일본인 전용의 아파트로서 소규모의 임대 아파트 형식이 존재하기도 하였다.

1950년 6.25사변을 겪으면서 주택문제의 적극적인 해결방안으로 아파트라는 공동주택형식이 도입되었는데, 최초의 아파트로는 행촌아파트(1957년), 종암아파트(1958년), 개명아파트(1959년)가 있었다. 행촌아파트는 한미재단의 후원으로 건설된 것으로, 미국인의 거주를 고려하여 욕조와 입식부엌, 스팀식 중앙난방방식이 도입된 당시로서는 획기적인 주거형태였다. 종암아파트는 4층의 조적조로, 개명아파트는 5층 콘크리트 구조로 13~17평 정도의 복도식 아파트였다.

- 아파트시대의 도래(1960년대~1971년)

1960년대는 근대화와 산업화로 인한 도시인구의 급증으로 서울시와 부산시 등의 대도시를 중심으로 주택공급의 필요성이 절실하였다. 1962~66년, 1967~71년까지의 제1, 2차 경제개발 5개년 계획에서는 주택정책 목표의 설정, 각종 주택관련 법규의 정비, 대한주택공사의 설립, 한국주택금고의 설립 등으로 주택정책을 위한 기반이 만들어졌다. 특히 공공부문 최초의 아파트인 마포아파트단지가 1962~1964년에 걸쳐 건설되었으며, Y자형의 아파트 형태를 가졌다. 6층의 R.C(Reinforcement Concrete)조로 당시로서는 커다란 기술적 진보를 보여주었다. 단지 내에 관리사무소, 상점, 병원, 노인회관, 공원 등이 갖추어진 총 10개동 642세대를 수용하는 최초의 아파트단지이다. 그 후 홍제, 돈암, 동대문아파트 등이 건설됨으로써, 본격적인 아파트 시대가 예고되었는데, 이 시기의 아파트는 입식생활을 지향하고 공간의 기능적 구성에 중점을 두었다.

한편으로는 서울시가 무허가 불량건물의 수가 급증하는 것에 대비하기 위해, 서울특별시 마포구 창전동 와우지구에 건설한 와우시민아파트가 부실공사로 인하여 건설된 지 1년만인 1970년 4월 8일에 붕괴한 사고가 일어나 아파트 부실공사가 사회적 문제로 전면 대두되었다. 1970년에는 최초의 고층아파트인 여의도시범아파트가 등장하였고, 모델하우스에 의한 사전분양이 이루어지며. 아파트 계획에 근린주거론이 도입되기도 하였다.

• 아파트의 도약(1972~1981년대)

제3, 4차 경제개발 5개년 계획이 실시되면서 경제의 비약적인 발전과 더불어 민간건설사에 의하여 아파트가 대량 건설되던 시기이다. 아파트 단지가 본격적으로 개발되면서 공동주택 단지계획에 있어서도 근린주구론을 중심으로 한 계획 원리가

▌그림 5-9▐ 최초의 고층 여의도시범아파트(1970)

▌그림 5-10▐ 와우아파트붕괴사고 (동아일보, 1970.4.8)

▌표 5-2▐ 1960년대 사회적, 정책적 및 주택공급 측면

구분	내용
사회적 측면	• 5.16군사혁명으로 박정희 정부 수립 • 제1~2차 경제개발5개년 계획 시행 • 수출지향적 공업화 정책 • 와우아파트 붕괴(1970)
정책적 측면	• 주택정책이 하나의 정책으로 다루어지기 시작 • 민간중심적 주택정책(1967한국주택금고) • 각종 법안 제정(1962도시계획법, 건축법, 대한주택공사법, 토지수용법 등, 1966 토지구획정리사업법)
주택공급적 측면	• 공공부문 최초 마포아파트단지(1962) • 민간부문 모델하우스에 의한 분양 • 최초의 고층아파트단지(1970, 여의도시범아파트, 12층 고층) • 페리의 근린주구론 도입

일반화되기 시작하였다. 즉 상가와 공원 등을 주거단지 내에 집중적으로 배치하고, 단지 외곽을 담장으로 둘러싸면서 주변 가로 공간에 대해 배타적으로 계획하는 방식이 일반화되었다. 주거동 배치에서는 남향 일자형 배치방식이 보편화되었다.

아파트가 대량 건설되면서 호당 면적도 다양화가 되어 7.5~90평까지 나타났다. 이에 따라 침실, 거실, 주방 및 식사공간(Dining Kitchen), 2개의 욕실이 등장하였고 규모가 큰 주호에서는 안방과 부부침실을 분리되기도 하였다.

1979년 제2차 오일쇼크와 세계적인 경제공항을 경험하면서 주택공급의 효율성과 경제성이 우선되고 그 동안 축적된 계획원리들도 조금씩 변화를 하기 시작하였다. 주거단지내의 상가를 가로변에 배치하였고 남향일자형 주동배치가 보편화되는 가운데 중정형 배치방식, 주거동의 출입방향에 NS조합방식이 등장하였다. 또한 1979년 '주택건설기준에관한규칙'을 제정하여 공동주택단지의 생활시설의 양과 질 향상에 기여하였다.

표 5-3 1970년대 사회적, 정책적 및 주택공급 측면

구분	내용
사회적 측면	• 제1,2차 경제개발계획의 성공 • 제3,4차 경제개발계획 시행 • 중화학공업정책 육성
정책적 측면	• 민간중심적 아파트 건설 공급(1972 주택건설촉진법) • 투기억제 정책수립 • 국민주택청약제도(1977) • 주택건설업체지정(1978)
주택공급적 측면	• 아파트 단지 건설의 본격화(강남지구 개발) • 남향일자형 배치 보편적(N.S형 출입방식 등장) • 단지 내 생활여건 시설의 규칙제정('주택건설기준에관한규칙' 제정)

▌그림 5-11▐ 마포아파트단지
(1962, 서울시 마포구 도화동 위치)

▌그림 5-12▐ 1970년대에 공급된 저층아파트

▌그림 5-13▐ 1980년대 고층아파트

• 아파트의 안정(1982~1991년대)

이 시기는 지난 20년간의 경제개발의 성과를 피부로 느끼게 되고 국제적 위상이 높아지는 시기이다. 아시안 및 올림픽 개최로 사회적으로 시민의식이 향상되고 서울시 주변의 신도시의 건설 등 많은 새로운 시도가 시작되었다. 특히 심각한 주택부족을 극복하고 주택가격을 안정시키기 위하여 주택 200만호 건설계획(1988~1992)이 추진되었는데, 1991년에 조기 달성하게 된다. 정부의 200만호 건설계획 추진을 위한 개발사업 중 가장 대표적인 것이 수도권의 대규모 신도시 개발이었다. 수도권의 택지가격의 상승은 고층 고밀도개발로 나아갈 수밖에 없었으며, 고층 고밀도의 대규모 아파트건설은 전반적인 주거 외부환경의 질을 하락시켰다. 인동거리가 완화되고 용적율이 제고되는 가운데 표준설계가 정착되고 벽식구조가 채택되었다. 과천신도시(1979)의 등장 이후 서울 주변부에 많은 신도시가 출현하면서 보차분리, 보행자전용도로, 1층 통과형(piloti) 주거동배치, 자연친화형 계획 등 다양한 새로운 계획수법이 등장하기 시작하였다.

▌표 5-4▐ 1980년대 사회적, 정책적 및 주택공급 측면

구분	내용
사회적 측면	• 1979 제2차 오일쇼크로 경기침체 • 계층간 불평등, 위화감 확대 • 아시안 및 서울올림픽으로 시민의식 향상
정책적 측면	• 과천 신도시 계획(1979)을 시작으로 수도권 주변의 신도시 탄생 • 택지개발촉진법(1981) • 임대주택건설촉진법(1984) • 아시안 및 올림픽선수촌 개발(1986~88)
주택공급적 측면	• 주택 200만호 건설을 위한 택지공급 계획 • 물량위주의 고층고밀도 개발(라멘구조→벽식구조) • 불량주거지 재개발 촉진 • 다세대주택, 다가구주택의 활성화 • 환경친화형아파트 시도; 부산 망미동 주공단지(1984~86)

▌그림 5-14▐ 부산 망미 주공아파트단지

▌그림 5-15▐ 망미 주공아파트단지의
테라스하우스에서 본 모습

• 아파트의 새로운 진전(1992년~현재)

서울올림픽 이후 자긍심 고취, 경제적 호황과 비약적인 산업성장 등으로 사회는 한층 성숙해진다. 주택건설에 있어서 민간건설업체의 활약이 두드러지면서 주택시장 규모 또한 크게 확대되었다. 민간 건설업체의 주택 건설 경쟁이 치열해지면서 업체들의 아파트 상품 경쟁은 단지계획이나 주거동 건물계획보다는 내부설계나 마감재 고급화에 치중하였고 아파트 상품의 브랜드화가 보편화되었다. 주택자재의 고급화, 주택공급방식 및 평면계획의 다양화, 홈 오토메이션(home automation) 기기 등의 첨단설비 도입, 난방 조닝(zoning) 방식의 변화 등 질적인 면에서의 발전이 이루어졌다. 특히, 주문식 평면 및 가변형 칸막이 설치 등이 도입되었다.

한편 택지가격의 상승과 주택공급량 확대에 대한 부담으로 주거단지의 고밀화·초고층화가 심화되었다. 여기에 초고층 아파트의 분양가격 자율화, 인동거리 규제완화 등 초고층화를 지원하는 조치에 힘입어 15층에 머물던 고층 아파트가 20~30층의 초고층 아파트 단지로 변화하게 되었다. 이러한 중에도 아파트에 대한 거주자들의 선호는 꾸준히 증가하고, 2000년 이후에는 환경친화형 아파트, 디지털아파트, 주상복합아파트, 초고층 아파트의 등장 등 아파트의 새로운 진전을 향유하는 시대가 되었다.

표 5-5 1990년대 이후 사회적, 정책적 및 주택공급 측면

구분	내용
사회적 측면	• 경기회복 • 올림픽 이후 자긍심 상승 • 21세기의 문화 전반의 트렌드 변화
정책적 측면	• 서울시(1989), 대구시(1988), 부산시(1991) 등 지방자치단체의 지방주택공사 출범(지자체가 지방 주택공급에 주도적 활동을 시작함) • 신도시 개발 촉진 • 도시계획법(2000) 제정: 지속가능한 개발 지향
주택공급적 측면	• 초고층 고밀도 아파트 보급 • 재개발, 재건축의 확대로 도심개발 추진 • 환경친화형, 디지털아파트, 주상복합아파트 등장

▌그림 5-16▐ 최근의 친환경아파트

▌그림 5-17▐ 친환경아파트단지의 실개천

- 아파트의 브랜드화; 아파트는 작명 중

2000년 이후 민간건설업체에서는 아파트의 브랜드화와 그 이미지 유지에 노력하고 있다. 친환경, 디지털, 유비쿼터스 등의 개념을 결합시켜 민간건설업체의 고정적인 이미지는 뛰어넘으려고 하고 있다. 이는 아파트의 경제적 효과를 극대화시키기도 하여 그 이전에 건설된 아파트들도 브랜드명을 사용하고자 하여 논란이 발생하기도 하였다.

'래미안', '푸르지오', '자이', '힐스테이트', 'e-편한세상', '더샾' 등 오늘날 주변에서 흔히 볼 수 있는 아파트 브랜드명이다. 이러한 브랜드명은 고유한 이미지를 창출하고 유지하고 있는데, 예를 들면, '래미안'은 2000년 3월 처음 선보인 데 이어 아파트 업계의 리딩 브랜드로 자리 잡았다. 이 브랜드는 '미래來' '환경美' '사람安'의 이미지를 조합한 것으로 21세기 주거 문화의 콘셉트를 함축했다는 평을 받았다. 래미안은 특히 아파트 업계에서 처음으로 한자를 조합한 디자인으로 신선한 충격을 안겼다. '푸르지오'는 깨끗함과 싱그러움을 나타내는 푸르다와 대지와 공간을 나타내는 지오를 합성한 것으로 자연과 환경, 그리고 인간과 생활의 조화를 나타내는 이미지를 유지하고 있다. '자이(Xi)'는 '특별한 지성Extra Intelligent'을 줄인 말로 첨단 기능이 강화된 주거 공간이라는 이미지를 내세우고 있다. 'e편한세상'은 인터넷으로 더 편리해지는 세상이라는 뜻을 담고 있다.

이와 같이 아파트의 브랜드화는 민간건설업체에서 시작하여 한국토지주택공사에서 공급하는 아파트단지에도 '휴먼시아', '뜨란채'등의 브랜드를 사용하고 있다.

▌그림 5-18▌ 2000년 이후의 초고층 주상복합아파트

아파트의 구성 원리와 형식을 알아보자

• 아파트의 구성 원리

아파트단지에서 주동, 도로, 공동의 편이시설은 어떻게 배치해야 거주자들의 사회성이 촉진되는 코뮤니티로서 작동될 수 있을까? 이 물음에 대한 답은 1872년 미국의 뉴욕주에서 태어난 Clearance A. Perry에 의해서였다. 1923년 페리는 아메리카 뉴타운 운동에 참가하면서 코뮤니티센터와 사회학자의 공동학회에서 "근린주구론Neighborhood Unit"을 발표하였는데, 익명성과 유동성이라는 도시사회의 특성에 반대하여 사회성을 강조한 것이다. 페리는 당시의 대규모 교외주택지 'Forest Hills Garden'에 입주하여 오랫동안 거주하면서 느낀 점을 정리한 것이었다. 이것은 1927년 미국의 Radburn 시의 계획에 적용되었다.

즉, 인간은 사회적 존재로서 주거생활을 영위하기 위하여 이웃과의 교류를 바탕으로 한 사회적, 물리적 생활 여건을 갖춘 생활환경이 필요하다. 이러한 기본적인 주거생활권의 개념을 근린주구라고 하여 신도시 및 기존 도시 개발지역의 주거 단지계획과 건설에 있어서 그 생활권 안에 사는 주민들을 하나의 사회적인 상호작용의 집단으로 만들고자 한 것이다. 그러기 위해서 필요한 각종 생활환경 시설들을 갖추고 도보로 이 시설을 이용하게 함으로써 커뮤니티의 연대의식을 가질 수 있도록 지리적 범위를 구성하였다.

이러한 근린주구론은 거주자의 일상생활권, 도보권에 따라서 시설배치, 주구구성을 정하는 것인데, 인보구-근린분구-근린주구-지구-전지구로 넓혀간다. 이와 같은 지구의 단계구성의 기본이 되는 것은 반경 약 800m의 범위의 지역에서 주부의 구매권, 어린이 통학권의 도보권인 근린주구이다.

근린주구의 조건으로서는 먼저 인구규모로 근린주구의 중심에는 초등학교를 배치하여 인구 약 1만인 정도가 거주한다. 또한 주구내 에는 근린센터, 수퍼마켓, 집회소, 유치원 등의 제 시설이 설치되고 도로는 자동차와 보행자를 분리하고, 주구 내에는 간선도로가 횡단하지 않는다든지 쿨드색cul-de-sac방식으로 자동차를 회전시켜 나가도록 하는 배려가 있어야 한다.

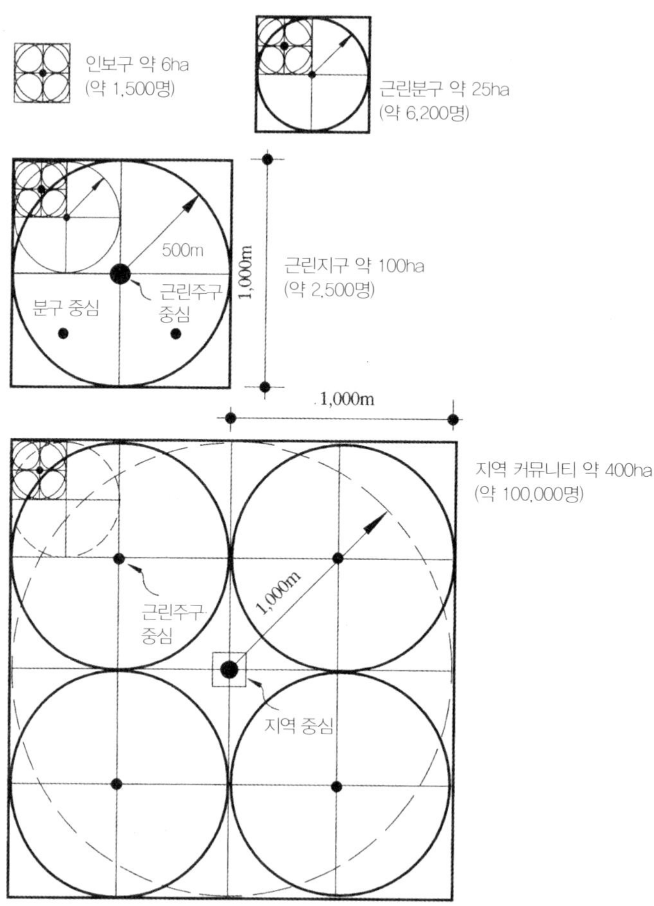

▌그림 5-19▌ 근린주구론의 개념도

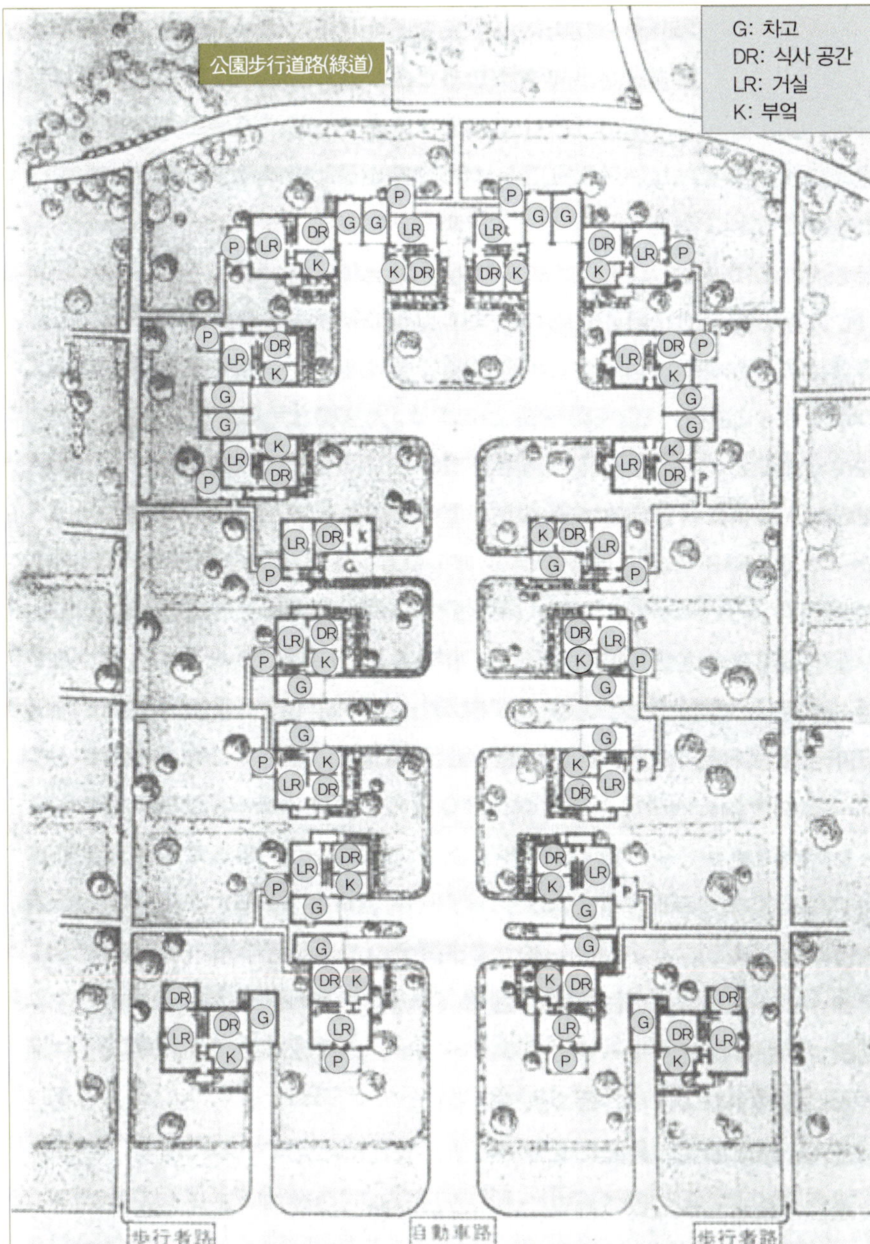

▌그림 5-20▐ 보행자용 도로와 자동차 도로를 분리하고 있는 래드번 계획
(자료: C. A. Perry, The Neighborhood Unit, 倉田和四生 譯, 近隣住區論, 1993))

- 주동의 배치

주동배치는 일조, 통풍의 확보, 오픈 스페이스의 확보, 코뮤니티로서의 연대감 형성에 커다란 영향을 미친다. 우리나라는 주택의 남향배치방식이 선호됨에 따라 아파트의 채광과 일조를 중시하여 한 때 일자형 배치가 압도적이었다. 이러한 주동배치는 이웃 간의 교류부족, 동네의식 결여 등 전통적인 커뮤니티 의식을 약화시킨 측면이 있었다.

이에 비하여 전체 주거단지를 공간적으로 분절하고 분절된 각 단위공간을 하나의 커뮤니티 단위로 형성하기 위하여 다양한 주동배치가 시도되었다. 여기에는 크게 평행배치방식과 클러스터 배치방식으로 분류할 수 있다. 평행배치는 주거동의 출입구를 남북(NS)방향으로 번갈아 배치함으로써 주거동과 주거동 사이의 공간에 출입구를 집중시키는 방식이다. 이는 자연스러운 만남을 유도하고 각 동사이의 공간을 공동생활공간으로 활성화시킬 수 있는 반면 출입구가 없는 주거동 사

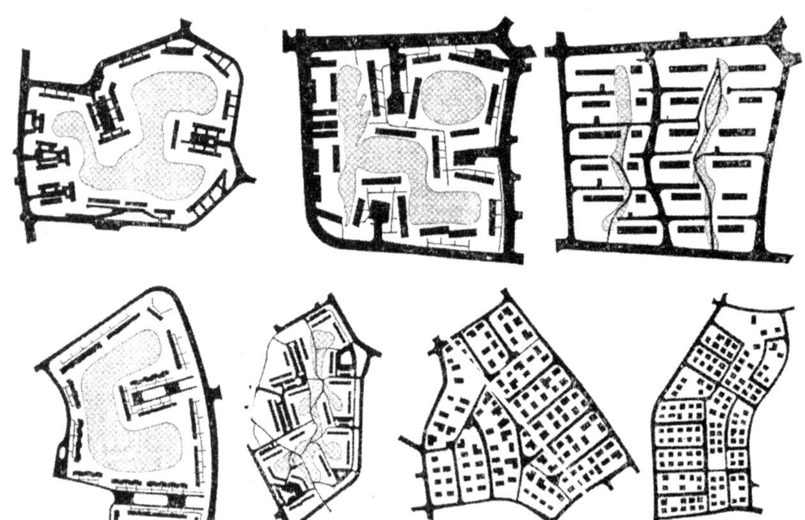

▌그림 5-21▐ 다양한 주동배치

이의 외부공간이 버려진 공간으로 남게 되고, 남측에 계단실이 위치하는 주동이 생기는 등의 문제점들이 존재한다. 클러스터 배치는 주동이 오픈 스페이스를 둘러싸고 계획되는 방식이다. 이에 따라 자연스럽게 주동 사이에 공용공간이 형성되어 이웃 간 교류를 촉진시킬 수는 있으나, 남향이 아닌 주동이 생긴다는 단점이 있다. 따라서 주호의 실내 환경의 쾌적성과 외부 공간의 다양성, 커뮤니티 형성을 양립시키고자 하는 다양한 주동배치가 시도될 필요가 있다.

▌그림 5-22▐ 부산시 망미동 주공아파트단지의 다양한 주동의 배치

• 아파트단지의 특성

오늘날 아파트는 너무나도 흔한 주택의 한 종류이지만 우리의 긴 주거역사에서 보면 아주 짧은 시기동안 보편적 주택이 되어 버린 것이다. 이러한 아파트단지의 특성을 정리해보면 몇 가지가 있다.

◦ 커뮤니티적 특성

우리는 흔히 아파트단지를 말할 때 커뮤니라는 용어를 자주 사용한다. 커뮤니티란 지역을 중심으로 한 주민집단이라고 할 수 있는데, 전통적인 촌락이 코뮤니티로서의 좋은 예이다. 오늘날 도시사회에서 촌락과 같은 공동체적 의미가 희박하다. 그러나 도시생활을 좀더 풍요롭게 하기 위해서는 이웃과의 친근한 인간관계를 형성할 수 있도록 소집단 중심의 주거환경을 형성할 필요가 있다.

1960년대 이후 형성된 도시지역의 대단지 아파트단지에는 토지 이용 계획, 도로 및 보행로 계획, 구조물의 배치 계획, 근린생활 시설 계획, 녹지 및 오픈스페이스 계획, 공급처리 시설계획, 주차장 계획 등의 종합적 견지에서 이루어지고 있으나, 이렇게 형성된 주택단지는 자연스럽게 형성된 농촌 부락이나 기존의 시가지와는 달리 인위적인 거주지이므로 거주자의 구성이 균일하며 획일적인 경향이 강하다. 단지의 거주자는 공급주체에 따라 사회계층이 약간 다르지만 대체로 4인 가족 전후의 핵가족이 많으며, 직업도 전문·사무직의 화이트 칼라층이 많으며 서구적 스타일의 생활을 지향하는 바가 크다. 이와 같은 거주자의 구성은 단지가 균형 잡힌 커뮤니티로서 정착하는데 어려울 뿐 아니라 단지내의 각종 시설이 충분히 활용되지 못하는 면을 발생시킨다.

또한 기존의 생활양식을 지켜온 주변 지역 주민에게 생활이나 생활의식에 커다란 영향을 미쳤으며, 일반 단독주택의 현대화에 어느 정도 기여했다고도 할 수 있다.

◦ 생활시설의 공동이용 특성

아파트단지에서는 정해진 구역내에 많은 가구가 집합적으로 거주하므로 다양한 생활시설의 설치가 필요하게 되며 또한 그것들의 공동이용이 가능하다. 단지나 신도시에서는 단독주택으로서는 얻을 수 없는 옥외의 아이들의 놀이터, 공원, 주차 공간 등을 확보할 수 있으며 그 외에도 교육 복지시설, 의료시설, 구매, 업무시설이나 행정, 교통시설 등이 계통적, 계획적으로 배치된다. 경우에 따라서는 부족한 시설을 단지의 거주자들이 스스로 공급주체나 지방자치단체에 요구하여 생활시설을 만들기도 하고 살기 좋은 환경을 조성하는데 적극적으로 참가하기도 한다.

반면에 아파트단지 내에서는 공동생활 부분이 많기 때문에 이웃 간에 여러 가지 어려움이나 문제가 발생할 수 있다. 예를 들어 생활 소음과 같은 문제는 시간대를 정하여 주민들 스스로가 발생하지 않도록 주의하고 애완동물 사육 및 주차장 문제 등의 문제에 대해서는 단지 전체에서 대화를 통한 규율을 정해서 지켜나가야 한다.

공동시설의 이용에 있어서도 주민들과 주민대표와의 대화를 통해 관리, 운영을 해 나갈 필요가 있다. 단지의 여러 행사나 공동 행동에 적극적으로 참가하여 단지의 환경개선에 협력하고 참가함으로써 우리 동네, 우리 단지라는 공동체의식을 형성할 수 있다. 또한 다른 단지의 입주자 대표회의나 부녀회와도 협력하여 서로의 경험을 교류하는 등의 보다 나은 공동생활을 위한 정보를 축적하는 것이 필요하다.

◦ 주변지역과의 조화

근린생활시설 및 공동시설의 공동이용이 단지 내에서 발생되는 문제라고 한다면 주변 지역과의 조화는 단지 외부와의 문제라고 하겠다. 단지가 대규모화하면 할수록 기존의 주변지역에 많은 영향을 미친다. 택지가 개발되고 신도시가 들어서면 여기에는 상하수도, 도로, 학교, 공원 등의 시설이 요구되어 원래의 지방자치단체 행정과 재정에 많은 부담을 주게 된다. 또 단지 주민과 주변 지역의 주민과는 인접해 있으나 교류가 없어서 여러 가지 문제나 위화감이 발생할 수 있다. 이와 같은 문제에 대처하기 위해서 앞으로의 단지계획에서는 주변 지역 주민의 편익을 도모하고 자연환경의 보존, 공원의 정비, 부족한 공공시설의 정비 등이 선행되어져서 주변 지역과의 조화, 융합을 도모해야 할 것이다. 단지의 거주자도 주변 지역 주민과의 교류에 적극적으로 동참할 필요가 있다.

표 5-6 근린주구 계획단계별 생활시설

(단위: 명)

인구	200	1,600	6,200	25,000	100,000
가구수 행정 도보거리	• 50 • 반(班) • 150m	• 390 • 통(統) • 250m	• 1,600	• 6,250 • 동(洞) • 500m	• 2,500 • 구(區) • 신도시
녹지 · 공원	• 유아공원 (3~5세) • 아기와 주부와의 • 접촉(375m²)	• 아동공원 (5~12세) • 자유놀이시설 (설치분의 넓이: 1,600m²)	• 근린주구센터: 10㎢ • 근린주구공원: 10㎢	• 운동장, 체육시설, 녹지(모든 연령이 사용)	
교육 시설 상업 시설	• 독립점포 • 잡화점	• 독립점포, 음료식품, 미곡상 청과점, 정육점, 제과점, 음식점, 약국, 슈퍼마켓, 기구, 어물점, 전기, 전자, 작물점, 의류, 기계, 서적, 문방구	• 유아·유치원, 수퍼마켓 및 점포가, 다방, 양장점, 금융기관, 교습소, 제화점, 세탁소, 쇼핑아케이드, 양복점, 이발소, 미장원	• 초등학교, 중학교, 쇼핑 아케이드, 가구, 점포가	• 고등학교(대학), 백화점
기타 사회복지 시설	• 쓰레기장, 공동주차장, 차고, 게시판	• 진료소, 우편함, 집회소, 교회, 약국	• 세탁실, 변압탑, 공중전화, 도서관	• 우체국, 오물처리장, 파출소, 옥외집회소, 소방서, 오락장, 주유소, 동사무소, 여관, 공중변소	• 경찰서, 소방서, 병원, 호텔, 박물관, 전시장

◦ 초고층화

1990년대이후 대도시 지역에 공급되는 아파트는 거의 대부분 토지의 고도 이용이라는 명목 아래 25층을 전후하는 초고층화가 일반화되고 있다. 최근에는 주상복합아파트의 등장으로 80층까지도 주거용 아파트가 등장하고 있다.

초고층아파트는 토지의 고도 이용이라는 점과 도심에 가까운 입지조건, 현대적 설비의 완비, 조망 등의 면에서는 아동이나 노인, 장애자가 없는 비교적 젊은 가족에게는 매력적이라고 할 수 있다. 그러나 현대의 고층 및 초고층 주택의 최대 문제는 안전성이다. 고층아파트는 화재나 지진발생시 소화나 피난에 있어서 저층에 비하여 불리하다. 아동이나 노인의 추락, 사망사고가 빈번하게 발생하고 있으며 엘리베이터나 계단실에서의 사고 및 범죄발생 우려도 높다. 또한 아동에게는 놀이공간이 충분치 못하거나 고층이어서 오르내리기 불편하여 옥외활동에 제약을 받게 되는 경우가 많아 건강, 정서장애 등의 사회성에도 좋지 않은 영향을 준다는 보고도 있다. 아동 뿐 만아니라 성인에게도 영양과잉과 운동부족을 초래하여 당뇨병, 뇌졸중을 유발할 가능성도 높은 것으로 나타났다.

한국에서의 연구결과에서도 거주층이 높을수록 주거환경스트레스를 높게 경험했으며, 주거환경스트레스가 높을수록 건강에도 나쁜 영향을 미치는 것으로 나타났다. 따라서 고층화 및 초고층화는 도시화가 심화될수록 선택할 수 밖에 없는 상황이라고 하더라도 이들이 주는 부정적인 측면을 간과하지 말고 극복할 수 있는 대안을 적극 모색하는 것도 필요할 것이다.

● 아파트의 형식

◦ 주동 형식

아파트단지는 우리나라에서는 공동주택의 층수에 따라 다세대주택, 연립주택, 아파트로 구분하는데, 연립주택은 주호를 수호 연속해서 하나의 주동住棟으로 건축한 4층 이하의 건물로 각각의 입구나 정원을 별도로 가질 수 있다. 아파트는 5층 이상의 건물을 말하는데, 5층 이내에서는 보통 계단으로 출입하도록 되어 있으며, 6층 이상일 경우 의무적으로 엘리베이터를 설치하여야 한다. 또한 층수가 5층을 전후하여 저층아파트, 6~8층 사이를 중층아파트, 10~12층을 고층아파트, 15층 이상이면 초고층아파트로 분류할 수 있다.

◦ 통로 형식

고층주택의 경우 각 단위주호로 진입하는 통로는 여러 가지 형태로 나타날 수 있는데, 이를 평면으로 나누어 보면 계단실형, 편복도형, 중복도형, 집중형, 트윈코리더형으로 나눌 수 있으며, 단면으로는 각 층 통로형과 스킵플로어형으로 구분할 수 있다.

평면에 따라 각 형식이 지닌 장단점을 비교하면 다음과 같다.

❶ 계단실형은 각 주호가 양쪽으로 외기에 접할 수가 있어 통풍이 잘 되며 공용계단 통로에 대하여 프라이버시를 확보할 수 있다. 그러나 엘리베이터를 공동으로 사용 하는 주호가 한정되어 있어 효율성은 떨어진다.

❷ 편복도형은 엘리베이터 1대당 이용하는 주호수가 늘어나기 때문에 고층화할 경우 경제적이다. 반면 각 주호가 통로에 면하고 있기 때문에 프라이버시가 낮다. 또, 통로에 면한 곳은 자유롭게 개구부를 만들 수 없으므로 통풍이 불량한 경우가 있다.

▌표 5-7▐ 아파트의 형식

주동 형식	통로 형식		주호 형식
높이에 따른 분류	평면에 따른 분류	단면에 따른 분류	단면에 따른 분류
저층(5층이하) 중층(6~8층) 고층(10~12층) 초고층(15~)	계단실형 중복도형 편복도형 집중형 트윈코리더형	각 층 통로형 스킵플로어형	단층형(flat) 복층형(maisonette) 세미메조네트 (semi-masonette)

❸ 중복도형이나 집중형은 고밀도의 주거형이 가능하지만, 각 주호의 개구부가 한 쪽 면에만 한정되고, 방위가 동향, 서향 또는 북향이 되기도 한다. 또한 공용통로는 채광이 충분치 못하여 음침한 느낌을 주기 쉽고, 화재가 일어나면 통로에 매연이 차기 쉬운 점이 있어 완벽한 설비가 뒷받침되지 않으면 주거의 질이 떨어지기가 쉽다.

❹ 트윈코리더twin corrider형은 중복도형이 가진 단점을 보완하여 가운데 중정中庭을 둔 형태를 중복도형이나 집중형과 비교하여 채광과 통풍에 유리하다.

단면에 따른 분류를 살펴보면 다음과 같다.

❶ 먼저 각 층 통로형은 각 층마다 통로가 있는 형으로 출입동선이나 구조가 단순하여 거주자가 쉽게 인식할 수 있지만 단조로울 수 있으며 엘리베이터운행에서 비경제적이 된다.

❷ 스킾플로어형은 통로가 있는 층을 한 층 이상씩 건너뛰어 두게 되므로 출입동선이 복잡하게 되며 구조적으로 까다로운 점이 있다. 그러나 통로가 없는 층의 주호는 프라이버시의 확보에 유리하고 서로 다른 구성의 주호를 섞어 배열함으로써 단조로움을 피할 수 있으며, 엘리베이터가 격층으로 운행되므로 경제적이다.

◦ 주호 형식

주호 형식에는 단층형flat과 복층형複層型, masionnette가 있다. 단층형은 한 주호가 한 층에만 한정되는 것이고, 복층형은 한 주호가 2층에 걸쳐 계획되는 형식이다. 한 주호가 3층에 걸쳐 계획되는 형식은 트리플렉스triplex라고 한고, 주호의 바닥이 한 층의 반 정도만 걸치는 세미메조네트semi-masionnette도 있다. 복층형은 단위평면계획에 여러 가지 변화를 줄 수 있는 장점이 있으나, 구조적으로 복잡하므로 구조계획이나 설비계획에 세심한 배려가 필요하다.

◦ 주호설계 유형

아파트의 주호 설계유형은 공급방식에 따라 몇 가지로 나누어 볼 수 있다. 주택의 건설과 주호 평면의 설계에 수요자의 의지가 반영될 수 있는 정도에 따라 레디메이드ready-made방식과 하프메이드half-made방식으로 나눌 수 있다.

레디메이드 방식은 주택의 건설과 주호 평면의 설계에 거주자의 의지가 반영될 수 없으며, 공급자 측이 결정하여 일괄 공급하는 방식이다. 이는 다시 대량생산방식과 다품종소량생산방식으로 나뉘는데, 대량생산방식은 면적별로 주호평면형을 1~2종으로 제한하여 대량으로 건설·제공하는 경우이다. 다품종소량생산방식은

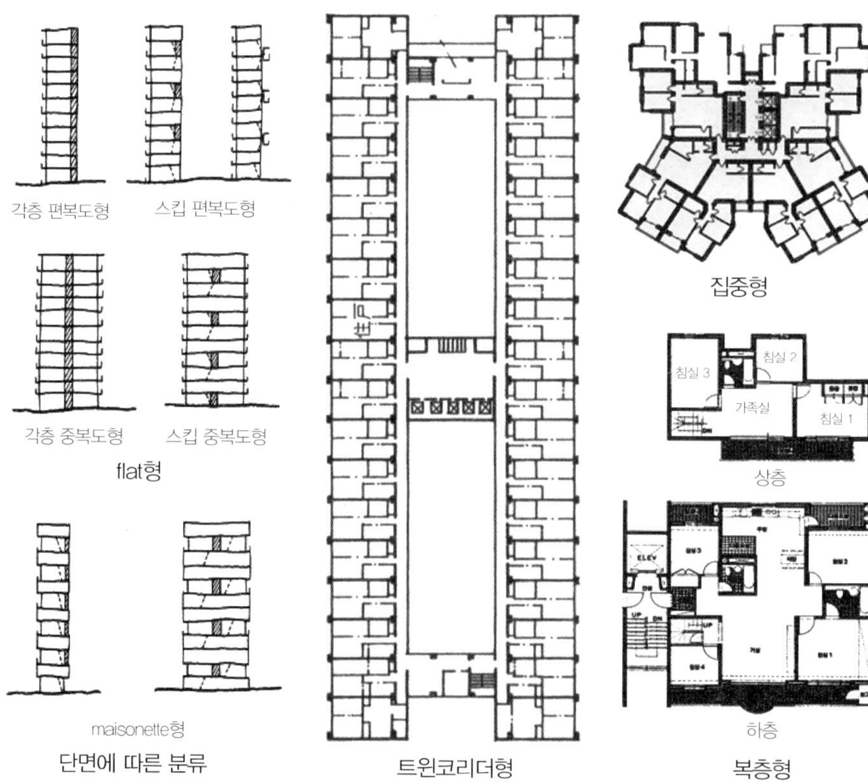

▌그림 5-23▌ 아파트의 통로 및 주호형식

수요자의 개별적 요구에 반응하는 것은 아니지만 다양해진 수요자의 요구에 대응하기 위하여 면적별로 주호 평면형을 다양하게 하여 하나의 평면형을 소량으로 제공하는 경우이다. 이는 공장에서 생산된 규격화된 건축부재를 이용하여 현장에서 조립하는 방식prefabrication이다. 예로 일본 동경도에 건설된 지하 3층, 지상 54층의 센트럴파크타워를 들 수 있는데, 여기에는 총 756호가 제공되었으나 평면형이 100종류에 달하였다.

하프메이드 방식은 주호 전용공간의 일부 혹은 전부를 수요자가 자신들의 요구에 맞게 공간을 변경할 수 있는 방식이다. 여기에는 다시 가변형 설계방식과 2단계공급방식으로 나누고 있다. 가변형 설계방식은 주호 설계의 절반 혹은 그에 미치지는 못한다하더라도 어느 정도의 공간을 수요자가 선택하여 평면의 일부를 변경할 수 있는 방식이며, 2단계공급방식은 주택의 골격 부분과 공용부분은 공급자 측에서 담당하지만 전용부분인 사적인 거주공간은 수요자가 설계시공하는 방식이다.

코퍼레이티브방식은 주택의 공급과 설계 단계부터 수요자가 참가하여 주체적·자발적으로 참여하여 개개의 주호 평면이 각각 다른 자유설계가 가능한 거주자참가형 주거의 대표적 유형이다. 이 방식은 가존의 방식과는 매우 다른 방식으로 건설부지의 매입과 자금의 충당까지 수요자가 참여하므로 의사결정시간이 많이 걸리기도 하지만 거주하기 전에 거주자간의 상호정보를 알게 되고 신뢰를 형성할 수 있으므로 공동체 사회를 형성하는데 유리하다.

표 5-8 공급방식에 따른 주호 설계 유형

공급 방식	주호설계 유형
레디메이드(ready made)방식	• 대량생산방식 • 다품종소량생산방식(prefabrication)
하프메이드(half made)방식	• 가변형 설계(메뉴형, 자유형) • 2단계공급방식(skelton infill 방식)
코퍼레이티브(co-operative)방식	• 자유설계

제6장

친환경 주거와 디지털홈 이야기

오늘날 지구환경은 예측하기 어려운 상태에 놓여있어, 21세기는 '환경의 시대'라고도 할 수 있다. 건축물의 건설, 사용 및 폐기과정에서 에너지와 자원의 소비, 오염물질과 폐기물의 발생 등 환경부하 및 오염요인이 커서 다른 어떤 분야보다도 환경을 배려해야 할 필요가 있다. 즉, 건축물은 에너지 소비의 3분의 1, 자원소비의 40%, CO2 배출의 50%, 폐기물배출의 20~30%를 차지하고 있다.

제6장

친환경주거와 디지털홈이야기

친환경주거는 무엇인가?

• 친환경주거는 왜 필요한가?

오늘날 지구환경은 예측하기 어려운 상태에 놓여있어, 21세기는 '환경의 시대'라고도 할 수 있다. 건축물의 건설, 사용 및 폐기과정에서 에너지와 자원의 소비, 오염물질과 폐기물의 발생 등 환경부하 및 오염요인이 커서 다른 어떤 분야보다도 환경을 배려해야 할 필요가 있다. 즉, 건축물은 에너지 소비의 3분의 1, 자원소비의 40%, CO2 배출의 50%, 폐기물배출의 20~30%를 차지하고 있다.

대도시의 과밀화, 신도시 개발, 기존 주택단지의 철거와 재건축 등은 지구환경을 악화시키는데 일조를 담당하고 있으므로 지속가능한 개발을 위하여 무엇이 필요한지 실천할 시점에 와 있다. 그리하여 건축물의 자재생산, 설계, 건설, 유지관리, 폐기 등 전 과정을 대상으로 에너지 및 자원의 절약, 오염물질의 배출감소, 쾌적성, 주변환경과의 조화 등 환경에 영향을 미치는 요소를 배려한 환경친화형 주거가 등장하게 된 것이다.

• 친환경주거와 유사한 개념들

친환경 즉 환경친화는 "인류 및 동식물의 지속적 생존을 보장할 수 있는 정도 범위내의 환경상태", 즉 인류의 지속가능한 개발 혹은 발전을 가능케 하는 환경상태를 현실적 환경목표로 할 경우 자연계의 수용능력 범위내의 인간 활동 양식을 가리킨다. 따라서 친환경주택은 환경문제를 근본적으로 해결하고 예방하고자하는 목적 하에 모든 개발행위와 경제활동에서 환경을 중요하게 배려하여 환경에 미치는 악영향을 최소화시키자는 개념으로 사용된다.

친환경주거는 이전에 환경친화형 주거라고 사용되다가 친환경주거라는 용어로 정리하였으나 다른 나라에서는 환경보전형, 환경공생형 등의 유사한 용어들이 사용되고 있다. 2008년 이후 우리나라에서는 '그린홈Green Home'이라는 용어도 동시에 사용되고 있다.

【표 6-1】 친환경주택과 유사한 개념들

구분	주요내용
환경공생주거	• 서로 다른 생물이 함께 생활한다고 하는 '공생'의 의미가 강조되는 주거 • 일본에서 주로 사용하기 시작(1990년) • 지구환경문제에 대응, 주변 환경과의 조화, 생활의 수준 향상, 주거의 쾌적화, 건강성 등을 바탕으로 환경과 사람에 적합한 주거로 개발 보급
환경보전형 주거	• 후손에게 물려줄 지구환경을 보전하기 위하여 주택도 그 일부에 해당됨. • 에너지 절약 측면을 강조. • 영국의 내셔날트러스트운동에 영향을 받음.
생태주거	• 1960년대 이래로 독일 을 중심으로 한 유럽에서 발생. • 주택 및 주거단지, 도시를 하나의 인위적인 생태계로 구성하여 자연생태계에 유기적으로 통합하려는 것. • 자연과 인간의 상호관계 및 생태계를 고려하여 다양한 시도, 자연자원과 에너지를 효율적으로 연계

◦ 그린홈은 무엇인가?

그린홈은 태양광, 지열, 풍력, 수소·연료전지 등 신재생 에너지를 이용해 집안에서 가족들이 생활하는 데 필요한 에너지를 자급하고 탄소 배출을 '제로'로 하는 에너지절약형 친환경 주택을 뜻한다. 친환경건축물 인증 제도에서는 주로 아파트단지가 해당되었던 것에 비하여 그린홈은 일반 단독주택까지도 포함하는 광의의 친환경주거라고 본다. 주택의 냉·난방을 위한 석유나 석탄 등 화석에너지의 사용으로 대량의 에너지 소비 및 이로 이한 대량의 이산화탄소의 배출 등의 단점을 개선하고자 한 것이다. 즉, 신재생 에너지를 사용해 주택의 에너지 생산 단계에서부터 이산화탄소 배출을 최소화하고자 한다. 영국이나 일본에서 공개된 그린홈 모델을 보면 태양 에너지가 에너지원으로 주로 이용되고 있다.

그린홈으로 인정받기 위하여는 자연녹지율, 생태면적율, 빗물순환, 음식쓰레기, 에너지정보시스템 등의 필수시설이 설치되어야 한다. 창호·현관문·조명·환기·보일러 등의 설치 기준의 준수와 신재생에너지 등의 설치가 필요하다.

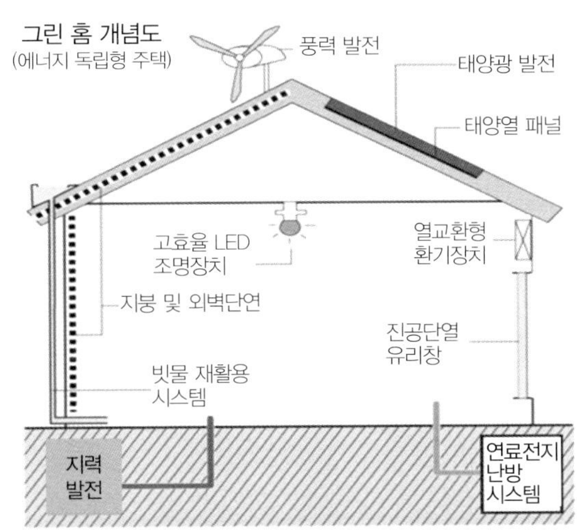

▌그림 6-1▐ 그린홈의 개념도 (www.greengrowth.go.kr)

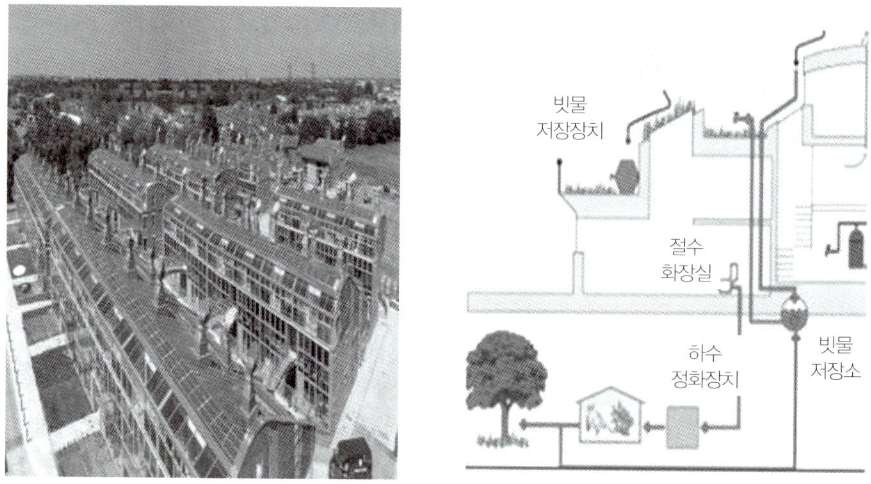

▌그림 6-2▐ 연영국의 베드제드 그린홈 사례
(좌: 지붕의 태영열 수열판, 우: 중수이용장치)

• 친환경주거의 목적

친환경주거는 다양한 차원의 환경과 서로 화합할 수 있는 주택이나 지역적인 특색에 따라 다를 수 있지만 활용가능한 계획기법들에 의해 ①지구 환경의 보전Low Impact, ②주변환경과의 친화High Contact ③거주환경의 건강성 및 쾌적성 추구Health and Amenity 등으로 크게 3가지 목적으로 나눌 수 있다. 이와 같이 지구환경이나 자연환경과의 보전과 친화의 목적이 구현되면 장래의 주택이나 지역이 건강하고 생리적으로 정신적으로 쾌적하게 거주수준의 향상되는 것이다.

지구 환경의 보존 (Low Impact)	주변 환경과의 친화성 (High Contact)	거주환경의 건강성 및 쾌적성 (Health and Amenity)
• 에너지 및 자원의 절약 • 자연 및 미이용 에너지의 활용	• 자연환경과 지역사회 주변 환경과의 적절한 조화 도모 • 주변 생태환경과의 친화	• 주택의 내·외부에 거주 환경의 건강성 • 쾌적한 실태를 위한 계획, 유지관리, 주생활 방식 배려

▌그림 6-3▐ 친환경주거의 목적

• 친환경주거의 계획요소

친환경주거 및 거주환경은 지구 온난화 방지 등의 관점에서 지역의 특성에 따라 에너지·자원·폐기물 등의 여러 면에서 적절하게 배려되어 있으면서도 주변의 자연환경과 조화하고 건강·쾌적하게 생활할 수 있도록 배려되어야 한다. 그리하여 토지이용 및 교통계획, 에너지 및 자원계획, 생태환경계획, 실내환경계획 등의 4가지 측면에서의 계획 요소가 충실하여야 한다.

▌표 6-2▐ 친환경주거의 계획요소

구분	주요내용
토지 이용 및 교통 계획	• 기존 자연자원의 보존과 적정밀도의 주거단지개발 • 중심지의 접근성을 높여 차량수요의 최소화 • 오염저감 및 에너지절약, 주거지 내 보행자 및 자전거 전용도로 네트워크의 조성 • 생태자원의 보호, 자연지형 및 자원의 최대한 보존 • 대중교통으로의 접근성 확보, 대중교통체계 확립 • 보행 친화적인 환경 조성 • 정보통신망 구축으로 각종 정보서비스의 제공
에너지 및 자원 계획	• 에너지 소비 절감, 이산화탄소 발생의 억제, 온실가스의 배출 감소 • 환경오염의 저감화 추구, 자연에너지(태양, 풍력, 지열 등)의 적극 이용 • 에너지 효율이 높은 난방시스템 계획 • 에너지 절약형 설비기기 사용의 의무화 • 우수재활용, 중수(中水)이용 시설 계획 • 우수재활용을 위한 투수성 포장면적의 확대 • 생활쓰레기의 재활용 도모, 퇴비화 장치 설치 • 건설폐기물 발생의 최소화, 재활용 확대
생태 환경 계획	• 녹지공간의 면적을 최대한 확충 • 생물서식공간(육상, 수생비오톱)의 적극적 조성 (비오톱: 다양한 생물의 안정된 생식환경을 말하는 것으로 부지내의 자연생태계를 유지할 수 있는 최소 단위) • 생물서식공간으로의 접근성 도모 • 실개천, 녹도, 보행자전용도로 등 그린네트워크 조성 • 단지 외부 생태와의 연결을 위한 에코코리더 조성
실내 환경 계획	• 태양에너지의 활용하는 에너지 절약형 주동배치 • 건강한 실내환경 조성, 유해건축재료의 사용 억제 • 실내녹지공간 조성, 자연친화적 실내환경 계획 • 거주자의 요구를 수용가능한 평면 계획

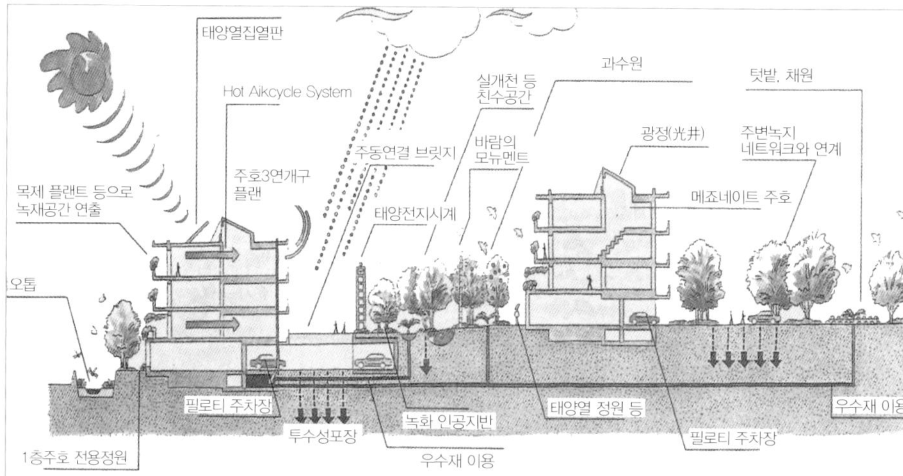

▌그림 6-4▐ 친환경주거의 개념도

▌그림 6-5▐ 친환경주거의 사례
(시계방향으로; 녹화정원, 실개천, 우수이용개념도, 수생비오톱)

• 친환경주거의 기법과 활용

친환경 주거는 21세기의 주택이 지향하는 바를 나타내고 있다고 할 수 있다. 현재 많은 곳에서 시행중이나, 외국의 사례를 통해서 보면 주민의 몰이해, 마찰 등으로 인하여 친환경이라는 이름이 내세우는 만큼의 두드러진 효과가 있다고 단정하기도 어렵다. 수림이 조성되면 여름에 모기 등의 해충이 많아진다든지 쓰레기의 재활용도 쉽사리 행해지지 못하고 있는 경우도 많다. 풍차를 이용한 전력도 풍차의 소음이 주민의 수면을 방해하여 제대로 수행되지 못하는 경우도 많다. 그러나 이와 같은 모델성이 강한 주택을 건설함으로써 주거생활 속에서 지구환경을 보존시키는 행위가 필요함을 인식시키는 데에는 어느 정도의 역할을 하였다고 볼 수 있다.

환경부의 '그린빌딩' 인증제와 건교부의 '주거환경우수주택' 인증제도가 통합하여 '친환경건축물' 인증제로 되었는데, 토지이용 및 교통분야 12개 항목, 에너지자원 및 환경분야의 18개 항목, 생태환경분야 6개 항목, 실내환경분야 8개 항목 등 총 44개 항목을 심사하여 '최우수친환경건축물', '우수친환경건축물'로 인증한다. 이 인증은 5년간 유효하며 1회에 한하여 심사한 후 5년간 인증 연장이 가능하다.

친환경을 위한 구체적 기법으로는 에너지절감 기법, 자연에너지 및 미이용에너지의 활용기법, 고효율의 에너지 이용기법 등이 있다.

대상 건축물의 명칭
(200 . 0. 0.~200 . 0. 0.)
인증기관의 장 (인)

대상 건축물의 명칭
(200 . 0. 0.~200 . 0. 0.)
인증기관의 장 (인)

▌그림 6-6▐ 친환경건축물 인증명판(G1: 최우수, G2: 우수)

▌표 6-3▐ 에너지 절감의 기법

기법		개요 · 특징	적용대상(공동주택)		
			주호	주동	단지
고단열· 고기밀 주택	고단열주택	단열재 등을 사용하여 열손실계수가 일정치 이하로 되어 있는 주택	○	○	
	고기밀주택	바닥면적당 틈간격이 일정치 이하인 주택	○		
일사 조절	블라인드커튼, 창호지(실내측)	블라인드나 커튼, 창호지 등으로 일사를 차단하는 전동식 자동콘트롤시스템	○		
	실외측	갈대발이나 루버로 외벽이나 창의 일사를 차단	○		
	식재, 파고라	담쟁이넝쿨, 낙엽수 등을 이용	○	○	
환기	환기부 부착문, 덧문	눈이나 비를 대비한 덧문에 환기를 위한 개폐시스템	○		
	통풍로 형성	연간 풍향을 고려하여 공간계획에 의한 바람이 통할 수 있는 길 만들기	○	○	
	다락환기 시스템	다락의 더운 공기를 빼주고 바닥의 찬 공기를 끌어올림.	○		
	윈도우웰	외부의 냉기를 받아들이기 위한 가로형 샤프트		○	
채광	천창	환기구를 겸한 자동개폐시스템	○	○	
	단열유리창	투명하고 단열성이 높은 유리 사용	○		
	자동자연 채광시스템	거울, 광섬유케이블을 이용하여 태양광을 끌어들여 북측이나 빛이 들어오지 않는 실에 태양광을 조사		○	
	내장재처리	거울, 불투명유리 등을 유효하게 이용, 내부를 하얗게 마감처리	○		

▌표 6-4▐ 자연 및 미이용에너지의 활용, 고효율에너지 이용에 관한 기법

기법			개요 · 특징	적용대상(공동주택)		
				주호	주동	단지
자연 에너지 활용	패시브솔라의 이용		바닥, 벽에 축열 시키든지, 전용의 축열기, 혹은 온실을 설치하여 낮 동안에 얻어신 열에너지를 야간에 방열시킴.	○		
	태양열 이용	태양열급탕 시스템	집열 장치를 지붕이나 베란다에 설치하여 태양열에너지로 급탕에 이용	○	○	
		태양열난방급탕 시스템	강제 순환형 태양열급탕시스템에 보조열을 병용하여 난방과 급탕을 함.	○	○	
	태양광 이용	태양전지일체형 가전제품 사용	솔라에어컨, 태양전지 환기팬 등의 태양전지를 고정시켜놓은 가전기기의 사용	○		
		태양전지발전 시스템	지붕, 베란다에 설치한 태양전지를 이용, 발전하여 주택이나 공용설비의 전력소비에 충당하고 남은 전력을 팜.	○	○	○
	풍 력	이 용	소형 풍차발전기와 펌프를 조합하여 화단용으로 이용, 풍력발전으로 단지내 공용설비의 전력을 충당		○	○
미에너지 활용	폐기물 에너지 활용	쓰레기 소각열 이용	쓰레기 소각열을 회수하여 냉난방의 열원으로 이용, 고온의 쓰레기 소각열을 고온수로 활용하는 경우와 발전 후의 저열을 이용한 저온수를 활용하는 경우			○
		RDF활용	RDF(쓰레기고형화 연료)를 이용한 집중난방, 급탕			○
	물의 온도차	하수열(下水熱) 이용	하수를 히트펌프의 열원수로 활용하여 냉난방, 급탕용 열공급다.			○
	에너지 활용	하천수(河川水), 해수(海水)의 활용	연간 안정된 수량과 수온을 가진 하천수나 해수를 히트펌프의 열원수로 활용하여 냉난방, 급탕			○
	에너지절약형 가전기기사용		에너지 절감형 가전제품을 사용 (인버터제어에어컨 등)	○		
고효율 에너지 이용	코제너레이션 시스템	내연기관(가스엔진, 디젤엔진, 가스터빈)	발전을 행함과 동시에 배기가스나 냉각수를 회수하여 냉난방이나 급탕에 이용		○	○
		연료전지	화학반응에 의해 천연가스로부터 전기와 열 발생		○	○
	열회수, 축열	열회수 환기팬	전열(全熱)교환기능을 가진 환기팬	○		
	시스템	다기능히트 펌프시스템	여러 실의 에어컨의 실외기(室外氣)와 급탕시스템을 일체화한 시스템. 겨울에는 외기, 여름에는 냉방 배기열을 이용하여 급탕	○		

▌그림 6-7▐ 실내 바닥에 설치된 통풍구로 인한 통풍효과로 실내온도를 낮출 수 있다
(미국 미조리주 제퍼슨시티의 재활용자원센터 내)

▌그림 6-8▐ 옥외의 태양광에 따라 일사량의 조절하고(좌), 조도를 자동 조절하는 조명기구(우)
(미국 미조리주 제퍼슨시티의 재활용자원센터 내)

▌그림 6-9▐ 미국의 친환경건축물 인증마크
(미국 미조리주 제퍼슨시티의 재활용자원센터)

디지털홈은 무엇인가?

• 디지털홈은 필요한가?

초고속통신망이 거의 모든 건물과 주택에 구축되고 나면서 굳이 주거밖에 나가지 않고서도 많은 문제들을 해결할 수 있게 되었다. 대표적인 것으로 홈쇼핑, 홈뱅킹, 홈티켓 등이 있으며, 최근에는 스마트폰의 보급으로 디지털홈에서 유비쿼터스환경에 대응하는 유비쿼터스홈으로 진보할 것으로 보여진다. 디지털홈은 나아가 U홈으로도 불리우는데 이러한 주거의 등장 필요성은 다음의 4가지 측면에서 살펴볼 수 있다. 주택소비자들의 다양한 양질의 삶에 대한 욕구가 더욱 강해지고, 정부로서는 초고속통신망의 고도화와 그러한 건축물의 보급 등으로 훨씬 실현이 가까워졌다. 주택건설의 공급측면에서도 주택보급이 충족되어 새로운 주택상품을 개발하여 부가가치를 높이지 않으면 생존해나가기 어려운 지경에 와 있다. 한편으로는 우리의 재고주택이 아파트의 비율이 높아지면서 정보통신망의 인프라 구축이 저렴한 비용으로도 가능하게 된 점 등이다.

▌표 6-5▐ 디지털홈의 필요성

측면	내용
주택 소비자측	• 인터넷 이용의 증가로 다양한 정보를 주거 내에서 접속하고자 함. • 새로운 라이프스타일 추구 • '삶의 질' 중시 현상
정부측	• 초고속정보통신망의 고도화 • 초고속정보통신건물의 인증제도 • 디지털서비스의 고도화
주택건설 공급측	• 주택보급율의 증가로 주택소비량의 감소 • 변화대응형 주택상품의 보급 필요성 증대
재고주택측	• 공동주택 중심 • 저렴한 인프라 구축 비용

• 디지털홈의 개념 및 특징

디지털홈이란 가정 내 PC, IPTV, 인터넷전화, 스마트폰 등 모든 정보가전기기가 유무선 홈네트워크로 연결되어 시간, 장소에 상관없이 다양한 디지털홈 서비스를 제공받을 수 있도록 된 근미래의 가정환경을 의미한다. 빠른 속도로 발전하고 있는 스마트폰의 등장으로 시간과 장소에 구애받지 않고 필요한 정보와 서비스에 접속할 수 있는 상황이 보다 현실적으로 느끼게 해준다. 디지털홈의 특징은 4가지로 살펴볼 수 있다.

◦ 편리성

유비쿼터스환경 하에서 아이들의 온라인학습 및 디지털교재가 적극 활용될 수 있다. 양방향의 홈쇼핑, 홈오피스, 홈뱅킹, 홈티켓 등이 가능하여 외출을 하지 않고서도 필요항 업무나 쇼핑을 즐길 수 도 있다. 또한 굳이 병원에 가지 않아도 필요한 원격진료가 가능할 것이다.

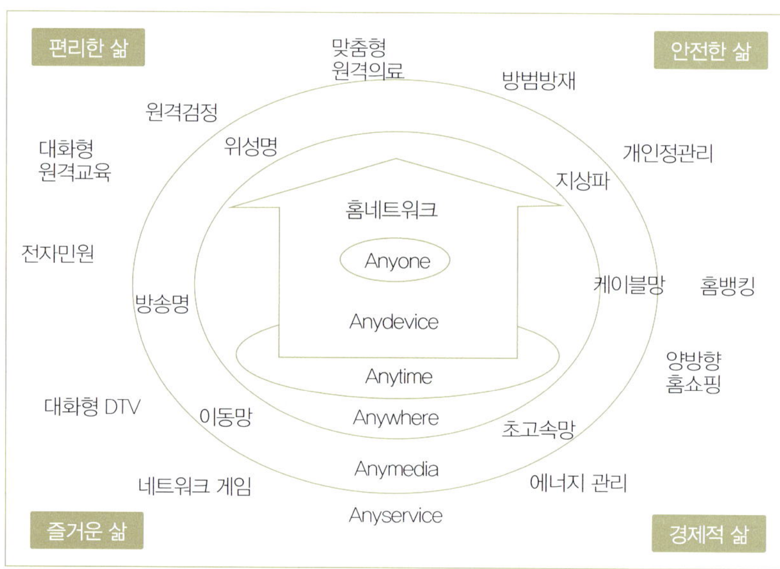

▌그림 6-10▐ 디지털 홈서비스의 개념도

◦ 안전성

방범, 화재 및 개인정보 관리 등 가정생활의 안전과 프라이버시를 보장받을 수 있어 24시간 안전한 가정생활을 영위할 수 있다.

◦ 오락성

가정 내의 IPTV를 통한 원격화상 전화나 회의가 가능하고, 온라인게임이나 각종 오락 등을 즐길 수 있어 가정생활이 즐겁고 안락하게 유지할 수 있다.

◦ 쾌적성

주거 외부에서 집안의 난방이나 냉방 등을 원격제어 할 수 있으며, 센서에 의한 일사량의 조절, 조도 조절 등이 가능하다. 또한 전기나 수도, 가스 등의 공공자원을 주거 내에서 합리적으로 관리하는 등 각종 에너지 관리도 쉽게 행할 수 있다. 공급자의 측면에서는 도시가스나 전기의 사용량의 원격검침도 가능할 것이다.

• 디지털홈의 발전단계

디지털 기술과 인터넷 보급이 급속히 진행되면서 이를 활용하여 일반 사용자의 일상생활에 도움이 될 수 있도록 서비스를 제공하는 디지털 홈 구축에 관심이 높다. 디지털홈의 발전단계를 살펴보면, 3단계로 나누어 볼 수 있는데 처음은 홈오토메이션으로 원격제어를 하는 단계였다. 외부 방문자를 확인하고 도어를 자동으로 열어주는 형태의 간단한 홈오토메이션 서비스에서 전력선통신 방식을 이용하여 전등, 가스 등과 네트워크 기능이 부가된 가전기기 등을 원격으로 제어하는 정도였다.

2단계는 양방향 멀티서비스 단계로 고품질의 HDTV, VOD 등 양방향 멀티미디어 서비스가 TV를 통해 가능하여 시청과 동시에 원격으로 주문, TV프로그램에의 참여하는 수준이다. 3단계는 유비쿼터스서비스 단계로 가정 내의 모든 기기가 하나의 네트워크로 구성되어 기기에 관계없이 서비스가 가능하고 가정 내의 기기들이 지능화되고 음성인식 기능 등이 부가되어 노약자, 장애인 등도 편리한 조작이

가능할 뿐 아니라 시간과 장소에 구애 없이 조작이 가능할 것이다.

• 디지털홈의 구성요소

디지털 홈은 지금까지의 초고속 인터넷 공유, 파일 공유, 그리고 주변장치 공유를 위해 추진되던 단순한 홈네트워킹의 개념을 뛰어넘어 홈네트워크 기술, 정보

▌표 6-6▐ 디지털홈의 발전단계

구 분	서비스 내용
1단계 (홈오토메이션, 원격제어)	• 외부 방문자를 확인하고 도어를 자동으로 열어주는 형태의 간단한 홈오토메이션 서비스 제공 • 전력선통신방식을 이용하여 전등, 가스 등과 네트워크 기능이 부가된 가전기기 등을 원격으로 제어
2단계 (양방향 멀티미디어 서비스)	• 고품질의 HDTV, VOD 등 양방향멀티미디어 서비스가 TV를 통해 가능하여 시청과 동시에 원격으로 주문, TV프로그램에의 참여 • TV로 수신한 데이터 등을 PC 등 네트워크에 연결된 기기로 송수신이 가능하여 다양한 서비스 창출이 가능
3단계 (유비쿼터스 서비스)	• 가정 내의 모든 기기(TV, PC, 가전기기, 전등 등)가 하나의 네트워크로 구성되어 기기에 관계없이 서비스 가능 • 가정 내의 기기들이 지능화되고 음성인식 기능 등이 부가되어 노약자, 장애인 등도 편리한 조작이 가능

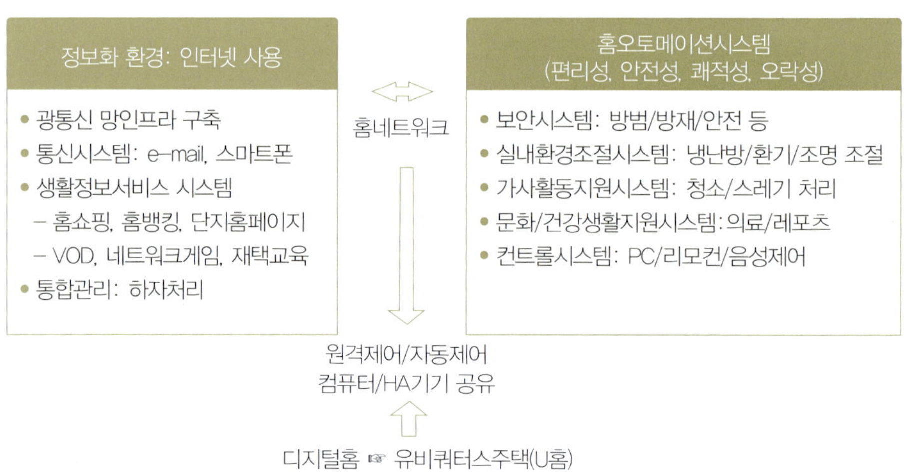

▌그림 6-11▐ 디지털홈의 구성요소

가전 기술, 소프트웨어 플랫폼, 솔루션 및 컨텐츠 등 다양한 IT 분야의 기술들을 통합하여 새로운 서비스를 창출하고자 한다. 그리하여 디지털홈은 광통신망이 깔려있는 아파트에서 항시적으로 인터넷을 사용하는 정보화환경과 홈오토메이션 시스템이 상호결합하여 홈네트워크를 구성할 수 있다. 이 홈네트워크를 통하여 원격으로 자동제어가 가능한 디지털홈이 만들어진다.

◦ 디지털홈의 요소기술(홈오토메이션)

디지털홈은 주택 거주자의 다양성과 개발 비용을 고려하여야한다. 특히 고령자, 아동 등의 거주자의 특성을 잘 반영할 수 있어야 하고 가령화에 따른 이용의 최적화가 전제되어야 한다. 여러 종류의 일상생활을 지원해줄 수 있어야 하고 편의성과 경제성을 최대한 고려하여야 한다. 그러므로 디지털 홈의 목표를 편의성, 안전성, 쾌적성, 오락성으로 하고 이에 관련되는 요소기술, 즉 보안시스템, 실내환경조절시스템, 가사활동지원시스템, 문화 및 건강생활지원시스템, 컨트롤시스템 등이 구비되어야 한다([표 6-7]).

▌표 6-7 ▌ 홈오토메이션의 구성요소

구분	내용
보안시스템	주동 및 주호출입 인식, 침입 및 도난방지, 화재 및 가스누출 감지, 엘리베이터 안전, 통합키, 외출 안전, CCTV감시, 비상구급 등
실내환경조절시스템	자동 점등, 자동 소등, 냉 난방 조절 , 자동 환기, 공기 청정, 조명 조절, 조명 일괄 on/off 시스템, 일사량 조절을 위한 전동커튼/블라인드 시스템 등
가사활동지원시스템	청소지원, 쓰레기 자동수거, 요리지원, 자동 수전, 에너지관리 시스템, 원격검침 시스템 등
문화,건강생활지원 시스템	원격의료 및 건강체크, 홈씨어터, 오디오 및 비디오 공유, 자동 수위/온도조절 욕조시스템, 중앙 정수 시스템, 실내레저스포츠시스템 등
컨트롤시스템	실내 리모트컨트롤 시스템, 실내외 타이머 컨트롤 시스템, 실내 음성 인식 시스템, 실외 원격제어 시스템, 정보통신시스템, 등

▌그림 6-12▐ 보안시스템이 작동하고 있는 아파트 주동의 현관

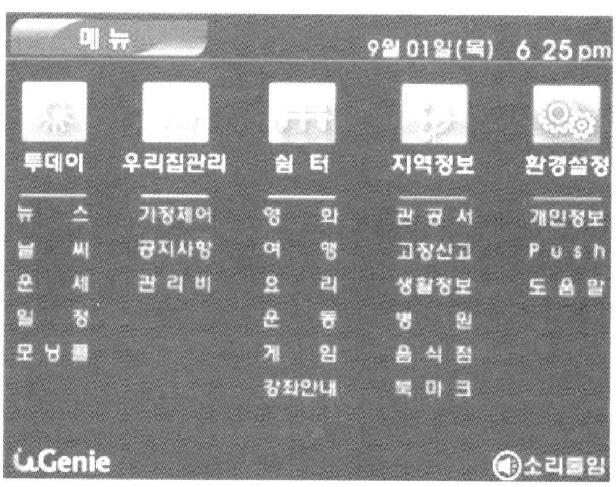

▌그림 6-13▐ MD(Mirror Display, 정보거울); 거울을 이용하여 유비쿼터스 환경 내의 각종 디지털 컨텐츠를 제공하는 유비쿼터스 디스플레이

▌그림 6-14▐ KT사의 디지털홈체험관 중 거실의 모습
(www.interactivy.com)

▌그림 6-15▐ KT사의 디지털홈체험관 중 부엌의 모습
(www.interactivy.com)

미래의 가정생활 모습

1. 귀가

퇴근길. 집 앞에 도착했다. 문 옆에 달린 지문인식기에 손가락을 갖다 대자, 손에 든 스마트폰으로 인식 결과와 함께 출입 허가 표시가 뜬다. 클라우드 서버와 연결된 홈네트워크가 스마트폰을 자동 인식해 보안과 이용자 인식 정보를 전송해준 덕분이다. 현관으로 들어서면서 신발장 위 스크린에 휴대폰을 갖다 댄다. 내 건강 상태를 점검한 결과가 화면 위에 뿌려진다. 스마트폰은 메디컬 센서 역할을 한다. 다행히 오늘 혈당과 혈압은 이상이 없다. 현관 앞 대형 유리문에 오늘 기분에 어울리는 동양화를 띄우고 거실로 들어선다.

2. 거실

거실 벽에 걸린 디스플레이를 켰다. 겉보기엔 그냥 벽과 똑같지만, 사실은 스마트 디스플레이 소재로 만들어져 있다. 스마트폰 아이콘처럼 생긴 여러 이미지들이 어지럽게 돌더니, 내가 좋아하는 음악 목록을 골라 자동으로 재생해준다. 음악을 들으며 어제 거리에서 찍은 사진을 화면에 띄웠다.
그러고 보니 내일은 할머니가 집을 방문하는 날이다. 미리 일정을 클라우드 서버에 입력해둔 덕분에 스마트 디스플레이가 잊지 않도록 알려줬다. 지난번 할머니가 오셨을 때 프랭크 시나트라 음악을 듣고 즐거워했던 기억도 스마트 디스플레이가 일깨워줬다. 벽 전체가 프랭크 시나트라 활동 사진들로 덮이며 노래가 함께 흐른다.

3. 주방

냉장고 앞에 섰다. 냉장고에 붙은 자석들이 저마다 메뉴와 요리법, 외식 정보 등을 비춘다. 자석에 내장된 스마트 태그(RFID)가 냉장고 정보 패널과 실시간 정보를 교환하며 각자 준비한 음식 정보를 띄워주는 식이다. 부엌 싱크대 한쪽 편엔 34인치 디스플레이가 설치돼 있어 조리법을 표시해준다. 냉장고에 보관된 식재료 정보도 함께 띄워준다. 준비된 식재료로 저녁을 차려야 하니까.

제7장

고령화와 UD홈 이야기

도시에 사는 사람들은 남녀노소를 가리지 않는다. 집은 더욱 그러하여 인간의 태어남과 죽음을 함께 하므로 누구에게나 불편 없이 사용될 수 있어야 한다. 유니버설 디자인은 장애자와 고령자에게만 친절한 디자인이 아니라 모든 연령층의 다양한 요구에 대응할 수 있고 이용할 수 있는 제품, 건물, 공간을 보편적으로 디자인하는 것이다.

제7장

고령화와 UD홈 이야기

인구 및 가구, 주택사정은 어떻게 변화하고 있는가?

• 인구의 변화를 말한다

우리나라의 인구는 1949년 2,020만 명을 약간 넘는 정도였으나 1970년에 3,150만명, 1985년에는 4,040만 명을 넘기 시작하여 2010년에는 4,860만 명으로 증가하고 있는 것으로 나타났다. 총인구가 천만 명이 증가한 것은 각각 21년, 15년의 기간이 소요되었으나 1990년 이후 인구증가율은 연평균 0.5~0.7%를 유지하면서 인구증가가 현저하게 둔화하기 시작하였다. 따라서 1985년 이후 25년이 지났어도 천만 명에 이르지 못하는 약 820만 명의 인구가 증가한 것으로 나타났다.

2010년의 총인구는 지난 2005년의 약 4,730만 명에 비해 130만 명 정도 증가한 것으로 연평균 0.5% 증가한 정도에 지나지 않는다.

◦ 시도지역별로 인구 사정은 다르다

인구분포에서 서울시, 인천시와 경기도를 포함한 수도권은 우리나라 전체 인구의 49.1%를 차지하고 있는데(2010), 특히 경기도가 서울시의 인구보다 더 많게 나타났다. 경기도는 1,138만 명 전체 인구의 23.4%를 차지하고 있으며 다음으로 서울시가 979만 명으로 20.2%, 부산이 341만 명으로 7.0%, 경상남도가 316만 명으로 6.5%의 차례로 나타났다.

1개 특별시, 6개 광역시, 9개 도 가운데 2005년에 비하여 인구가 증가한 곳은 9개 시도이며 6개 시도는 감소하였다. 특히 전남 및 부산의 감소율이 두드러졌다.

전국의 도시화율은 동지역에 거주하는 인구비율로 나타내는데 전체 인구의 82.0%로 나타났으며, 읍면지역 거주율은 18.2%로 나타났다. 전국 읍면동 지역 중 인구규모가 가장 큰 지역은 경남 김해시 장유면으로 12만 천명, 경기 파주시 교하읍이 10만 5천명, 경남 김해시 내외동이 8만 6천명 순이다.

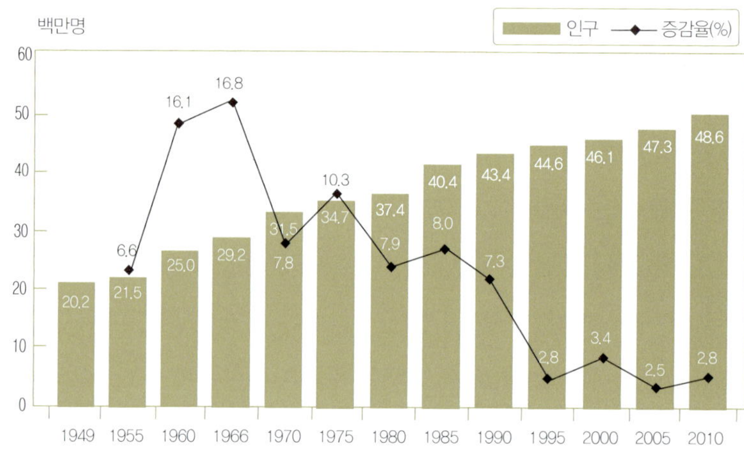

▌그림 7-1▐ 연도별 총인구수 및 증가율 (www.kostat.go.kr)

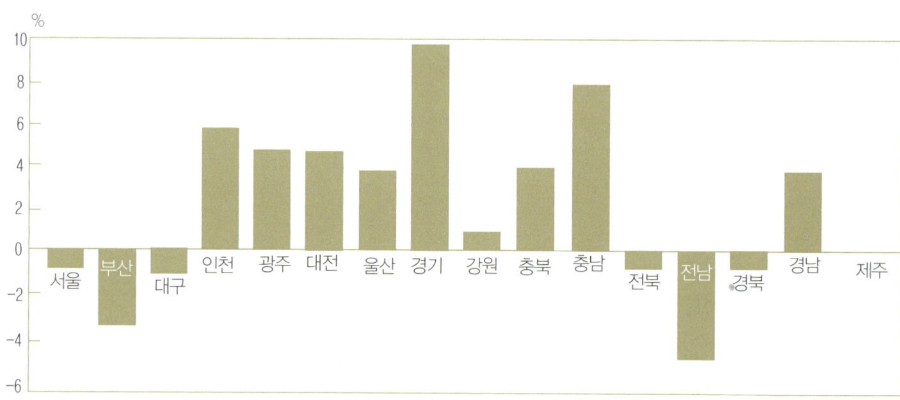

▌그림 7-2▐ 2005-10년간의 시도별 인구증감율 (www.kostat.go.kr)

◦ 인구피라미드로 말하다

우리의 전체 인구의 연령별 인구 구성을 인구피라미드로 살펴보면 1960년에는 전형적인 피라미드 형태를 나타내어 14세미만의 인구가 높은 점유율을 보였다. 그러나 2010년에는 30대 미만과 50대 이상이 적으며 30~ 40대의 인구가 가장 많은 비율을 보이는 항아리형태의 인구구성으로 변화하고 있다. 연령별로 연령별로는 40~44세 인구가 413만 명으로 가장 높은 8.6%를 차지하고 있으며 0~4세 인구는 약 222만 명으로 4.6%를 보이며 지속적으로 감소하고 있다.

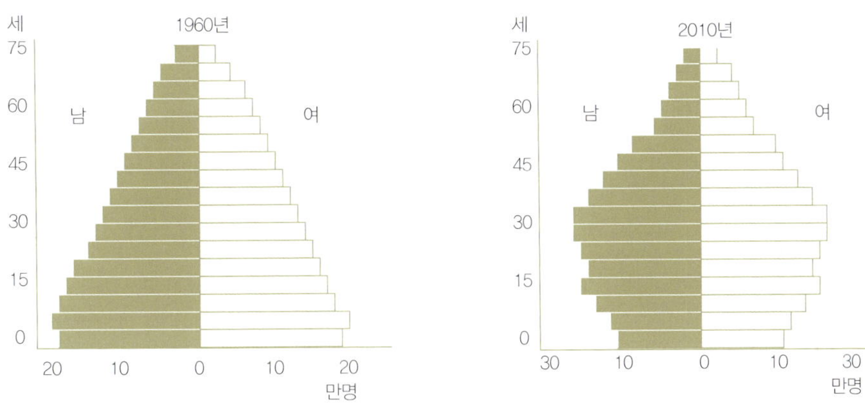

그림 7-3 1960년, 2010년의 인구피라미드의 변화 (www.kostat.go.kr)

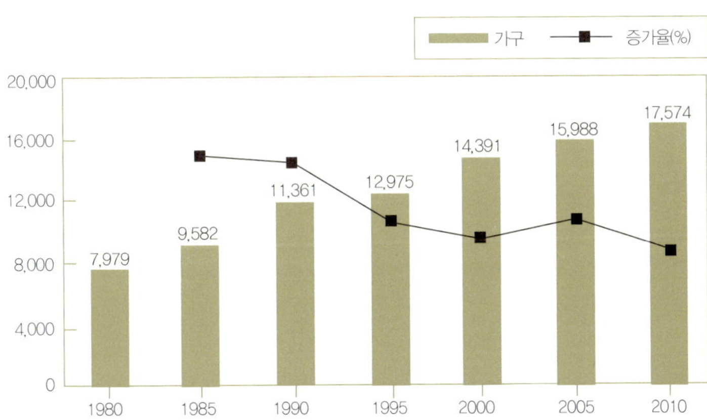

그림 7-4 연도별 총가구수 및 증가율 (www.kostat.go.kr)

- 가구의 변화를 말한다

전체 가구수는 1980년에 약 798만 가구였던 것이 1990년에는 1,136만 가구, 2005년에는 1,599만 가구, 2010년에는 약 1,757만 가구로 증가하였다. 1995년 이전에는 매년 3~5% 정도의 증가율을 보이던 것이 2000년 이후에는 증가세가 둔화하여 약 2%의 증가율을 보이고 있다. 그러나 전체가구 중 47.9%에 해당되는 약 842만 가구가 수도권에 거주하고 있는데, 이 수치는 해마다 증가하고 있는 실정이다. 인구 사정에서 서울시의 인구는 감소 추세이지만 인천시와 경기도는 지속적인 증가세를 유지하고 있는 것에 기인한다.

- 가구원수가 줄어들고 있다

지금으로부터 50여 년 전인 1960년대에는 한 집에 자녀가 5-6명이 보통이던 시절이었다. 결혼한 자녀세대만이 아니라 할아버지와 할머니가 함께 사는 3세대 가족도 상당히 많았던 것이 핵가족에로의 가구분화가 활발히 진행되면서 오늘날 3세대 가구는 전체 가구의 6.2%(2010년 기준)로 주변에서 쉽게 찾아보기 어려운 실정이다([그림 7-5]). 일본의 경우 전체 가족유형 중 3세대를 포함하는 가족이 약 11.7%(2010년 www. jpstat.go.jp)를 차지하고 있는 것에 비하면 오히려 우리의 가구가 짧은 기간 내에 급격하게 변화한 것으로 보인다.

▮표 7-1▮ 가구 수 및 가구당 평균 가구원 수(1980~2010)

(단위 : 천 가구, 명)

구 분		1980년	1985년	1990년	1995년	2000년	2005년	2010년
일반가구(A)		7,969	9,571	11,355	12,958	14,312	15,887	17,339
일반가구원(B)		36,843	39,773	42,783	44,028	44,712	45,737	46,651
평균 가구 원수 (B/A)	전 국	4.62	4.16	3.77	3.40	3.12	2.88	2.69
	읍 부	4.79	4.28	3.86	3.37	3.10	2.87	2.68
	면 부	4.82	4.26	3.74	3.12	2.79	2.50	2.33
	동 부	4.49	4.10	3.76	3.45	3.18	2.93	2.74

* 자료: 통계청 www.kostat.go.kr

1980년에 전국 평균 가구원수가 4.62인이던 것이 2010년에는 2.69인으로 감소하고 있는데, 도시지역보다 농촌지역인 읍면부의 가구당 가구원가 더 낮다. 1995년 이전에는 농촌지역의 가구원수가 많았으나 그 이후에는 역전 현상이 뚜렷하다. 도시화의 심화와 농촌지역의 고령화에 기인한 것으로 보인다.

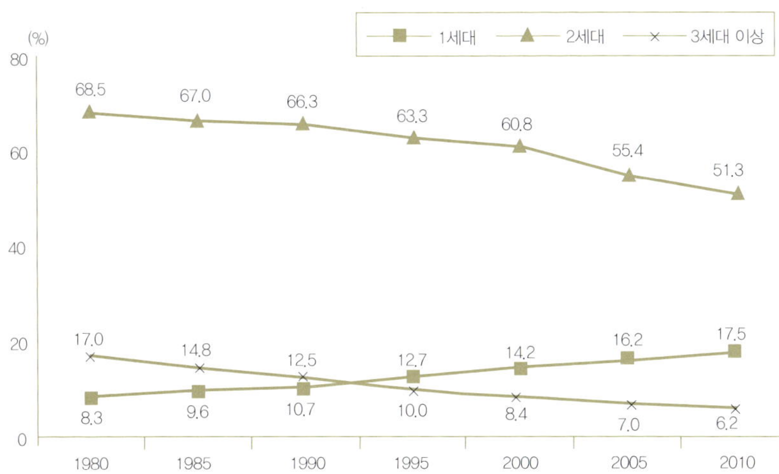

▌그림 7-5▐ 연세대수별 가구 비율 (www.kostat.go.kr)

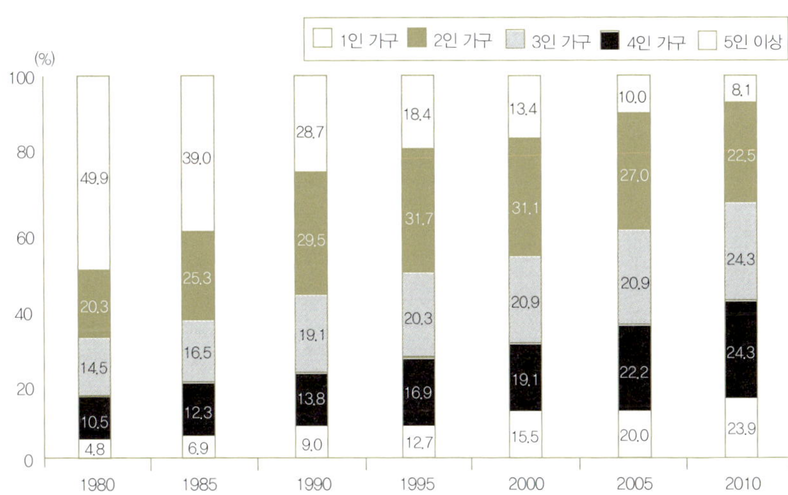

▌그림 7-6▐ 가구원수별 구성 (www.kostat.go.kr)

◦ 1인 가구가 증가하고 있다

3세대 가구의 비율이 갈수록 낮아지고 평균 가구원수가 3인 이하로 떨어지면서 1인 가구 비율이 갈수록 높아지고 있다. 1980년에는 1인 가구 비율이 4.8%에 지나지 않던 것이 2010년에는 23.9%로 거의 4가구에 1가구가 독신인 것으로 나타났다. 1990년 이후 가장 주된 유형의 가구는 4인 가구였으나, 2010년에는 2인 가구로 바뀌었으며 2인 이하의 가구가 총가구수의 48.2%로 빠르게 소인수화로 진행되고 있다(그림 7-6). 일본의 경우 31.2%가 독신 가구인 것에 비하면 아직은 낮은 편이지만, 이와 같은 빠른 속도의 가구 분화라면 머지않아 일본과 비슷한 상황이 되지 않을까 한다. 읍·면 지역의 1인 가구 비율은 27.1%로 동지역의 23.1%보다 높으며, 1인 가구의 19.2%는 70세 이상 고령자이다. 독신고령자가구의 경우 가령加齡과 더불어 어떻게 건강한 삶을 유지해 나가는가 하는 것은 본인은 물론 지역사회에 있어서도 매우 중요한 문제가 된다.

표 7-2 가구의 거처 유형(1980~2010)

(단위 : 천 가구, %)

구 분	1980년	1985년	1990년	1995년	2000년	2005년	2010년
일반가구	7,969 (100.0)	9,571 (100.0)	11,355 (100.0)	12,958 (100.0)	14,312 (100.0)	15,887 (100.0)	17,339 (100.0)
단독주택	7,107 (89.2)	7,838 (81.9)	8,506 (74.9)	7,716 (59.5)	7,103 (49.6)	7,064 (44.5)	6,860 (39.6)
아파트	391 (4.9)	863 (9.0)	1,678 (14.8)	3,478 (26.8)	5,238 (36.6)	6,629 (41.7)	8,169 (47.1)
연립/다세대	205 (2.6)	442 (4.6)	729 (6.4)	1,139 (8.8)	1,294 (9.0)	1,695 (10.7)	1,744 (10.1)
비거주용 건물 내 주택	224 (2.8)	393 (4.1)	388 (3.4)	576 (4.4)	593 (4.1)	282 (1.8)	212 (1.2)
주택이외 거처	43 (0.5)	36 (0.4)	54 (0.5)	49 (0.4)	84 (0.6)	217 (1.4)	354 (2.0)

* 자료: 통계청 www.kostat.go.kr

◦ 공동주택 거주 가구가 늘어나고 있다

오늘날 아파트 거주는 가장 보편적인 현상이지만 1980년에는 아파트 거주 비율이 전체의 4.9%에 지나지 않았다. 그러던 것이 2000년에는 아파트와 연립주택, 다세대주택을 포함한 공동주택 거주가 단독 주택과 거의 비슷한 반반 정도였으나 2010년에는 공동주택 거주 비율이 60% 가까이로 높아졌다. 시·도별로는 광주시의 아파트 거주가구 비율이 63.5%로 가장 높고, 제주가 23.7%로 가장 낮다.

또한 자기 집에 거주하는 가구(자가 거주율)은 전체의 54.2%이며, 자기 집을 가지고 있는 가구 즉 자가 보유율은 61.3%로 자가 거주율보다 높아 다주택보유가구가 7.1%로 나타나는 것을 알 수 있다.

• 주택의 변화를 말한다

지난 30년 동안 우리의 주택 사정도 크게 변화하였는데, 가장 두드러진 것이 주택의 양적 팽창이다. 1980년에 543만호 이던 것이 2010년에는 1,468만호로 약 2.7배 정도 증가한 것이다. 이 기간 동안 가구수는 약 2.2배 증가하였는데, 가구수를 상회하는 공급량이라 하지 않을 수 없다. 특히 1990-1995년간에는 약 220만호 이상 증가하여 동기간 동안 30.1%의 증가율을 보였다. 그 후 증가율은 낮아지고 있으나 2005-2010년간에는 약 140만호를 넘는 주택수가 증가하여 약 11.0%의 증가율을 보였다([그림 7-7]). 그러나 아직도 총 주택수는 일반 가구수에는 다소 미치지 못하고 있어서 주택의 평균 거주가구 수는 1.2가구이며, 특히 단독주택의 평균 거주가구 수는 1.8가구에 달한다.

가구가 거주하는 주택 중 단독주택은 19801년에는 87.5%를 차지하고 있었으나 점점 그 점유율이 낮아져 2010년에는 27.3%로 나타났다. 반면에 아파트는 1980년에는 7%에 지나지 않았으나 2010년에는 59.0%를 차지하고 있으며 약 819만호를 보이고 있다. 이 수치는 2005년의 663만 호에 비하여 약 156만호가 증가한 수치이다([그림 7-8]). 이에 비하여 단독주택은 1980년의 465만호에서 2010년의 약 380만호로 그 절대 수량에서도 감소하고 있는데, 지난 30년간 단독주택중 약 85만 호가 멸실되었다는 것을 알 수 있다.

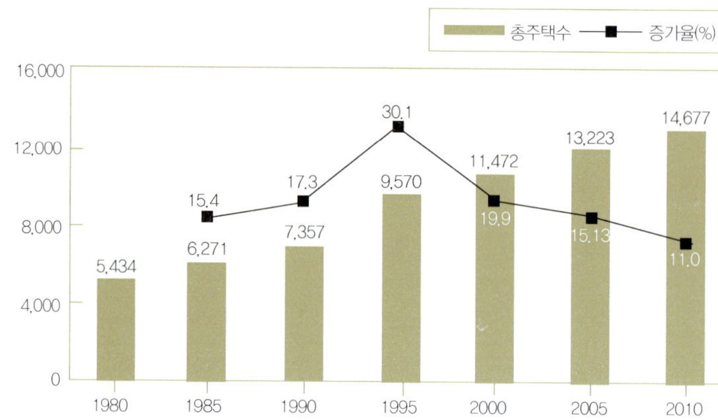

그림 7-7 연도별 총주택수 및 증가율 (www.kostat.go.kr)

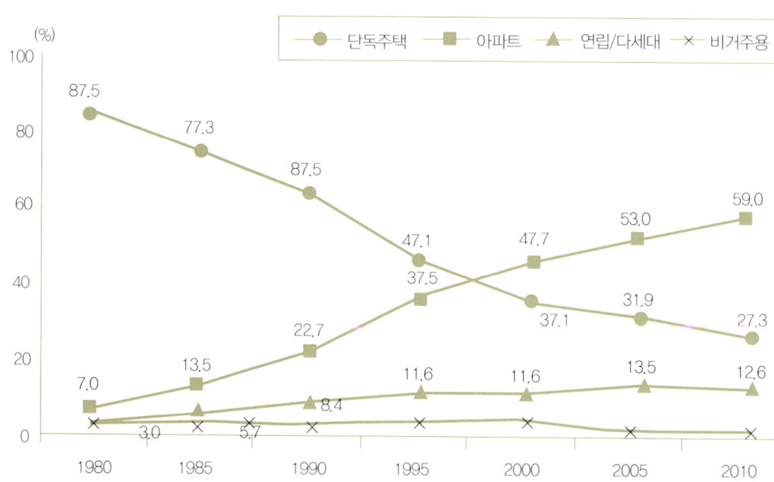

그림 7-8 주택유형의 추이 (www.kostat.go.kr)

고령화현상을 말한다

일반적은 고령자 또는 노인의 범위는 법규에 따라 상이한데, '고령자고용촉진법'에서는 55세 이상을 고령자로 규정하고 있으며, '노인복지법 및 국민기초생활보장법'에서는 65세 이상인 자를 노인으로 규정하고 있다. '국민연금법'상에서는 60세부터 노령연금 급여대상자로서 노인을 규정하고 있는데, 인구통계학적으로는 주로 65세 이상의 인구를 고령자로 규정하고 있다.

이미 인구구성의 변화를 통하여 우리나라의 인구피라미드가 급속하게 항아리 형태로 변화하고 있는데, 2010년의 고령인구 비율은 11.3%로 UN[1]이 정의한 바에 따르면 우리는 고령화 사회에 머무르고 있다. 그러나 현재와 같이 출산율이 낮고 의료기술의 수준이 향상되면 2030년경에는 65세 이상의 인구가 24.3%나 되는 초고령 사회로 바뀌게 될 것이다([그림 7-9]).

고령인구의 비율이 높아져 고령화 사회로 나아감은 지금까지와는 다른 여러 가지 가족적, 사회적 변화를 초래하게 된다. 특히 [표 7-3]에서 보는 바와 같이 지난 30년동안 유소년부양비는 지속적으로 감소하고 노년부양비는 늘어나고 있어서 사회적 부담감은 크게 증가하고 있다. 고령인구의 증가는 고령자를 대상으로 하는 다양한 산업 개발을 촉진시키고 고령자들이 사회의 비중 있는 계층으로 자리를 잡게 할 것이다. 반면에 고령자 1인의 독신가구가 증가하여 일본에서 보는 바와 같이 '고독사'와 같은 어두운 면도 증가할 것 이다. 이러한 사회적 가족적 변화는 고령자에게 젊은 가족의 배려와 지원이 점차 감소함을 의미하고 고령자가 독립적인 노후생활을 유지하기 위해서는 신체적인 기능쇠퇴를 지원하기 위한 사회적 제도와 물리적·주거환경적 장애를 없애는 barrier-free화 등이 필요하게 된다.

1. UN은 전체 인구 중 65세 이상의 인구가 차지하는 비율에 따라 고령화 사회를 다음과 같은 3단계로 분류하였다.
   (1) 고령화사회(aging society); 전체인구 중 65세 이상 인구비율이 7%이상 ~ 14% 미만인 사회.
   (2) 고령사회(aged society); 전체인구 중 65세 이상 인구비율이 14%이상 ~ 20% 미만인 사회.
   (3) 초고령사회(super-aged society); 전체인구 중 65세 이상 인구비율이 20%이상인 사회

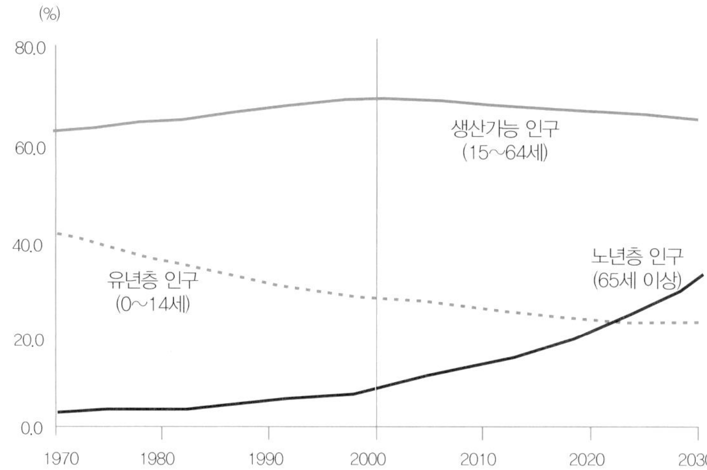

▌그림 7-9▐ 연도별 인구구성비의 추이 (통계청, 2005 고령자통계)

▌표 7-3▐ 연도별 유소년, 생산연령 및 고령인구 추이

(단위 : 천명, 100명당)

구 분	1980년	1990년	2000년	2005년	2010년
합 계	37,407	43,390	45,985	47,041	47,991
유소년인구(0~14세)	33.8	25.7	21.0	19.1	16.2
생산연령인구(15~64세)	62.3	69.4	71.7	71.6	72.5
고령인구(65세 이상)	3.9	5.0	7.3	9.3	11.3
유소년부양비[1)]	54.3	37.0	29.2	26.7	22.4
노년부양비[2)]	6.2	7.2	10.2	13.0	15.6
노령화지수[3)]	11.4	19.4	35.0	48.6	69.7

각주 1) 생산연령인구(15–64세) 100명에 대한 유소년인구(0–14세)의 비(유소년부양비 = (유소년인구/생산연령인구) × 100)
2) 생산연령인구 100명에 대한 고령인구(65세이상)의 비(노년부양비 = (고령인구/생산연령인구) × 100)
3) 유소년인구 100명에 대한 고령인구의 비(노령화지수 = (고령인구/유소년인구)×100)

◦ 농촌지역은 이미 초고령사회이다

농촌지역 그 중에서도 면지역의 고령화율은 도시지역보다 3배 이상 높게 나타나고 있는데, 2010년 27.8%로 농촌지역의 고령화는 심각한 지경이다. 시도지역별로는 전남지방이 가장 고령화율이 높고 가장 낮은 곳은 울산시이다. 고령인구 비율이 가장 높은 시군구를 살펴보면 경북 군위군이 39.4%로 가장 높고 다음이 경북 의성군 38.5%, 전남 고흥군 38.2%의 차례로 나타났다.

고령화 사회에 필수적인 유니버설 디자인 홈이야기

• 유니버설 디자인이란 무엇인가?

도시에 사는 사람들은 남녀노소를 가리지 않는다. 집은 더욱 그러하여 인간의 태어남과 죽음을 함께 하므로 누구에게나 불편 없이 사용될 수 있어야 한다. 유니버설 디자인은 장애자와 고령자에게만 친절한 디자인이 아니라 모든 연령층의

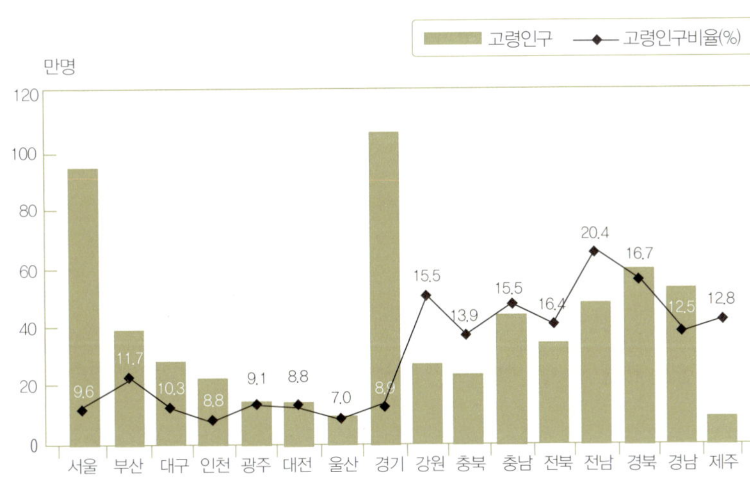

그림 7-10 시도지역별 고령인구와 고령화율 (2010년, 통계청)

다양한 요구에 대응할 수 있고 이용할 수 있는 제품, 건물, 공간을 보편적으로 디자인하는 것으로, 미국의 노스캐롤리나North Carolina주립대학의 로널드 메이스Ronald Mace에 의하여 주장되었다.

그리하여 유니버설 디자인은 사용하기 쉽고 유지하기 쉬운 디자인(지원성), 다양한 요구나 시간의 경과에 따른 변화를 반영하는 디자인(적응성), 타인의 도움이 없어도 이용 가능한 디자인(접근성), 장애에 상관없이 이용할 수 있으며 사고로부터 안전할 수 있는 디자인(안전성)의 목표를 가진다.

◦ 유니버설 디자인은 어떻게 형성되었는가?

유니버설 디자인은 1960년대 무장애디자인Barrier-Free Design으로부터 출발하였다. 무장애디자인Barrier-Free Design은 장애나 장벽이 없다는 뜻으로 주거와 공공건물의 건축적 장애를 없애 장애인들이나 고령자들의 자유로운 활동을 배려한 것이다. 집이나 건물의 문턱을 없애고 복도, 현관 등에 손잡이를 붙이며 휠체어가 다닐 수 있도록 공간을 여유 있게 배려하였다.

1970년대에는 그동안의 무장애디자인Barrier-Free Design이 최소규모의 디자인에 초점이 맞추어져있으며 사회적 통합에 부족한 측면이 있어 장애인들이나 고령자들의 신체적 결함을 보충하여 모든 사람들에게 동등한 기회 부여하는 기능적 지원을 확대하는 데에 초점을 둔 접근 가능한 디자인Accessible Design이 등장하였다. 고령자나 장애인의 신체적 특징을 반영한 공공시설에의 접근이 용이한 디자인, 부엌작업대의 높이 조절 등이 그것이다.

그러나 1980년대에 이르러서는 특정 계층만을 강조하다보니 오히려 새로운 소외계층이 발생하기도 하여 모든 사람들이 사용가능한 유니버설 디자인으로 그 개념이 확대되었다. 미국에서는 1990년에 공적인 제품이나 서비스를 장애인들이나 고령자가 사용할 수 있도록 하는 것을 의무화 하는 법률인 ADA법Americans with Disabilities Act, 미국장애자법이 발효되면서 모든 영역에서 UD가 활발히 전개되고 있다.

◦ 유니버설 디자인에는 어떤 원칙이 있는가?

UD에는 7가지 디자인 원칙이 있다.

❶ 공평한 사용Equitable의 원칙: 누구라도 차별감이나 불안감 열등감을 느끼지 않고 공평하게 사용 가능한가?

❷ 사용상의 융통성Flexibility in Use의 원칙: 익숙하지 않거나 다양한 생활환경 조건에서도 정확하고 자유롭게 사용 가능한가?

❸ 간단하고 직관적인 사용Simple and Intuitive의 원칙: 직감적으로 사용방법을 간단히 알 수 있도록 간결하고, 사용 시 잘못되었을 때 처음으로 되돌아가는 피드백이 있는가?

❹ 쉽게 인지할 수 있는 정보(Perceptive Information의 원칙: 정보의 구조가 간단하고, 여러 가지 방법의 전달수단을 통해 정보입수가 가능한가?

❺ 오류에 대한 포용력Tolerance for Error) 원칙: 사고를 방지하고 잘못된 명령에도 원래 상태로 쉽게 복귀가 가능한가?

❻ 적은 물리적 노력Low Physical Effort의 원칙: 무의미한 반복 동작을 요구하지도 않고 무리한 힘을 들이지 않고 자연스런 자세로 사용이 가능한가?

❼ 접근과 사용을 위한 충분한 공간Size and Space for Approach and Use의 원칙: 이동이나 수납이 용이하고, 다양한 신체조건의 사용자와 도우미가 함께 사용이 가능한가?

• 고령자주택을 UD홈으로 바꾸기

◦ 고령자 주택의 UD홈 개조는 필요한가?

고령자들은 연령이 높아짐에 따라 신체의 모든 기능이 쇠퇴하게 마련이다. 신체적 기능의 쇠퇴 뿐 만아니라 시력이 저하되고 청력이 약화하는 등의 감각기능도

쇠퇴하고, 중추신경이 짧아져서 수면시간이 짧아지고 배설회수가 잦아지는 등의 생리기능 면에서도 변화가 나타난다. 심리적으로는 과거에 대한 애착이 강하고 흥미가 주변의 것에 한정되고 새로운 것에 대한 적응에 시간이 걸린다. 주거 내에서 머무는 시간이 길어지고 과거와 관련된 일상생활을 중시여기는 등 생활기능 측면에서도 변화가 나타난다. 고령화에 따른 주택 내의 욕실 및 화장실에서의 안전고율이 26.8%, 방 및 침실에서 19.6%, 계단에서 12.3%로 나타났다(한국주거학회, 2004).

이러한 노화현상에 직면하여 고령자의 주거 안전 확보와 삶의 질 제고를 위하여 고령자 개개인의 신체적·사회경제적 특성에 따라 주택을 사용할 수 있도록 건교부는 2006년 12월에 '노인가구 주택 개조 매뉴얼'을 개발 보급하였다. 이것은 고령자의 주택 내 안전사고를 예방하기 위하여 2005년 12월의 마련된 '노인가구 주택 개조기준'에 근거하여 고령자가구가 실제 활용 가능하도록 한 것이다.

▌표 7-4▐ 고령자주택 개조의 원칙

구분	내용
정주성 (Aging-in-Place)	시설에 입소하지 않고 기존에 살던 친근한 곳, 즉 오랫동안 살던 지역에 있는 자기 집에서 그대로 계속해서 지낼 수 있도록 도와주는 재택 활성화나 지속적인 거주성의 개념
범용성 (Universal Design)	연령, 성별, 건강 상태, 신체적 조건 등에 관계없이 누구나 지원하는 개념. 개조 사항이 고령자만 거주하는 주택에 국한하는 것이 아니라 고령자와 함께 사는 다른 가족의 사용성도 동시에 고려하여 개조함을 원칙으로 함.
안전성	노화나 질병으로 신체 기능이 저하되어 발생할 수 있는 사고를 미연에 예방함으로써 주택에서 안전하게 생활할 수 있도록 지원하는 개념
자립성	고령자의 신체 기능이 저하되더라도 주택에서 고령자 스스로 타인의 도움 없이 일상 생활 활동을 할 수 있도록 지원하는 개념
편리성	고령자가 사용하기 편리하도록 기능성을 고려하고, 설비나 부품의 설치나 교체를 용이하게 하여 고령자는 물론 고령자를 보살피는 수발자의 경우에도 편리하게 하는 개념
쾌적성	고령자가 장시간 머무는 주택의 물리적 환경 요건(일조, 채광, 통풍, 환기, 냉·난방 등)과 심리적 환경요건(프라이버시, 과밀 등)이 충족될 수 있도록 지원하는 개념

* 출처: 한국주거학회, 노인가구 주택 개조기준, 한국주거학회, 2005.

▌표 7-5▌ 고령자주택 개조 기준

구분	내용
기초기준 (21개)	단차(턱) 제거, 보조발판, 미끄럼방지시설, 비상연락장치, 화재경보기, 목욕용 의자, 욕조 및 세면대 주변 안전손잡이 설치 등
유도기준 (17개)	문 잠금장치, 문 손잡이, 인터폰, 침대, 입식용 소파, 양변기 설치, 샤워기 걸이, 세면대 설치, 욕실문 확장 등

▌표 7-6▌ 고령자 주택개조를 위한 공간별 개조 사항

공간별	개조를 위한 주요 사항
현관	• 현관 내부와 외부를 연결하는 부분의 단차를 제거한다. 제거하지 못한 경우는 경사로나 경사판, 발판을 이용 • 편하게 신을 신고 벗을 수 있도록 벽 부착용 의자를 설치
침실	• 침실은 거실과 가까이 욕실(화장실)과 같은 층에 배치 • 침대 부근에는 비상연락장치와 일어서는데 편리한 안전손잡이를 설치 • 가구는 가능한 입식으로 교체
거실	• 휠체어의 회전이 가능하도록 가구 배치 이후에 1500㎜×1500㎜의 공간을 확보 • 바닥 재료는 미끄럽지 않고 맨발에도 따뜻한 감촉이 있는 것으로 마감 • 외부인의 방문을 인지하고 응대하기 위한 인터폰 설치
욕실 및 화장실	• 보건위생의 각 행위에 여유를 둔 적정 규모를 확보 • 침실에 근접시킴. • 자연채광과 환기를 배려 • 손잡이를 설치하고 난방을 배려
부엌 및 식당	• 가열대나 조리대 주면의 벽은 안전을 위하여 내열성이 있거나 방염처리가 된 재료, 내오염성이 있는 재료로 마감. • 사용하기 편리한 위치에 충분한 수납공간 확보 • 작업대 하부에 무릎이 들어갈 수 있는 공간 확보
발코니 및 다용도실	• 주택이 소규모인 경우 발코니를 실내공간화함. • 발코니 바닥면의 유효 폭 1500㎜ 이상, 통록 폭 600㎜ 확보 • 발코니 난간 높이는 800~1100㎜

* 출처: 한국주거학회, 노인가구 주택 개조기준, 한국주거학회, 2005.

◦ 고령자 주택의 UD홈 개조 원칙은 무엇인가?

고령자 주택개조의 원칙은 6가지로 정주성, 범용성, 안전성, 자립성, 편리성, 쾌적성 등이다. 일반적으로 고령자의 주택개조는 고령자가구의 안전성과 자립성을 증진시키기 위하여 주택 구조를 개선하거나 시설 등을 교체하고 편의시설을 설치하는 것을 의미한다. 그러나 넓은 의미에서 보면, 주택의 물리적인 개선 이외에도 주택에서 사용되는 기기, 설비 등의 사용방법이나 위치를 변경하기, 가구의 위치를 변경하기, 공간을 다른 곳으로 이동하기, 그리고 안전과 자립을 돕는 복지기기나 생활용품 등을 구입하기 등도 포함된다.

◦ 고령자주택의 UD홈 개조 기준은 무엇인가?

고령자주택의 개조 기준은 고령자의 주거생활의 안정성을 고려한 21개의 기초기준과 자립성을 유도하기 위한 17개의 유도기준 등 총 38개 항목으로 구성되었다(|표 7-5|). 이들을 바탕으로 주택개조사항을 단차, 전기설비, 문, 마감재 등과 같은 일반적 개조 사항과 주택 내의 각 공간별 개조 사항을 세분화하였다.

◦ 고령자주택의 UD홈 개조는 어떠한 절차가 필요할까?

고령자의 주택에 있어서 개조가 필요한 부분을 파악하여 제대로 된 주택개조가 실행될 수 있도록 대상 고령자와 주택에 대한 사전 정보 파악할 필요가 있다. 그 과정은 대상 고령자의 제 특성과 거주 주택에 대한 기초 정보 파악, 개조방향 및 방안의 마련, 최종 개조안을 결정하고 비용 마련과 실행의 과정이다.

❶ 대상 고령자의 기초정보 파악하기

- ◦ 인구학적 특성: 연령, 성별, 가족구성(관계, 동별거 여부, 건강상태, 성별, 연령, 연락처, 특이사항 등)
- ◦ 신체적 특성: 일상생활동작수행능력, 이동능력, 현재 질환의 종류와 정도(*필요시 의사소견서), 과거병력, 장애 종류, 위치 및 정도, 보조기구 사용 현황(종류 및 정도), 신장, 몸무게 등

◦ 경제적 특성: 소득수준, 개조비 지출 가능성 정도

◦ 사회적 특성: 생활양식, 외부 활동 종류 및 내용

◦ 심리적 특성: 성격, 개조의향

❷ 대상 고령자의 주택 현황 사전 점검

◦ 기초자료 수집: 도면 작성(위치, 치수, 특이사항 명시), 사진 촬영

◦ 주택의 상황: 주택유형, 규모, 층고(사용층수), 주택경과 연수, 소유/임대여부, 거주양식, 개조 실태, 개조 요구 사항 등

◦ 개조 가능성 여부 파악 : 주택외부(담장, 축대, 계단, 지붕, 처마, 외벽, 문, 대문 등)와 주택내부(바닥, 벽, 천장, 계단, 문, 창문 등) 점검

❸ 가족 및 지역사회서비스 이용 현황 파악

◦ 재가복지 서비스 이용 상황: 종류, 이용 빈도, 소요비용

◦ 개별적인 도우미 활용 상황: 도움의 내용, 이용 빈도, 소요비용

◦ 가족. 친지로부터의 보조 상황: 보조의 내용, 이용 빈도

❹ 개조방향 및 방안의 마련

이러한 주택개조 전 점검표를 활용하여 구조적, 물리적인 측면에서 해당주택의 개조 가능성 여부를 파악하여야 하여 개조방향과 목표를 정한다. 개조를 위해서는 건축, 시공 분야의 전문가가 점검하고 안전 진단을 통해 구조적인 결함이나 안전상의 문제 등을 정확히 파악하여 해당주택에서 개조가 가능한 부분과 불가능한 부분에 대해 판단한다. 또한 해당주택이 고령자가구의 노후생활의 안전성과 자립성을 확보하기 위한 방법으로 개조가 효율적인 대안이 될 수 있는지 여부를 결정하여야 한다. 개조에 대한 방향이 설정되면 가능한 개조방안을 2가지 이상 마련하여야 한다.

❺ 개조안의 결정과 수행

2가지 이상의 개조 방안 중 비용마련과 공사기간 등의 여러 조건을 감안하여 가

장 적합한 1 가지를 선택한다. 개조안이 결정되면 실제로 공사를 수행한다.

◦ 공간별로는 어떤 개조가 적합한가?

고령화에 대비하여 주거내의 각 공간 및 부위별로 배려해야 할 설계 지침을 살펴보자. 공간별로 보면, 거실·식사실은 적절한 규모와 함께 옥외공간과의 연속성에 대한 배려가 요구된다. 침실은 화장실에 근접하여야 하며, 일광, 통풍에 대한 배려도 요구된다. 침대가 아닌 이불과 요를 사용할 경우에는 굳이 일어나지 않아도 조명 및 전화 등의 설비 조작이 가능하도록 하여야 한다.

부엌에서는 휠체어를 타고서도 이용 가능하도록 충분한 작업 면적을 확보하도록 하며, 작업대의 높이가 적정하여야 하며, 수납장은 높낮이 조절이 가능한 슬라이딩 장치가 되면 좋을 것이다. 특히 화기를 다루는 곳이므로 종종 레인지 위에 무언가를 얹어놓고도 쉽사리 잊어버리는 경우가 많으므로 가스보다도 전기를 이용한 레인지가 안전하다.

▌그림 7-11▐ 휠체어 이용 시 자동문의 개폐를 위한 공간 확보의 예

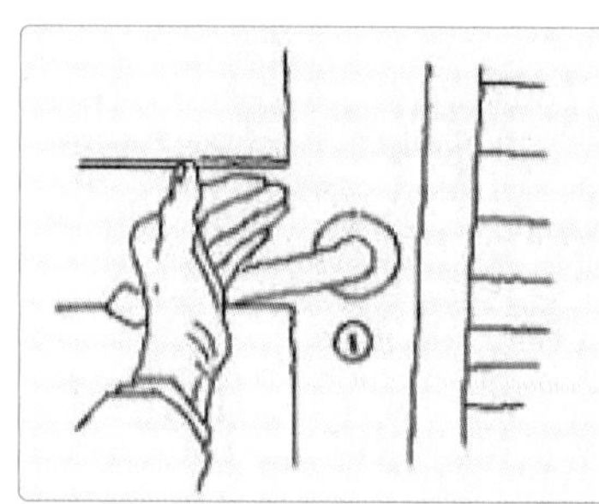

▌그림 7-12▐ 조작하기 쉬운 누르는 식의 손잡이

생리위생공간에서 고령자들이 미끄러지기 쉬우므로 생리위생공간의 바닥에는 미끄러지지 않는 안전 타일을 깔도록 하고 벽에는 안전 손잡이를 설치하고 출입구의 단차를 없애도록 한다. 현관 또한 미끄러지지 않는 타일을 사용하고 주호내로 쉽게 이동할 수 있도록 손잡이를 설치해둔다.

주거 내에서 고령자들이 가장 많은 안전사고를 당하는 곳이 계단이다(일본 경제기획청: 1995). 따라서 고령화에 대비하여 오르내리기에 수월하도록 경사를 낮게 하고 디딤바닥 및 단높이 등을 배려한다. 또한 디딤바닥에는 non-slip 처리를 하고 어두울 때 오르내리기 쉽도록 조명을 설치하도록 한다.

부위별로는 모든 실내 바닥에 단차를 없애는 무장애 처리를 하고 미끄러지지 않는 재료를 사용한다. 벽에는 손잡이 설치를 하도록 하고 개구부의 턱을 없애고 손잡이는 조작하기 쉬운 것으로 한다. 수도꼭지 및 조명, 콘센트 등은 온도조절, 밝기 조절이 쉽고 끄고 켜는 조작이 쉬우며 유지관리가 쉬운 것으로 한다. 그리고 반드시 화재경보장치, 가스를 사용할 경우 가스누출장치, 비상경보시스템 등이 갖추어져 있어야 한다.

▌그림 7-13▐ 고령자 및 장애인용 욕실 예1

▌그림 7-14▐ 고령자 및 장애인용 욕실 예3

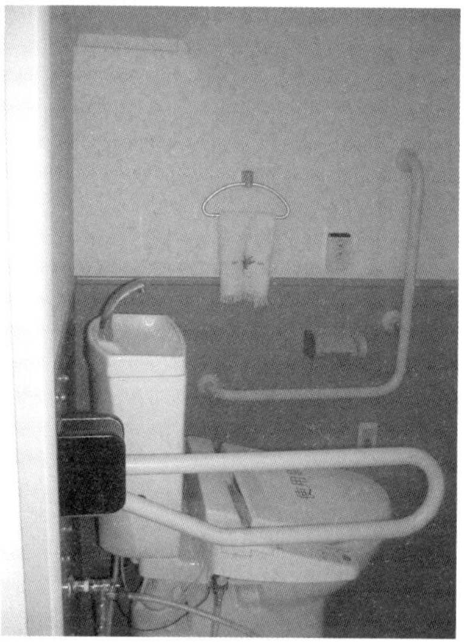

▌그림 7-15▐ 변기구성의 예

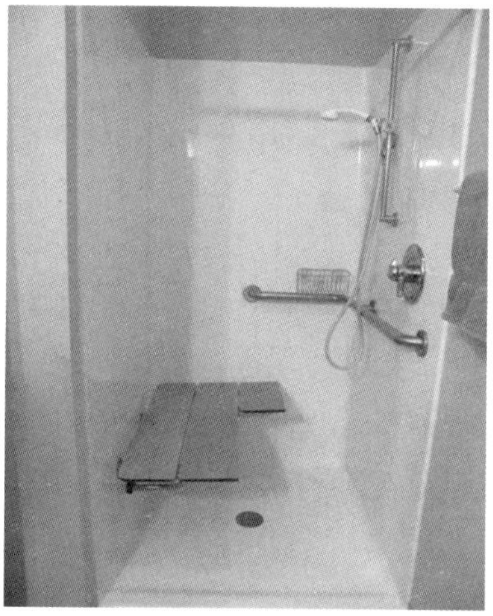

▌그림 7-16▐ 고령자 및 장애인용 욕실 예2

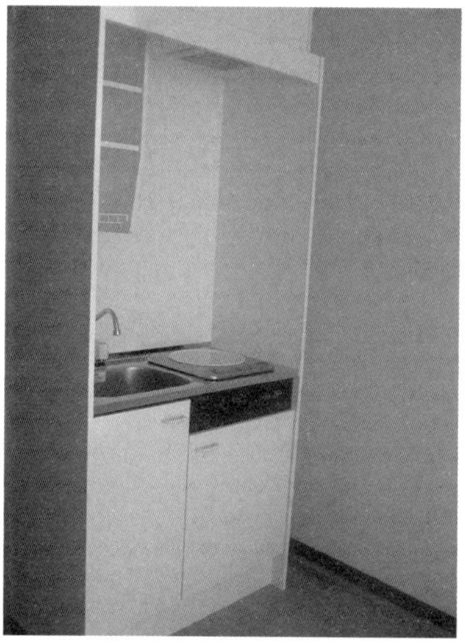

▌그림 7-17▐ 가스레인지 대신 안전한 전기레인지 적용의 예

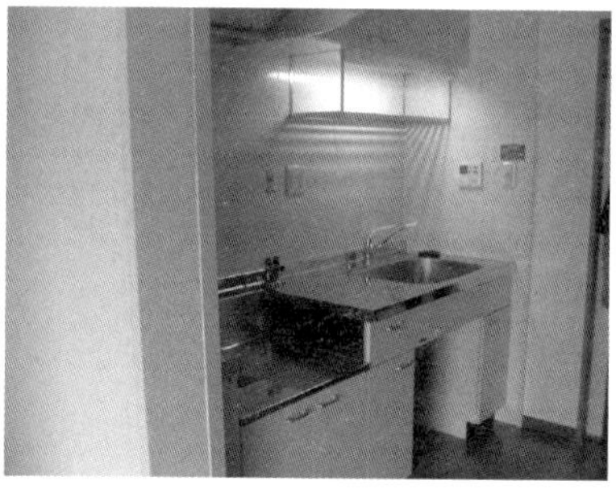

▌그림 7-18▐ 작업대 높이가 낮은 고령자용 부엌 작업대의 예

실버타운이 궁금하다

• 실버타운은 무엇인가?

실버타운이란 유료의 개념을 가진 노인주거복지시설을 지칭하는 일상적 용어라고 할 수 있는데, 이것은 1993년 노인복지법의 개정시 '민간기업체나 개인에 의한 유료노인복지시설의 설치 운영을 허용하도록' 함에 따라 시작되었다. 넓은 의미로는 노인주거복지시설 및 노인의료복지시설 중 유료에 해당되는 유료 양노시설, 유료노인복지주택, 유료노인요양시설, 유료노인전문요양시설을 의미한다. 좁은 의미로는 노인주거복지시설 중 유료양로시설 및 유료노인복지주택을 의미하지만, 가장 좁은 의미로는 그 중에서도 유료노인복지주택이 해당된다.

그러므로 실버타운이란 주거를 축으로 하는 노인들의 커뮤니티라고 할 수 있는데, 이 커뮤니티의 구성원이나 편의시설은 노인들의 일상생활을 잘 지원하도록 되어 있다. 원칙적으로 수익자 부담이므로 분양 또는 임대를 통하여 입주하게 되는데, 주거의 편의·생활지도·상담 및 안전관리 등 일상생활에 필요한 편의가 제공된다.

실버타운은 단순한 주거기능이 중심으로 되어 있는 경우에서부터 의료 및 휴양 등의 여러 기능이 복합적으로 구성되어 있는 경우까지 다양하다. 이러한 실버타운에 입주할 수 있는 사람은 법적·제도적으로 독신일 경우 60세 이상이거나 부부일 경우는 배우자 중 1인이 60세 이상이며 건강하고 독립적인 일상생활이 가능한 자로 규정하고 있으나, 서구의 실버타운 입주자 중에는 대개 50세 이상부터 포함되기도 한다.

건강한 노인이라도 입주 후 건강이 쇠약해지면 일상생활의 일부 혹은 전부를 보조받을 수 있는 양로 혹은 요양시설로 옮겨가며 생활할 수 있는 다양한 시설까지 포함되는 것이 제대로 된 실버타운이라고 할 수 있다([표 7-7]). 실버타운의 규모는 평범한 마을 속에 소규모로 구성되어 있는 것부터 노인들만으로 구성되어 있는 대규모 촌락까지 다양하다.

- 실버타운에는 어떤 종류가 있는가?

◦ 규모에 따른 종류

실버타운의 규모는 실버타운의 구성을 단일구성으로 할 것인지 복지주택에서부터 양로 및 요양시설까지 포함하는 복합구성으로 할 것인지에 따라 다를 것이며, 또한 시설수준, 주거수준, 서비스의 수준에 따라서도 달라질 것이다.

【표 7-7】 고령자의 연령에 따라 필요한 생활서비스 시설의 종류

<table>
<tr><th colspan="3" rowspan="2">노인의 연령, 심신의 상태</th><th rowspan="2">요구되는 서비스</th><th colspan="3">주거 관련 시설</th><th rowspan="2">이용가능시설</th></tr>
<tr><th>종류</th><th colspan="2">성격</th></tr>
<tr><td rowspan="7">Young old 전기 노인
↑
↓
후기 노인 old</td><td rowspan="7">· 신체적 조건 · · 건강 ↑
↓ 병약 · 장애</td><td rowspan="7">· 신지적능력 저하 · ·
↓ 치매</td><td>· self care; 독립적 생활, 관리서비스</td><td>· 개인주택
· 3세대동거주택
· 노인용 공영임대주택</td><td rowspan="2">주거</td><td></td><td rowspan="7">· 여가시설
· 문화시설
· 어린이집
· 공원
· 노인복지센터
· 휴양소
· 노인대학
· 노인상담소
· 보건소
· 지자체보건복지센터
· 병원
· short-stay room
· day-care center
· half-way house
· day -hospital</td></tr>
<tr><td rowspan="2">· residencial care; 필요에 따른 가사+식사서비스</td><td>· 노인복지주택
· 실비 / 유료</td><td rowspan="4">복지</td></tr>
<tr><td>· 양로시설
· 실비/ 유료</td><td rowspan="2"></td></tr>
<tr><td>· personal care; 일상생활 동작에 따른 개호+가사+식사서비스</td><td>· 노인요양시설
· 실비/ 유료</td></tr>
<tr><td>· nursing care; 가사+식사 +개호+간호서비스</td><td>· 전문요양시설
· 너싱홈</td><td rowspan="3">의료</td></tr>
<tr><td>· medical care; 가사+식사 +개호+간호+의료서비스</td><td>· 노인병원</td><td rowspan="2"></td></tr>
<tr><td>· terminal care; 가사+식사 +개호+간호+의료서비스</td><td>· 호스피스</td></tr>
</table>

◦ 입지에 따른 종류

실버타운의 성공여부는 소프트웨어인 서비스의 내용도 중요하지만 하드웨어에 해당되는 물리적 구성과 입지조건에 따라 영향을 받으므로 입지는 매우 중요한 요소이다. 일반적으로 실버타운의 입지에 따라 도심형, 도시 근교형, 전원휴양지형으로 나눌 수 있다. 실버타운의 입지에 대하여는 연령이나 소득수준에 따라서 다소 차이가 났는데, 대체로 연령이 낮을수록 도시근교를 선호하였고, 연령이 높을수록 전원지역을 선호하는 것으로 나타났다. 또한 소득이 높을수록 도시근교를, 소득이 낮을수록 전원지역을 선호하는 것으로 나타났다. 이것은 다소의 비용을 부담할 수 있다면 의료 및 문화적 혜택이 풍부한 도시에서 노후생활을 하고자 하는 의식이 보여준 반면, 소득이 낮은 경우는 전원지역의 물가가 싸므로 경제적 영향을 덜 받아 생활하기 편할 것이라는 의식이 작용한 것으로 해석할 수 있을 것이다.

▮표 7-8▮ 실버타운의 규모에 따른 종류(미국의 경우)

분류	수용인원	거주자 특성	서비스 수준	비고
은퇴자 도시	5,000인 이상	• 50세-75세 미만의 부부중심, 중상류층	• 광범위한 옥외 및 옥내 여가시설, 의료시설과 상업시설	대규모 실버 타운
은퇴자 촌	1,000~ 5,000인	• 60대 이상의 부부가 대부분, 중상류층	• 노인타운과 비슷하나 상업시설의 경우 도시 내의 시설을 이용	
노인 아파트	100~1,000인 미만, 일반적으로 500인 정도	• 70대 초반 부부가 대부분, • 노인타운과 노인마을에 입주할 경제적 능력이 없는 노인들이 입주함.	• 주거시설에 관련된 서비스와 시설을 제공, 의료서비스나 상업시설은 도시근교의 시설을 이용.	보통 이상 규모의 실버 타운
연속 보호 센터	일반적으로 500인 이하	• 70대 후반-80대 초반의 단독노인이 대부분, • 여성단독노인이 많고 대부분 중류층.	• 의료서비스 제공, 나이가 들거나 건강이 쇠퇴함에 따라 의료서비스 강화.	

* 자료: I.Altman & M.P. Lawton & J.F. Wohlwill, Elderly People and the Environment, Plenum Press, 1984, pp.63-83.

▌표 7-9▐ 입지별 실버타운의 특성

구분	도심형	도시근교형	전원·휴양지형
입지 특성	• 도심에 입지하여 대중교통수단으로 기존의 공공, 상업, 의료시설 등과 일정한 관계를 유지할 수 있는 지역 • 종래의 생활권의 연장; • 가족과의 교류 • 생활 편의시설의 활용 • 도심기능의 활용이 가능	• 도심형과 전원·휴양지형의 중간형 • 도시에 근접, 교통이 정비되어 있어 통근 가능, 지역주민과의 교류 양호 • 토지가격의 상대적 안정; • 넓은 면적 확보 가능 • 다양한 건축계획 가능 • 주거환경이 양호함	• 자연환경과 관광자원이 풍부한 지역에 입지 가능 • 휴양, 농원, 화단 가꾸기 등의 건강에 좋은 활동이 가능한 지역 • 중소도시와 연계가 좋은 곳이 유리 • 온천, 명승지 등 관광적 요소를 갖춘 곳에 입지 • 종합적 노인커뮤니티를 고려
시설 형태	• 가족동거의 3세대 주택 • 공동기숙사 집단거주 • 고령자 분리 세대의 공동주택	• 노인타운 • 단독, 연립 저층 주거시설 • 레저, 건강시설	• 노인촌 • 휴양과 전원풍의 주거시설 • 각종 편의시설과 문화시설
규모 구조	• 아파트와 같은 다층구조	• 노인주거단지 • 단독, 연립주택	• 휴양과 전원시설 • 단독주거시설
교통 여건	• 대중교통수단의 접근 용이 • 지하철과의 연계	• 도심에서 1시간 내지 1시간30분거리 위치 • 고속도로, 국도, 전철과의 접속 용이	• 중소도시와의 인접 • 기존 국도 및 지방도와 연계
선호 특성	• 여성의 선호도 높으나, 연령이 높을수록 선호도 감소	• 전체적으로 고른 연령대에서 선호하나, 연령이 높을수록 선호도 감소 경향	• 연령이 높을수록 선호
단점	• 높은 지가로 신규 부지 확보 곤란 • 건물의 고층화로 사업비 상승 • 자연환경 조건이 상대적 불리	• 그린벨트와 같은 건축제한이 많음 • 도시기능의 확산으로 지가 상승 우려	• 도시기능과 연계 곤란 • 고립감이 느낄 수 있음 • 토지가격이 낮지만 개발비용이 높음(생활필수시설이 모두 단지 내 설치) • 운영상 부담이 높음

* 자료: 대한건설협회, 실버산업의 현황과 개발방향, 1995, p.39.

◦ 사업방식에 따른 종류

사업방식에 따라 분양방식, 종신이용권방식, 임대방식, 회원권방식, 헌납방식 등으로 다양하게 나누어 볼 수 있다. 김상희·이은미(2006)의 연구에서 조사대상자들의 과반수가 보증금 임대 방식을 선호하였고, 분양방식을 선호한 경우는 26%로 나타났다. 분양방식이 자산가치의 증식으로 연계될 수 있는 장점이 있는데, 최근 서울 근교의 고급 실버타운에서 이러한 경향이 뚜렷하게 나타나고 있다. 그러나 대부분의 중산층은 노년기에 많은 돈을 실버타운에 투자하기가 쉽지 않다. 이런 이유가 보증금 임대를 선호하는 까닭일 것이라 추측된다.

● 실버타운에는 어떤 기능과 시설이 있는가?

◦ 실버타운의 주요 기능

실버타운의 기능은 고령자가 당면한 문제와 요구에 대응하는 주거환경을 조성하여 고령자의 자립생활에 물리적, 정신적으로 도움을 주어 노후생활의 안정감과 행복감을 줄 수 있는 것으로 구성되어야 한다.

• 주거 기능; 입주자들이 지금까지 살아왔던 자신의 집에서와 같이 취사, 청소, 신변 정리 등의 독립적 생활을 지원하는 주거기능을 갖추어야 한다. 주거 내에는 침실, 거실, 부엌, 욕실 등의 공간이 마련되어야 하고 비상통보시설이 갖추어져 있어야 한다.

• 생활서비스 기능; 입주자들이 공동 식당에서의 식사서비스, 이·미용실의 이용 등 각종 일상생활을 지원하는 공간이 갖추어져서 필요한 서비스를 지원하여야 한다.

- 청소 및 세탁 대행 서비스
- 식사서비스
- 방문자 안내 및 우편물 대행서비스

▌표 7-10▌ 사업방식에 따른 종류

구분	내용
분양 방식	• 일반 아파트 분양과 같이 실버타운의 전용 주거부분에 한하여 분양을 통하여 소유권이 인정됨. • 노인계층에 한하여 매매 가능함. • 공용부분의 소유권은 인정되지 않으므로 각종 서비스에 대해서는 별도의 계약을 맺어 서비스료를 지불하여야 함. • 건설자와 운영자가 동일하지 않을 경우 건설자로서는 투자비의 회수가 확실한 방식이지만, 성실한 운영자를 선정해야 하는 부담이 있음. • 입주자 모두가 소유권자이므로 자신의 권리를 지나치게 주장하다 보면 입주자간의 공동체 형성이 쉽지 않을 수 있음. • 장래 건물의 개·보수나 증축이 발생할 경우 비용부담이나 책임소재에 관한 문제 발생의 소지가 있다.
종신이용권 방식	• 입주자는 죽을 때까지 실버타운의 시설을 이용할 수 있는 권리를 갖는 방식. • 소유권은 인정되지 않으며, 대개 월생활비와 관리비는 계약에 따라 지불함, 경우에 따라서는 지불하지 않은 경우도 있다. • 일정 기간 내에 사망하거나 퇴거 시에는 입주기간의 사용료를 제외한 규정에 의하여 입주금 일부 반환 가능함. • 이용권의 이전이나 타인에게 양도가 인정되지 않음. • 중도퇴거에 의한 인플레이션에 대한 대비가 없고 생활비와 관리비의 징수에 마찰이 있을 수 있다.
회원권 방식	• 종신이용권과 유사. 주거부분과 공용부분의 이용권 인정함. • 골프회원권처럼 노인층에 한하여 매매 가능함. • 한국의 부동산 개념에 부합한 측면이 있고 미래에 대한 리스크를 분산할 수 있다. • 장기적 경영관리에도 유리, 입주자와의 계약에 의한 생활비와 관리비 징수가 용이함. • 운영사의 사회적 신용도가 중요하다.
임대 방식	• 입주보증금으로 일정금액을 지불하면 주거 이용이 가능함. • 시설이 제공하는 서비스에 대하여 별도의 계약을 맺어 서비스제공과 주거비를 매달 시불하여야 함. • 시설운영자와 건설자가 일치하지 않은 경우도 많으며, 이런 경우 건설자는 투자비 회수가 쉽지 않다. • 입주자측에서는 운영자의 성실한 운영에 의심을 제기할 수 있으며, 매년 임대료와 생활비, 관리비의 상승으로 입주자를 안정적으로 확보하기 어렵다.
헌납방식	• 사후에 입주보증금을 헌납하는 조건으로 생활비가 무료인 임대방식도 있음. • 생존기간이 얼마나 될지 모르므로 입주자의 가족이나 운영자측에서 양쪽 다 문제발생의 소지가 있다.

– 24시간 보안 및 응급안전 시스템 서비스

– 게스트 하우스 제공

• 의료 및 건강관리 기능; 고령화에 따른 필수적인 사실은 건강이 쇠약해지고 다양한 질병이 발생한다는 것이다. 의료보건기능은 가장 중요한 기능 중 하나이다. 실버타운 내에 의료실을 갖추고 입주자 개개인의 맞춤 의료서비스 및 비상시에는 가까운 의료시설을 이용할 수 있는 체계가 되어 있어야 한다.

• 여가활동 기능; 입주자간의 커뮤니케이션을 증진시키고 건강 증진에도 도움을 줄 수 있는 다양한 여가활동 프로그램이 상시 운영되어야 하고 입주자들의 기꺼운 참여를 유도하여야 한다.

– 건강증진 프로그램; 요가, 체조, 한국무용 등 각종 스포츠 활동

– 교양프로그램; 외국어 회화, 문학 강좌 등

– 취미 및 정서함양 프로그램; 합창, 가요교실, 공예교실 등

– 정보화 프로그램; 컴퓨터교실, 사진교실, 인터넷교실 등

– 각종 동호회 활동 지원 및 특별 이벤트

– 상담서비스; 개인, 법률 상담

• 시설지원 기능; 실버타운의 시설과 기능 체계는 주거기능과 같은 단순기능에서부터 입주자간의 공동 사용을 증진하거나 외부의 기관과 협력해야 하는 등의 복합기능을 가지고 있다. 거기에 단순한 구호복지차원과 시장경제차원에서의 다양하고 선택적인 고급시설과 서비스도 있다. 시설지원기능에는 물리적 시설의 관리, 체계적인 프로그램의 운영을 이끌어 가는 훈련된 인적 자원의 관리기능 등이 포함된다.

◦ 실버타운의 주요 시설

실버타운이 구비하여야 할 시설은 입지와 규모에 따라 다르지만, 일반적으로 고령자의 거주공간인 거실부분을 나타내는 전용부와 각종 생활서비스를 제공하는

공용부, 시설 및 관리를 담당하는 관리서비스부로 구성된다.

전용부는 고령자의 거주공간에 해당되는 거실부분으로 침실과 거실, 주방, 욕실 등으로 구성된다. 공용부는 생활서비스측면, 여가활동측면, 의료 및 건강관리 관련측면의 시설 등으로 구성되는데, 그중에서도 가장 큰 면적을 차지하는 것이 통로공간이다. 통로공간은 공용부 면적의 약 반 정도를 차지한다. 시설 및 관리를 담당하는 관리서비스부는 사무관리를 위한 시설, 서비스 지원을 위한 시설, 시설관리를 위한 시설 등으로 구성된다.

그림 7-17 실버타운의 기능

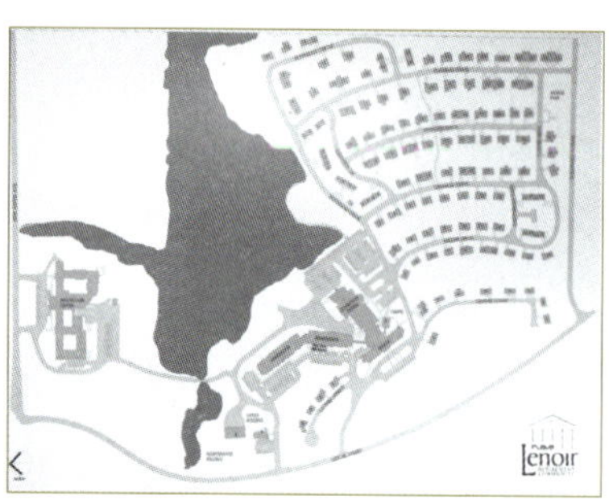

그림 7-19 미국 미조리주 컬럼비아시에 위치한 Lenoir 은퇴촌 배치도

그림 7-20 건강한 고령자를 위한 2호 연립주택

▌그림 7-21▐ 공용 도서실

▌그림 7-22▐ 공동 레스토랑

▌표 7-11▐ 실버타운의 주요기능과 필요시설

구분		기능	필요 시설
전용부	전용주거시설	• 고령자의 특성이 배려된 주거기능	• 침실 및 거실 • 식당, 주방, 화장실
공용부	생활서비스 시설	• 기본서비스 기능(식사, 입욕, 긴급조치)	• 식당, 욕실(일반욕실, 기계욕실), 매점, 이·미용실. 우편함, 트렁크실, 게스트룸,
	여가활동시설	• 거주자간의 사교 및 교류의 기능 • 취미·교양·레크레이션 활동 기회 부여	• 집회실, 오락실, 도서실, 서클실 • 상담실 • 옥외공간(공원, 온실)
	의료 및 건강관리 관련 시설	• 건강상담과 건강유지 및 증진활동 수행 • 건강상태별 지도훈련 • 건강증진종목의 개발과 신체기능의 부여	• 건강관리실(의무실) • 정양실, 시중실, 재활실 • 질병예방용 수영장, 스포츠시설 • 다목적훈련실
시설 지원부	사무관리시설	• 시설종사자의 관리활동과 휴식제공	• 사무실, 응접실, 회의실 • 직원휴게실
	서비스지원실	• 생활서비스 지원	• 주방관련제실, 세탁실, 쓰레기집적실, 영안실
	시설관리시설	• 시설의 유지 관리를 지원	• 방재센터, 중앙감시실, • 보일러실, 설비기계실, 전기실, 자가발전실

* 자료: 無漏田芳著, 박숙譯, 건축계획설계시리즈 12, 고령자시설,도서출판, 국제, 1996. .p.31의 내용을 재구성함.

제8장

코프주택과 코하우징 이야기

인간 소외현상을 극복하고자 서구사회에서는 혈연관계는 없지만 다양한 가족이 모여 공유공간을 확대하여 협동적인 생활을 유지하는 성공적인 사례가 많다. 그 가운데 환경친화 혹은 생태환경을 공유하는 경우도 있다. 주택과 지역을 매개로 공동체를 만들어나가는 것인데, 그 수단이 되는 것이 다양한 가족이 스스로 자신들의 주택 건설에 참가한다는 것이다. 거주자의 자발적 참가를 통하여 지역공동체 즉 코뮤니티를 일구어내고 있다.

제8장

코프주택과 코하우징 이야기

주택을 매개로 한 코뮤니티는 가능한가?

도시화와 산업화되면서 가장 두드러진 현상 중의 하나가 확대가족화의 분화로 핵가족 혹은 독신가족이 많아지는 것이고 동시에 자연환경으로부터의 벗어나게 되는 것이다. 최근에 가족인수가 극히 감소하고 있어서 자녀양육이나 고령자를 돌봐야 하는 등의 문제에서 인간적인 접촉이 중시된 생활이 그리워지기까지 한다.

이러한 인간 소외현상을 극복하고자 서구사회에서는 혈연관계는 없지만 다양한 가족이 모여 공유공간을 확대하여 협동적인 생활을 유지하는 성공적인 사례가 많다. 그 가운데 환경친화 혹은 생태환경을 공유하는 경우도 있다. 주택과 지역을 매개로 공동체를 만들어나가는 것인데, 그 수단이 되는 것이 다양한 가족이 스스로 자신들의 주택 건설에 참가한다는 것이다. 거주자의 자발적 참가를 통하여 지역공동체 즉 코뮤니티를 일구어내고 있다.

코프주택과 코하우징이 그 대표적인 집이야기로, '거주자참가형 주거'라고도 말한다.

• 등장 배경을 말하다

도시화와 산업화에 밀려 핵가족과 독신 가족은 증가하고 있으나 부모나 친척은 원거리에 거주하고 있어서 가족이나 친척의 도움이 필요한 경우에도 도움을 받지 못하는 경우가 많다. 맞벌이 가정의 어린 자녀 양육이나 형제자매가 없는 외동아이의 양육, 노인 독신 가정의 경우는 다른 어느 때보다도 친척이나 이웃의 도움이 절실하여 현재의 주거를 중심으로 한 상부상조가 가능한 생활이 매우 요구되고 있다.

네덜란드, 덴마크 등을 중심으로 등장한 코하우징은 기존의 공동주택에서 설치하고 있는 관리사무소, 옥외놀이터, 주차장 이외에도 주민간의 이용 빈도와 접촉 빈도를 높일 수 있는 공용의 실내 놀이방, 취미실, 작업실, 세탁실, 공용의 식당과 부엌 등을 갖추어서 공동생활을 활성화시키고자 하는 데에서 시작하였다.

그러나 기존의 주거단지에서 이러한 공동생활의 폭을 확대시키는 것은 쉽지 않았을 것이다. 주민들간에 서로 생각이 맞지 않은 경우 많은 갈등이 유발되기 때문이다.

이와 같은 코프주택과 코하우징은 지금까지의 주택공급으로는 만족할 수 없었던 거주자들이 자신들의 생각에 동조하는 사람들이 모여서 스스로 주택을 건설하여 자신들의 생활을 관리하므로써 풀뿌리 운동과 같은 성격이 강하다. 주택이란 앞으로 팔 경우에 대비하는 재산으로서의 인식이 팽배되어 있는 현실을 뛰어 넘어

▌그림 8-1▌ 코하우징의 코먼하우스 내의 모습 (캐나다의 Windsong Cohousong)

가족과 이웃의 생활을 담는 진정한 그릇으로서의 주택에 대한 인식과 주택 및 외부의 공유공간을 포함한 주거환경을 중시하는 것으로 주택공급의 새로운 방향을 제시한 것이라고 할 수 있다. 특히 거주자의 자발적 참가에 의한 공동체 사회의 실현이라는 매우 긍정적인 효과를 가지고 있다.

코프주택과 코하우징은 어떻게 다른가?

코프주택과 코하우징은 기본 전제는 이웃을 알지 못하며 공동체 의식이 없이 분화된 현대사회의 소외 현상을 극복하기 위하여 시도되는 '다수의 거주자가 자신들의 주택을 스스로 건설하기 위하여 대지의 구입부터 건설의 전 과정에 관여하고 입주 후에는 공동체 사회를 구성하고 있는 경우의 주택'으로 개념 정의를 내릴 수 있다.

이와 같은 개념에 의하면 코프주택Coop Housing, 즉 코퍼레이티브 하우징Cooperative Housing과 코하우징Cohousing이 포함된다. 코하우징은 콜렉티브 하우징Collective Housing 혹은 콜레보레이티브 하우징Collaborative Housing이라고도 불리운다(D.Fromm, 1991). 코하우징이라는 용어는 덴마크에서 시작하여 유럽에서 많이 사용되고 있는데 가장 광범위하게 사용되는 경향이 있으며 국내에서도 주로 이 명칭으로 소개되고 있다.

• 코프주택이란?

코프주택은 코퍼레이티브 하우징을 줄여서 말하는 것이다. 생활협동조합의 원칙이 그대로 적용되는 자조, 협동, 민주적 운영의 정신아래 보다 나은 주택과 환경, 코뮤니티를 자신들의 손으로 가꾸어 나가고자 하는 주택건설운동이다. 즉 무주택가족들이 모여서 조합을 만들어 스스로 주택을 건설하여 입주하는 것이다.

주택공급의 주체로서는 공익주택법인, 비영리주택회사, 주택협동조합 등이 있으며 주택의 소유관계는 다양하다. 코프주택에는 크게 조합이 소유권을 가지는 유형과 개개인이 구분소유권을 가지는 유형이 있다. 대개 유럽에서는 코프주택이라고 하면 전자의 경우가 많고 일본과 우리나라에서는 후자의 경우가 많다. 전자는 다시 거주자의 사용권만을 인정하는 사용권형과 거주자의 재산권을 인정하는 거주권형이 있다. 거주권형의 경우는 조합의 승인 아래 퇴거 시에 거주권을 시장가격으로 매매할 수 있다. 그 외에 임대주택 거주자들이 조합을 만들어 자주적 관리를 지향하는 유형도 있다.

생활협동조합 운동의 발상지는 영국으로서 약 200여 년 정도의 역사를 갖고 있으나, 코프주택이 발달하기 시작한 것은 제1차 세계대전 후 유럽의 여러 나라들이 인플레이션이나 주택난에 직면하면서부터였다. 특히 독일과 북부유럽의 여러 나라에서 크게 발달하였으며, 영국에서는 오히려 1970년대를 전후로 하여 정책적으로 인정되기 시작하였다.

코프주택과 코하우징과 크게 다른 점은 공유공간 중에 협동생활의 축이 되는 공동식당과 공동부엌이 포함되어 있는 코먼하우스가 있는가 하는 점이다. 코하우징에는 코먼하우스가 있다. 그러므로 거주자의 자발적 참여와 입주 후에도 공동체를 유지해 나가지만 코프주택은 코하우징보다 거주자 참가형 주택의 낮은 단계로 볼 수 있다.

◦ 코프주택의 발달을 권역별로 나누어 볼 수 있다

세계 여러 나라의 코프주택을 크게 4그룹으로 나눌 수 있는데, 제1그룹은 역사도 길고 주택 건설량도 많은 독일이다. 민간의 비영리단체를 중심으로 주택을 공급해 온 전통과 이를 조성해 온 정부의 정책으로 인하여 크게 발전을 보았다. 제2그룹은 제1차 세계대전 후의 주택난 시대에 코프주택을 시작한 나라들로서 스웨덴, 덴마크, 노르웨이 등의 북부유럽이 속한다. 제3그룹은 제2차 세계대전 후에 코프주택을 도입한 나라들로 미국, 프랑스, 핀란드 등이다. 프랑스와 미국은 주로 저소득층의 주택부족을 보충하기 위한 수단으로서 활용되었다. 제4 그룹은 최근의 1970년대를 전후로 하여 코프주택을 도입한 나라들로 캐나다, 영국, 일본 등이다.

특히 제4그룹은 이전의 그룹들과는 다른 특징을 지니고 있는데, 우선 주택의 부족을 보충하기 위한 것이 아니라는 점이다. 이들 나라에서는 주택의 양은 충족되어 있는 상태였으므로 코프주택의 건설 호수도 양적으로 그다지 많지 않았다. 그러나 공공주택이 이미 한계에 도달했고 지역공동체의 약화, 주택의 공동유지 및 관리의 필요성, 주택의 질적 향상이 요구되고 있는 배경에서 등장하였다. 영국과 캐나다에서는 제도화되어 활발하게 전개되고 있는 반면에 일본에서는 주로 주택 수요자를 중심으로 한 자주적 주택 건설 운동으로 전개되고 있다. 이 그룹의 특징은 참가자의 주체성을 중요시한다는 것이다. 즉 주택의 계획, 운영, 관리까지 가능한 모든 것을 거주자의 손으로 하는 진정한 주거공동체 사회를 지향하고 있다는 점이다.

• 코하우징이란?

코하우징은 코프주택보다 늦게 등장한 것인데, 코프주택만으로 공동생활이 충분치 못하였기 때문일 것이다. 여전히 오늘의 주택은 가족을 이웃과 소외되게 하고 고립되게 만들고 있었나보다. 그리하여 넓은 공동체 안에서 생활하면서도 필요하면 자신의 집에서 생활하기도 하고 함께 생활하기도 하는 것을 꿈꾸게 되었다. 이러한 자신의 집을 설계하는 데에 관심이 있는 사람들이 모여 직접 공동의 주거를 건설하기로 결정하였다.

따라서 코하우징은 기존의 주택 내에서 선택을 강요당하는 것에 불만족하는 사람들이 직접 계획·건설하는 풀뿌리운동으로, 비혈연가구가 기존의 주택을 공유하여 생활을 영위하는 형태의 코프주택에서 영향을 받았다. 그러나 코하우징은 각자의 개별주거를 가지고 공동체 생활에 참여하고 싶을 때에는 언제든지 참여할 수 있다는 데에서 뚜렷이 구별된다. 특정 연령이나 계층, 가족형태에 관계하지 않으며 종교적 혹은 이념적 공동체와 같이 의도적이지 않다. 이것은 지금까지와는 다른 주택에 대한 접근이라고 보기보다는 새로운 생활방식에 대한 접근이라고도 볼 수 있다.

◦ 코하우징의 공간구성을 살펴보자

코하우징의 코뮤니티는 거주자들에 의해서 디자인되고 관리되며 의식적으로 이웃을 고려하고 있다. 즉 이웃간의 사회적 상호작용을 수월하게 하고 북돋우기 위하여 건축적으로 디자인되어 있고 거기에서 함께 생활하는데 합의가 형성되어 있다. 전형적인 코하우징 코뮤니티는 보도를 따라 20~30가구의 단독주택 혹은 연립주택이 연이어져 있거나 중정을 가운데에 두고 그 주변에 둘러져있다. 코하우징 코뮤니티의 거주자들은 매주 코먼하우스 내의 식당에서 같이 식사를 하고 있다.

코하우징에는 거실과 식당, 부엌 등이 갖추어진 사적 주거 공간과 함께 넓은 공동 편이시설common house을 갖춘 것이 특징이다. 코먼하우스는 거주자 모두가 들어갈 수 있는 커다란 공동식당, 부엌, 라운지, 미팅룸, 레크레이션 시설, 도서실, 목공실, 유아실 등으로 구성되어있다.

따라서 코하우징은 프라이버시와 코뮤니티가 균형을 취하도록 디자인되어 있으며, 그 중에서도 공동식당은 거주자간의 공동 식사가 이루어지는 가장 중요한 활

▌그림 8-1▐ 코하우징의 공용복도내의 모습
(캐나다의 Windsong Cohousong)

동이 행해지는 공간이라고 할 수 있다. 거주자 참가형 주택 중에서도 협동생활의 수준이 높아 코프주택의 최고 단계라고 말하기도 한다. 코하우징은 1960년대 후반에 덴마크에서 시작되었고 이후 유럽의 여러 나라와 미국, 캐나다, 일본 등으로 전파되었다.

◦ 코하우징의 소유관계는 어떻게 되나?

코하우징의 소유관계는 분양을 통한 자가, 주택조합, 비영리조직에 의한 임대, 자가와 비영리조직에 의한 임대의 복합 등으로 다양하다. 코하우징의 핵심 테마는 거주자의 요구에 따라 다르나, 경우에 따라서 공동체 의식을 고취시키기 위하여 생태학적 관심이나 환경친화적 관심(태양 에너지이용, 바람에너지의 이용, 재활용, 유기적 공동체 정원)을 중시하기도 하고, 어떤 경우에는 거주자의 개인적 관심사에 더 많은 시간을 보내기 위하여 공동체 활동을 줄이기도 한다.

◦ 코하우징의 특징

여러 코하우징에 나타난 공통적 특징을 살펴보면 6가지 정도로 정리할 수 있다. 첫째, 거주자가 주택디자인과 계획에 직접 참가하도록 조직되어 있으며 모든 최종 결정에 책임을 지도록 되어 있다. 둘째, 물리적 디자인은 강한 공동체 의식을

【그림 8-3】 뉴질랜드의 Lebensgarten Cohousing

형성하도록 의도적으로 디자인되어 있다. 셋째, 코먼하우스는 매일의 일상생활에 이용되도록 디자인되고 있으며 개인의 생활영역을 지원하도록 되어 있다. 넷째, 거주자 회의에서 의사결정을 하여 거주자에 의한 완전한 운영관리가 되도록 한다. 다섯째, 의사결정에 있어서 위계적 구조가 없다. 지도자의 역할은 있으나 의사결정에 대한 책임은 공동체 내의 모든 성인이 공유한다. 여섯째, 서로 다른 수입원을 가지고 있으며 공동체는 경제적 책임을 지지 않는다.

따라서 거주자의 자발적 참여와 공동체 사회의 형성이라는 두 가지 필수적 요소를 전제로 하여 보면, 코프주택은 거주자 참가형 주택의 소극적 의미라 할 수 있으며, 코하우징은 적극적 의미의 거주자 참가형 주거라 할 수 있다.

코프주택과 코하우징은 어떠한 절차를 거쳐 추진되는가?

• 먼저 공동체의식이 형성되어야 한다

코프주택과 코하우징을 건축하기 위하여 첫 삽을 뜨기 전에 입주예정자들을 중심으로 공동체 의식이 형성되어 있어야 한다. 이들 주택 의 추진 과정을 살펴보면 공동체 의식이 자연스럽게 형성됨을 알 수 있다.

추진과정은 대체로 공통되는데, 맨 먼저 코뮤니티를 구성할 멤버를 모집하는 것이다. 이들 멤버는 덴마크나 네덜란드 등에서는 친구들, 교회, 정치적 맥락을 통해서 구성하는데 가끔은 신문에 광고를 내기도 해서 최초의 코뮤니티 멤버를 결성하기도 한다. 미국에서는 유럽식 코하우징이나 유럽식 모델의 슬라이드를 봐가면서 코뮤니티 멤버를 구성하는데 미팅장소와 시간을 광고하여 설명하고 토의한 후 흥미를 가진 사람끼리 그룹을 결성한다. 일본에서는 대개 유럽과 미국의 중간적 방식을 채택하는 경우가 많다.

멤버가 구성되면 여러 차례에 걸친 만남을 거듭하면서 구체적으로 어떠한 부지에 어떠한 주택을 건설할 것인가를 의논하게 된다. 이 과정에서 최초의 멤버를 중심으로 거주자를 좀 더 많이 모집하기도 하고 그 가운데에는 여러 가지 이유로 이탈하는 사람이 생기기도 한다. 그러면 그 사람을 대신하여 다른 사람이 새로 들어온다. 이러한 과정은 코뮤니티 멤버를 중심으로 공동체 의식이 자연스럽게 생겨나게 한다.

공동체 의식은 거주자들이 몇 년 동안 위원회 수준을 유지하면서 입주와 더불어 발생되는 갈등을 함께 이야기하고 일하면서 극복해나가는 과정에서 친밀한 이웃관계가 형성되어 자라게 마련이다. 코뮤니티가 개발되는 과정에서 공동소유권에 대한 논의, 관리 및 운영에 대한 논의, 사회성을 북돋우기 위한 건축적 디자인에 대한 논의 등을 통하여 강한 공동체 의식이 만들어지게 된다. 따라서 공동체 의식은 벽이 만들어지기 전에 그리고 등기서류에 도장을 찍기 전인 오래 전부터 형성되어 있어야 한다. 공동체 의식의 형성에는 그 집단에의 소속감, 구성원 간에 가까이 있고 서로에게 유익하여야 하는 빈번한 접촉, 모든 사람이 가지는 그룹에의 영향력, 구성원 서로간의 요구를 충족시키는데 도움이 된다는 것을 이해하는 것, 공동의 히스토리, 공동의 경험공유 등이 필요하다.

- 추진과정의 3단계

여러 나라의 코프주택과 코하우징을 형성하는 기본과정은 대략 다음과 같다.

◦ 1단계: 그룹의 구성원은 자신들의 손으로 완전하게 주택을 개발하기로 결정한다. 그들은 부지를 찾고 비용 문제와 디자인을 해결하여 주택을 건설하여야 한다. 대부분의 그룹은 충분한 비용, 디자인, 건축 전문가를 갖지 못하므로 그들을 도와줄 전문가를 고용한다. 전문가를 고용한다고 하여도 구성원들은 개발에 직접 간여하고 전문가와 끊임없이 작업을 협의한다.

◦ 2단계: 미래의 거주자들은 부지를 구입하고 건축가를 선택하고 주택을 건설하는 개발업자와 계약을 체결한다. 거주자들은 각자의 주호에 대하여 나름대로

설계를 할 수도 있으며, 디자인을 달리 할 수도 있다. 이와 같은 사전 개발비용은 덴마크, 스웨덴, 네덜란드, 일본 등에서는 정부나 공공기관이 보조해 주지만 미국에서는 주택개발업자가 대납한다. 미국과 같이 주택개발업자가 대납하는 경우는 구성원들의 의사결정능력이 약간 저하하지만 주택의 건설과정을 수월하게 진행할 수 있다. 또한 코뮤니티를 개발하기 위하여 비영리주택단체와 협상할 수도 있는데, 비영리단체는 건물의 재산권을 소유하고 거주자에게 주호를 임대하거나 빌려준다. 이 경우 질적으로 보다 나은 주택건설은 가능하다.

◦ 3단계: 주택이 완공되면 입주하게 된다. 입주 후에는 자치관리를 위한 규약만들기, 각종 위원회 활동 등 자주적 생활이 가능하도록 모든 것을 거주자회의에서 결정한다.

코프주택과 코하우징은 어떤 점에서 높이 평가되는가?

코프주택과 코하우징은 대체로 주택사정이나 거주환경에 문제가 있는 경우에 그러한 위기감을 배경으로 하여 거주자들이 스스로 자신들의 주거를 공동으로 건축하고자 한 것이 출발점이었다. 그러나 오늘날은 주택의 양적 문제보다 질적 문제에 원인이 있기도 한데, 많은 선진국에서의 활동이 그러하다.

이러한 주거상황 아래서 코프주택과 코하우징이 다른 종류의 주택보다 높이 평가되는 점은 다음과 같다.

• 일반주택에 비하여 건축비용의 합리성 측면

건축비용이 모두 공개되기 때문에 거주자들이 상호 납득할 수 있는 비용이 든다. 즉 실비만이 들기 때문에 비교적 납득할 수 있는 가격이 되고 민간건설업자와 비교하면 많게는 30%정도 적게는 20%정도로 싸게 들 수 도 있다. 반면에 개별주호를 각각 달리하는 경우에는 설계료, 코디네이터에 대한 비용이 많이 들며 또한 각 주호를 개별 설계하여 개별시공하게 되는 것과 다름이 없으므로 손이 많이 가서 건설비가 증가하는 경향도 있다.

- 자기실현성의 측면

기획부터 시작하여 전반적 계획에 전원이 참가하게 되므로 자신의 희망대로 설계할 수 있고 그대로 실현이 된다. 즉 전체의 배치계획에서 외부의 식재, 공용공간의 계획까지도 전원이 참가하고 개별주호는 희망대로 되므로 자유로운 주호 평면이 가능하여 자기실현이 가능하다.

- 코뮤니티의 실현성 측면

계획하여 건설·입주까지 상당한 기간이 걸리며 그 사이의 수많은 미팅의 결과, 거주자 전원이 잘 아는 사이가 되어 입주 전에 저절로 코뮤니티가 형성되어 있다. 공동사회성이 길러져 있어 보다 다양한 지역사회의 생활이 가능해진다. 따라서 입주 후에도 자주관리, 혹은 자치관리가 잘 이행될 수 있다.

- 스스로 집을 완성하였다는 자기실현성 측면

전원이 자신들의 집을 완성하는 기쁨을 만끽할 수 있다는 점이다. 거주자들의 전원의 의견이 일치되지 않으면 만들 수 없는 공용공간의 계획 등에 서로의 의견을 조절하고 일치시켜 필요한 공간을 완성시켜나가는 기쁨을 알게 된다.

한국에서는 어느 수준까지 왔는가?

- 한국에도 코프주택과 비슷한 조합주택이 있다

한국에서도 유럽의 코프주택에 해당되는 구분소유형의 주택조합이 있다. 주택건설촉진법(2002년 개정)에 의하면 주택조합이란 '다수의 구성원이 주택을 마련하거나 리모델링하기 위하여 결성하는 조합'으로서 지역주택조합, 직장주택조합, 임대주택조합, 리모델링주택조합 등이 있는데 각 20세대 이상으로 구성하도록 되어 있다.

1977년에 주택건설촉진법을 개정하여 직장주택조합을 설립하도록 법적 근거를 마련하였으나 크게 활성화되지 못하였다. 몇 번에 걸친 주택건설촉진법의 개정을 통하여 1988년에는 주택조합의 주택건설 사업 추진에 관한 구체적 내용을 규정하여 제도적 장치를 완성하였다. 1987년 이전까지는 지역이나 직장주택조합의 설립인가 신청이 적었으나 1988년부터 주택가격이 급등하면서 조합설립인가 신청이 증가하였다. 즉 1988년까지 총 641건이었으나 1989년에는 678건, 1990년에는 196건, 1991년에는 105건 등으로 그 후 매년 140건 내외의 신청이 있었다(최승범, 1997).

1988년에만 주택조합의 건설이 급격히 증가하게 된 배경에는 몇 가지가 있다. 당시의 부동산 가격이 앙등한 것에 첫째 원인이 있다. 둘째로 조합원은 채권입찰을 피할 수 있었고, 셋째로 건설업체는 가격통제를 받지 않고 토지매입자금부터 선수금까지 받을 수 있었으므로 건설업자의 부추김도 한 몫을 한 것이라고 볼 수 있다. 또한 1989년 8월 1일부터는 주택조합 설립인가를 강화하려고 하였으므로 그 이전에 신청하고자 단기간에 쇄도하였다. 이후 대지구입이 쉽지 않고 주택구입가격이 기존의 건설업자에 의해 건설된 주택가격과 크게 다르지 않자 감소 추세로 돌아섰던 것이다.

◦ 어떻게 다른가?

한국의 주택사정에서 주택소유에 대한 집착이 강하므로 거의 모든 주택조합은 유럽이나 미국, 일본의 코프주택과는 달리 현재 주택을 소유하지 않은 세대들이 단순히 주택을 건설하기 위한 것이나 재건축을 하기 위한 것으로 더 이상의 목적은 없었다. 또한 모든 건설과정과 자금조달이 기업에 의존하게 되어 있어 외국의 사례에서 보는 바와 같이 직접 건설에 참여하여 공동체 사회를 만들어나간다는 것은 거의 불가능한 것이었다. 이러한 의미에서 본다면 한국의 주택조합은 거주자 참가형 주거라고 보기는 어렵다.

거주자 참가형 주거의 의미에 가까운 주택에는 대개 동호인 주택이나 생태마을 등과 같은 형태로 개발된 곳에서 나타나고 있다. 구성원이 20세대 이상이 되면 건축허가와는 별도로 사업승인을 받아야 하는 등 비교적 까다로운 절차가 발생하므로 대개 20세대 미만의 구성원으로 사업을 추진하고 있다. 이러한 점은 외국의 거주자 참가형 주거와는 다른 한계를 가지고 출발하고 있는 셈이다. 이들 주택의 구체적인 숫자는 파악되지 않고 있으며 몇몇 사례들이 보고되고 있는 정도이다.

◦ 한국의 조합주택의 건설과정을 살펴본다

대개 주택건설을 위한 과정에서 중요한 것이 거주자의 모집인데, 여기에는 몇 가지 유형이 있다. 첫째는 처음부터 구성원간에 잘 아는 사이로 주택을 건설하고자 하는 경우, 둘째는 구성원의 반 정도는 일반에 분양하는 경우, 셋째는 건설업자가 무작위로 거주자를 모집하여 추진하는 경우 등이다.

첫 번째 유형인 거주자들간에 처음부터 잘 아는 사이인 경우에는 입주 후에 자연스러운 코뮤니티가 형성되기 마련이어서 유럽의 코프주택과 유사한 거주자 참

▌그림 8-4▌ 동호인주택의 예(충북 충주시 소재, 2858평에 10가구를 위한 주택 건설, 파크골프장, 테니스장, 연못 조성)
(자료 : www.gagahousing.com)

가형 주택으로 보아진다. 그러나 공동시설에서 보면 테니스장이나 텃밭 등을 공유하는 정도여서 적극적 의미에서의 거주자 참가형 주택으로서는 부족한 측면이 있다고 본다. 이에 비하여 두 번째나 세 번째 유형은 처음의 시작은 미국의 코프주택과 유사하지만 입주 후에 코뮤니티를 형성하기 위한 프로그램이 없어서 일반 분양 아파트와 크게 다르지 않다. 이들 동호인 주택의 장점으로는 주택가격이 싸다는 점과 건축 기간이 6개월 정도로 짧다는 점을 들고 있다.

• 앞으로 어떻게 하면 좋을까?

이미 살펴보았듯이 우리나라에서도 1970년대 후반부터 외국의 코프주택과 같은 조합주택이 존재하였으나 그것은 무주택자가 주택을 분양받기 위한 수단으로서만의 의미를 가지고 있었다. 공동체로서의 코뮤니티로 발전하지 못한 점이 아쉽다고 하겠다. 이에 비하여 동호인 주택으로 출발한 일부 사례는 공동체로서의 코뮤니티로 발전할 수는 있었으나 20세대 미만이라는 한계를 가지고 있는 점, 충분한 공유공간을 배려하지 못한 점 등이 미진한 부분이다.

최근 소득수준이 향상되고 아파트 가격의 지나친 상승과 다양한 라이프스타일의 추구 등 가치관과 사회환경이 변화하면서 주택에 관한 다양한 욕구가 생겨나고 있다. 게다가 자녀수의 감소에 따라 바람직한 자녀 양육을 위한 환경이 요구되고 고령화율이 증가하는 등 유럽 제국이나 미국, 일본 등과 유사한 사회상황을 겪고 있어서 코프주택과 코하우징에 대한 요구는 지속적으로 발생하리라고 예상된다.

앞으로 어떻게 하면 코프주택이나 코하우징이 우리 주변에서 생겨날 수 있을까 살펴본다.

• 코프주택이나 코하우징은 거주자의 적극적 참여를 전제로 하고 이를 위한 거주자가 상호작용할 수 있는 공유공간과 물리적 디자인이 고려되어져야 한다. 지금까지 많은 주택의 디자인 개발에서 거주자가 상호작용할 수 있는 코뮤니티보다는 각 가정의 프라이버시를 중시하여 왔다. 그러므로 충분한 옥외공간의 설치,

공유공간의 확보 등에는 인색할 수 밖에 없었다. 특히 한국의 아파트에서는 각 주호의 실내 공간을 중요시하여 옥외공간에는 관심이 적었었다. 자신의 주거공간을 최대한 확보하기보다는 공유공간을 위하여 자신의 공간을 쪼개어 내줄 수 있는 의식이 필요하다. 또한 코뮤니티를 지속하기 위한 활동과 이를 위한 다양한 공유공간을 옥외공간만이 아니라 실내공간으로서도 충실하게 확보될 필요가 있다.

• 거주자간에 상호작용할 수 있도록 하는 공유공간을 디자인하였다고 하여 거주자간의 공동체 의식이 강해지느냐 하는 것에는 의문의 여지가 많다. 공유공간의 물리적 디자인도 중요하지만 거주자간의 협동생활을 유지해 나갈 수 있는 프로그램의 개발이 더욱 중요할 것이다. 거주자 참가형 주택의 개발에 있어서 무엇보다도 중요한 점은 거주자간의 적극적 참여와 이를 통한 공동체의식의 형성이다. 이것은 모든 활동의 근원으로서 작용할 수 있기 때문이다.

• 코프주택이나 코하우징은 국내외의 사례를 통해서 볼 때 대단위 개발보다는 소단위 개발이 훨씬 유리하며 효과적이라는 것을 알 수 있다. 대단위 개발을 통하여 구성원의 수가 지나치게 많아지면 의사결정에 있어서 합의에 이르기 어려워 개발이 지연되기 쉽고 입주 후에도 이러한 요인으로 인해서 공동체 의식에 금이 가게 할 수도 있기 때문이다. 소단위 개발의 경우라 하더라도 건축허가만이 아니라 사업승인 등의 까다로운 절차를 피하기 위하여 20세대 미만을 유지하는 것도 다양성에 있어서 문제가 있다. 주택건축 절차가 까다롭고 시간이 걸린다고 하여도 이 과정에서 구성원간의 공동체 의식이 형성되기 마련이므로 적극적으로 받아들이는 것이 필요하다. 지금까지의 주택 마련을 위한 목적의 조합주택에서 탈피하여 가족생활의 근거지로서 코뮤니티를 마련하기 위한다는 사고의 전환이 필요하다.

• 코프주택이나 코하우징의 개발을 위한 제도적 지원이 뒷받침되어야 할 것이다. 거주자 참가형 주거가 구성되어 사업을 시행하게 될 경우 스웨덴, 네덜란드,

일본에서는 지방자치단체나 정부에서 제도적으로 후원하고 있다. 예를 들면 일본에서는 실시되고 있는 그룹분양이 그러한데, 그룹분양은 주택공급의 다양화를 위한 수법 중의 하나로서 오사까후大阪府에서 1977년에 도입된 것으로, 코프주택을 건설하고자 하는 그룹에게 택지를 공급하는 것이다. 단독주택의 건설부지보다는 크고 대규모의 아파트 단지 건설부지보다는 작은 중간적 규모의 건설용지를 활용할 수도 있는 것도 또 하나의 장점이 된다.

• 대부분의 거주자들은 자신들의 주택을 직접 건설하고 이웃과의 친밀한 공동체 사회를 형성하고 싶다는 의식을 가지고 있어도 이것을 현실화하는 데에는 전문적인 식견이 부족하여 어렵다. 코프주택이나 코하우징에 관심을 보인 여성들은

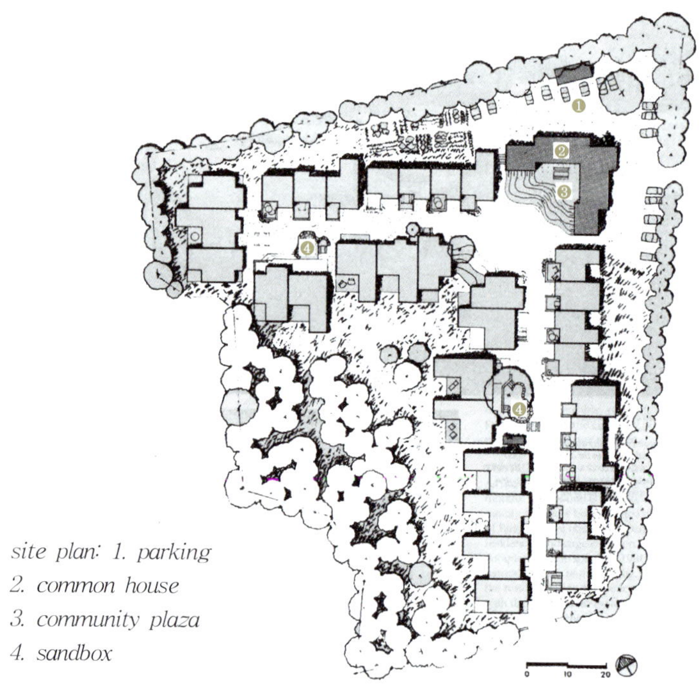

▌그림 8-5▌ 단지의 배치도: 1주차장, 2코먼하우스, 3코뮤니티광장, 4모래밭
(자료: K.McCamant & C. Durrett, Cohousing,1998)

주로 6~12세의 자녀를 양육하고 있으며 가정과 일을 양립하고 있고 중고층 아파트의 거주자가 많은 것으로 나타났다. 또한 근린지역 내에서의 활동이나 교류를 가지고 싶으나 제대로 되지 못하는 것에 불만을 가지고 있는 것으로 나타났다. 여성의 경제활동참가율이 해마다 높아지고 있으며, 앞으로 여성의 사회활동 참여가 더욱 늘어나리라고 본다. 이와 같이 주거생활에 대한 욕구가 변화하고 있으나 기존의 주택 공급 시스템으로는 충족시켜 줄 수 없으니, 이를 실현하고 구체화해 줄 수 있는 매개 역할을 하는 전문가가 필요하다.

▌그림 8-6▐ 주동간의 보행자 거리
(자료: K.McCamant & C. Durrett. Cohousing. 1998)

▌그림 8-7▐ 코먼하우스에서의 저녁식사 모습
(자료: K.McCamant & C. Durrett. Cohousing.1998)

▌그림 8-8▐ 일본 쿠마모토시에 있는 M포트의 전경
(자료: 延藤安弘.これからの集合住宅づくり.1995)

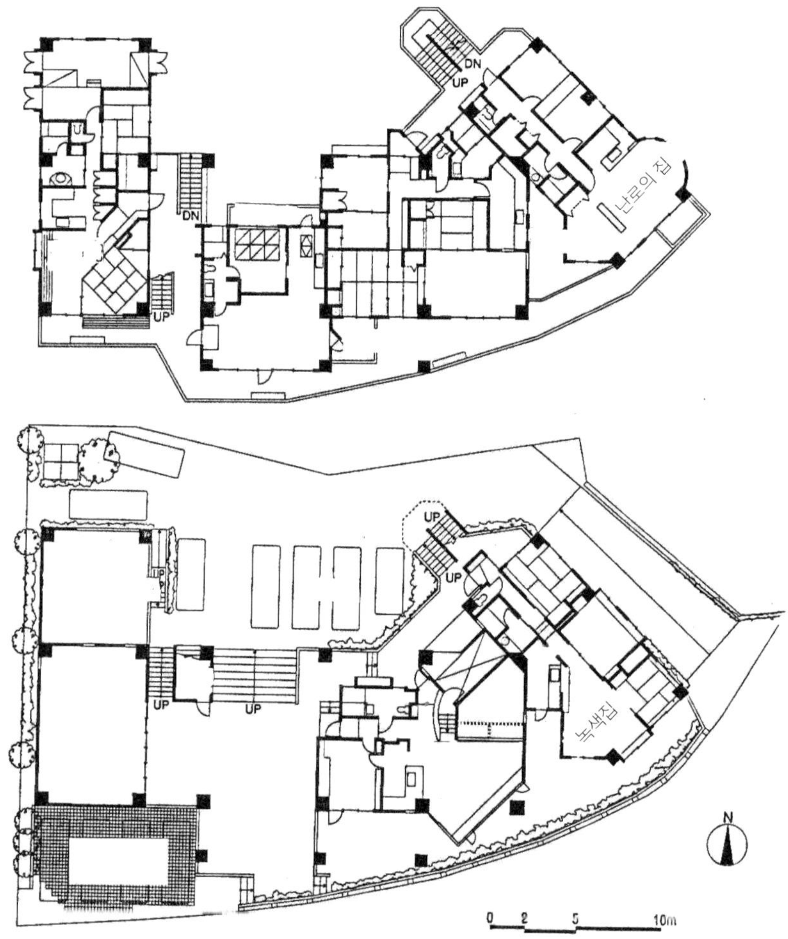

▌그림 8–9▐ M포트 단지의 1층과 2층의 평면도 (일본, 쿠마모토시 소재))

▌그림 8-10▐ M포트의 개별주호의 개성적인 현관 (자료: 延藤安弘, 전게서)

제9장

전원에 살아볼까, 전원주택 이야기

많은 사람들은 전원에 대한 이상향을 가지고 있다. 노후를 어디에서 보내고 싶은가 혹은 경제적으로 여유가 생긴다면 어디에서 살고 싶은가 할 때 많은 사람들은 '전원주택에서 살고 싶다'는 꿈을 이야기 한다. 잔디가 파랗게 깔려 있는 마당, 나무와 새, 강아지가 있는 풍경은 보는 이로 하여금 마음을 싱그럽게 하고 깨끗하게 만든다. 또한 '아. 여기에서 살고 싶다'고 말하게 한다. 그렇다. 전원주택에서는 도시에서는 경험할 수 없는 풀냄새, 흙냄새를 맡을 수 있고 청정한 물과 공기가 있다. 어떻게 하면 여기에서 살 수 있을까?

제9장

전원에 살아볼까, 전원주택 이야기

사람들은 전원주택을 꿈꾼다

많은 사람들은 전원에 대한 이상향을 가지고 있다. 노후를 어디에서 보내고 싶은가 혹은 경제적으로 여유가 생긴다면 어디에서 살고 싶은가 할 때 많은 사람들은 '전원주택에서 살고 싶다'는 꿈을 이야기 한다. 잔디가 파랗게 깔려 있는 마당, 나무와 새, 강아지가 있는 풍경은 보는 이로 하여금 마음을 싱그럽게 하고 깨끗하게 만든다. 또한 '아. 여기에서 살고 싶다'고 말하게 한다. 그렇다. 전원주택에서는 도시에서는 경험할 수 없는 풀냄새, 흙냄새를 맡을 수 있고 청정한 물과 공기가 있다. 어떻게 하면 여기에서 살 수 있을까? 최근에는 도시의 교외지역에 건설회사에서 단독주택이나 타운하우스 형태를 가진 단지 형태로 전원주택을 개발하는 경우도 빈번하게 있다. 그런가 하면 일일이 발품을 팔아 산좋고 물좋은 곳을 찾아 땅을 사고 마음에 드는 집을 짓는 경우도 많다.

• 전원주택이란?

전원주택은 학문적 용어는 아니며 실생활에서 시골에 위치한 주택이지만 농가도 아니며 거주자가 농사를 짓는 것도 아니며 도시거주자가 쾌적한 주거환경을 위하여 농촌에 이주한 경우를 말한다. 최근에는 주5일 근무의 정착, 웰빙에 대한 관심 고조 등과 함께 그 어느 때 보다도 전원주택에 대한 관심이 높아 주말주택, 별장주택 등의 용어와 혼용되어 사용하는 경우도 많다.

전원주택이란 용어가 사용되기 시작한 것은 1898년 Ebenezer Howard가 그의 저서 '전원도시Garden Cities of Tomorrow'에서 도시의 편리성과 전원의 자연을 조화시킨 이상도시를 주장하면서이다. 도시의 중앙에는 도시기능을 위치시키고 외곽지역에 주택을 배치시키는 계획이었다. 1902년 하워드는 Raymond Unwin과 함께 Letchworth와 Welwyn의 두 전원도시 개발하였다. 20세기에 들어서면서 전원도시 운동은 미국으로 건너가게 된다. 이와 같이 전원주택은 도시의 혼탁한 환경을 피하여 전원의 쾌적함을 배경으로 하면서도 도시가 가진 편리함을 포기하지 않은 측면을 가지고 있어서 영국과 미국의 경우 전원주택 개발단지로부터 도로와 교통이 잘 연계되어 있다.

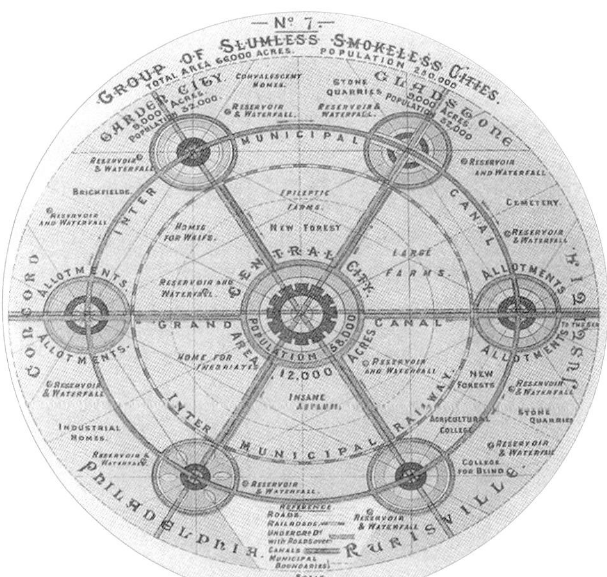

▌그림 9-1▐ 하워드의 전원도시 개념도
(자료: en.wikipedia.org/wiki/Ebenezer_Howard)

전원주택에 관하여 몇 가지 특성을 정리해 볼 수 있다.

- 전원주택은 도심과는 일정거리 이상 떨어져 있는 지리적 특성을 가지고 있다. 산지나 농지 혹은 잡종지 등에 위치하고 있으며 과거와는 달리 자동차가 보급되어 도심과의 근접성 문제는 그다지 큰 문제로 부각되지 않는다.

- 전원주택의 거주자는 무엇보다도 주변의 아름다운 자연환경을 원한다. 그러므로 전원주택은 호수, 산, 개울 등의 자연환경 특성을 중요시 한다.

- 전원주택은 도시주택과는 달리 주변의 넓은 여유 공간, 텃밭 등을 가지고 있으며, 주로 단독주택의 형식을 가진 건축적 특성을 가진다.

- 전원주택의 거주자는 도시로 이주한 자들이며, 주말주택이나 별장주택과는 달리 상시 거주하는 사람들이다. 그러므로 그 지역에서 오랫동안 살아온 마을 사람들과는 어떻게 좋은 관계를 유지하느냐가 중요하다.

▌그림 9-2▌ 도시근교형 전원주택의 모습

• 전원주택을 분류하면

전원주택에 관한 정의에서 살펴보았듯이 주말주택이나 별장주택의 경우에도 전원주택이라는 혼용되는 경우가 있다. 주말주택이나 별장주택은 전원주택과는 달리 상시 거주용이 아닌 휴양이나 피서 등의 목적으로 일시적인 기간 동안 거주하는 주택이다. 이에 비하여 농가나 어가의 경우는 상시 거주를 하고 있지만 거주자의 생계가 농업 혹은 어업에 달려있으므로 전원주택의 범주에 들지 않는다.

전원주택은 위치나 입지조건, 개발규모 등에 따라서 몇 가지로 나누어 볼 수 있다.

• 전원주택이 어디에 위치하고 있느냐에 따라서 분류해보면 도시의 교외에 위치하고 있는 도시교외형, 산속에 있는 산지형, 농촌의 평지에 위치한 평야형, 강이나 바다 근처에 위치한 수변형 등이 있다. 산지형이나 평야형. 수변형이 도시와는 거리가 떨어진 위치에 있는 것임에 비하여 도시교외형은 도시의 교외지역에 위치한 경우로 중소도시를 둘러싼 농촌과의 접경지역에 위치하기 쉽다.

• 전원주택이 어떻게 입지해 있느냐에 따라서 마을과는 떨어져 홀로 세워진 경우는 독립형, 기존의 마을 내에 입지한 경우는 마을입지형, 레저시설에 근접하여 세워진 경우는 레저시설접근형으로 나누어 볼 수 있다.

• 개발규모에 따라서는 거주자가 필요한 주택을 스스로 단독으로 건설한 경우로 이를 단독형이라 하고, 일단의 대지를 조성하여 2채 이상의 전원주택을 단지

▌표 9-1▐ 전원주택의 분류

구분	분류
위치	도시교외형/ 산지형/ 평야형/ 수변형
입지	독립형/ 마을입지형/ 레저시설접근형
개발규모	단독형/ 단지형
개발주체	개인/ 건설회사/ 동호인단체
주택형식	단독주택/테라스하우스
주택구조	목조/콘크리트조/벽돌조/스틸하우스

로 건설한 경우를 단지형이라 한다. 단독형은 자신이 원하는 곳에서 원하는 형태로 자유롭게 건설이 가능한 장점이 있으나 전원주택을 건설하는 일련의 과정을 개인이 해결하기 위해서는 많은 노력과 경비가 든다. 뿐만 아니라 집 주변의 도로나 교통, 상하수도 등의 기반시설의 개발이 쉽지 않다. 단지형의 경우 대체로 건설회사나 동호인단체가 추진하는 경우가 많으므로 단독형과 반대로 일련의 과정을 대행해주므로 거주자의 입장에서는 한결 마음의 부담이 덜하며, 완성 후의 커뮤니티 조성이 가능하다. 그러나 개발과정에서 갈등의 소지가 있을 수 있으며 개인의 자유로운 설계가 충분히 보장되지 못하는 측면이 있다.

- 개발주체는 대체로 개발규모와 관련되는데, 최근에는 건설회사나 동호인 단체가 주체가 되는 경우도 많다.
- 주택형식은 단독주택이 있고 단지형의 경우는 저층 위주의 테라스하우스가 선호되고 있다.
- 주택구조로는 목조, 콘크리트조, 벽돌조, 스틸하우스 등 다양하다. 전원주택에서는 목조가 가장 선호되는데, 경량목조, 통나무, 조립식목조 등이 있다. 일반적으로 목조주택은 공사기간이 짧으며 친밀한 이미지를 가지고 있으나 비교적 고가이며 관리하는 데에 어려움이 있다. 스틸하우스는 1980년 이후 보급되기 시작하였는데, 공사기간이 짧으며 시공성과 내구성이 우수하지만 주택구조로서의 인식이 널리 보급되지 못한 측면이 있다.

전원주택을 건설하기까지

전원주택을 건설하기까지 크게 두 가지 단계로 나룰 수 있다. 하나는 전원주택이 들어설 부지를 조성하는 단계이고, 다음은 그 터에 들어설 주택에 관한 설계 및 시공단계이다.

1단계; 부지 확보

먼저 전원주택이 들어설 부지를 확보하여 조성하는 것인데, 이 때 가장 먼저 고려하는 것이 전원주택에 살고자하는 자신 및 가족의 생각을 정리하고 그 실천 방법을 강구하는 것이다. 즉 은퇴 후 생활을 위한 것인지 일상생활을 위한 것인지 하는 전원주택의 목적을 생각하고 위치, 접근성, 개발규모, 주변의 경관 등의 조건을 정리하여 가능한 범위를 정하여 본다.

다음으로는 직접 발품을 팔아야 하는데, 발품을 많이 팔수록 좋은 부지를 얻을 수 있다. 부지를 구할 때에는 반드시 가서 확인해보고 마음에 드는 곳이면 계절이나 자연재해에 따른 피해 가능성은 없는지 검토하고 주변마을의 인심도 알아본다. 땅을 사는 것은 도시 내의 집을 사는 것보다 신중해야 하는데, 부지의 지목변경이나 절차 등도 검토해야 한다. 마음에 드는 부지를 살려고 하면 필요한 자금이 충분한지 충분치 못하다면 어떻게 조달할 것인지 자금 확보 계획을 세운다. 집을 짓기 위해서는 부지도 조성해야하므로 땅값, 주택 건설비용 뿐 만아니라 부지 조성 비용, 상하수도 및 전기 등의 인입비용 등 꼼꼼히 살펴보아야 한다.

자금이 확보되면 부지 매입을 위한 계약을 하고 땅값을 치루어 소유권 이전을 한다. 부지의 소유권 이전과 집을 짓기 위한 행정절차가 완료되면 집을 짓기 위한 집터를 조성해야 한다. 경우에 따라서는 옹벽을 쌓을 필요도 있을 것이고 진입을 위한 도로를 조성할 경우도 있다.

◦ 2단계: 직접 건설

2단계로는 직접 집을 건설하는 과정이다. 집을 짓기 위해서는 먼저 주택의 설계안이 완성되어야 한다. 현재 및 미래의 개인 및 가족의 요구, 라이프스타일을 고려

표 9-2 전원주택의 건설과정

구분	내용
1단계	전원주택의 거주 계획 →부지 모색 및 확보 → 자금확보 → 부지매입 → 부지 조성
2단계	부지 조성 → 주택설계안 확정 → 시공→ 완공 후 입주

하여 설계를 완성한다. 직접 평면을 구상할 수도 있고 건축가에게 충분한 의견을 전달하여 완성할 수도 있을 것이다.

설계안이 확정되면 시공에 들어가는데, 시공에는 거주자가 직접 시공단계별로 하도급을 주는 방법과 일괄하여 하도급을 주는 방법이 있다. 시공단계별로 하도급을 주는 방법은 경비를 절약할 수도 있으며 건축주 마음에 들게 꼼꼼하게 시공을 할 수 있는 장점이 있다. 그러나 건축주가 이 방법은 어느 정도 시간과 전문지식이 있는 경우 적합하다. 일괄하여 하도급을 주는 방법은 상대적으로 빠른 시간 내에 완공할 수 있으며 건축주가 잔신경을 쓰지 않아도 된다. 그러나 비용이 다소 증대될 수 있으며 건축주의 마음에 들지 않은 경우도 발생한다. 각각에는 이외에도 여러 장단점이 있으므로 어느 방법이 적합한지 잘 고려하여 선택한다. 집이 완공되면 입주를 하고 기존의 마을사람들과 좋은 관계를 유지하도록 노력한다.

전원주택을 건설하기위하여 검토할 것은?

• 전원주택으로서의 부지는?

전원주택이 들어설 땅을 가리켜 집터 혹은 부지敷地 또는 대지垈地라고 한다. 부지는 집을 담을 바탕이 되므로 부지가 어떠한 성질이나 조건을 가지고 있느냐에 따라서 건축되어질 주택이 크게 영향을 받는다. 도시 내에서 거주하는 경우 대부분의 사람들은 자신의 주택을 직접 설계할 수 없는 경우가 많지만, 전원주택의 경우는 거주자가 직접 건설하는 경우가 많다.

그러므로 집터로서 부지가 갖는 자연적인 환경 조건에 해당되는 지형이나 지반의 상태는 집의 배치나 거주자의 생활을 좌우하는 중요한 요소이기 때문에 신중하게 검토해야 한다. 또한 용도지역, 상하수도 관계, 주변 도로나 교통수단과의 관계 및 공공시설의 정비 상황 등도 함께 검토하지 않으면 안된다.

● 부지가 가진 자연적 환경

◦ 부지의 지형에 대하여

일반적으로 지형은 남쪽과 동쪽을 향하고 있으며 완만한 경사를 가지면서 북서쪽의 찬 계절풍을 막을 수 있는 산이나 숲을 등지고 있는 것이 바람직하다. 경사지의 물매는 1/10 정도가 이용하기 쉬운데 남쪽 경사의 경우가 여름에 통풍이 잘 되고 일조, 채광에 유리하다.

계곡의 낮은 곳이나 저습지는 지하수위도 높고 일조를 얻기가 어려울 뿐 아니라 홍수 시 수해의 위험도 있다. 또한 절토切土부분은 붕괴의 위험이 있고 매립한 성토盛土부분은 부동침하의 위험이 따르므로 피하는 것이 좋다.

◦ 토지의 성질·지반의 상태에 대하여

토양이 극도로 산성인 경우에는 식물이 자라기 어려우며 또한 토질에 따라 배수가 나쁜 경우도 있다. 따라서 배수가 잘 되어 습윤하지 않고 지반이 단단한 것이 좋다. 지반이 단단하지 않으면 건축 후 부동침하의 위험이 있고, 집이 기울거나 벽에 균열이 생기는 등의 피해를 볼 수도 있다. 또한 지진 시에는 진동으로 인해 큰 피해를 볼 수도 있다.

부지는 주위의 도로보다 반드시 높아야 하며, 지하수위는 지표에서 3m 이상 깊어야 양질의 지하수를 얻을 수 있다.

◦ 지역의 기상조건에 대하여

일조와 통풍은 주거생활에 있어서 보건 위생상 중요한 요소이다. 좋은 일조는 실내를 밝게 해주고 실내 온도를 높여 주어 습도를 제거해주므로 경제적인 주거를 만들어 주며, 자외선은 살균력이 있으므로 건강한 주거를 만들어 준다.

통풍이 잘 되는 대지는 여름에 시원한 주거를 제공해 주므로 해당 지역의 계절풍의 방향에 대하여 자세히 알아둘 필요가 있다.

◦ 부지가 가진 사회적 환경

전원주택에서 생활한다고 하여 현대의 도시생활이 갖는 각종 사회적 시설 및 서비스를 외면할 수는 없을 것이다. 그러므로 부지를 선정할 때도 공기, 물, 소음 등에서 마이너스적인 조건은 없는지, 도로와 교통조건, 기타 사회적 시설과의 편리성 등을 파악하여 꼼꼼하게 따져보아야 할 것이다.

◦ 공해 등의 마이너스 조건에 대하여

도시에서의 혼잡한 교통, 소음, 탁한 공기와 물 등으로 전원주택을 찾는 사람들이 많지만, 공장이나 축사, 고속도로나 간선도로가 인접한 것을 모르고 선택하여 집을 짓기에 망설이는 경우도 있을 것이다. 땅을 결정하기 전에 해당 토지의 도시계획이나 개발계획을 미리 조사하여 장래의 공해 발생 유무를 충분히 검토해 볼 필요가 있다.

◦ 도로, 교통조건에 대하여

은퇴하여 전원주택에 입주하였다면 직장이나 교육시설과의 근접성 문제는 큰 문제가 아닐 것이다. 그러나 의료시설에는 근접할 필요가 있다. 만약에 직장도 계속 다녀야 하고 자녀의 교육도 병행할 생각이라면 무엇보다도 도로 및 여러 가지 교통수단의 측면을 고려하지 않으면 안된다. 아무리 자연환경이 좋아도 통근시간이 몇 시간 이상 걸린다든지 다른 교통수단이 지나치게 빈약하다면 다시 한 번 생각해봐야 한다. 대지는 최소한 4m 이상의 폭을 가진 도로에 접해야 화재나 긴급사태시 차와 사람의 서비스를 효과적으로 받을 수 있다.

◦ 공공시설의 근접성에 대하여

전원주택에서 공공시설의 근접성을 강조한다는 것은 얼핏 생각하면 모순처럼 들린다. 그러나 학령기의 자녀를 가진 가정의 경우에는 교육시설의 접근성이 중요할 것이고 고령자 가정에서는 병원, 진료소 등의 의료시설 등에 어느 정도 근접하는 것이 중요하다. 특히 비상시에 의료시설에 어떠한 방법으로 접근할 수 있는가에 대한 대책을 세워두어야 할 것이다. 그 밖에 시장이나 마트 등의 구매시설은 일상생활에서 없어서는 안 될 제반 시설이 주변에 어느 정도 있는지 알아 둘 필요가 있다. 또한 상하수도, 가스 등의 공급처리 시설의 유무·정비 상황 여부도 미리 파악해 둔다.

◦ 주택에 관한 건축 법규를 알아두자

집은 어디든지 좋아하는 곳에 아무렇게나 지을 수 없다. 특히 전원주택지의 경우 농지나 잡종지, 산지일 경우가 많아 농지법, 초지법, 산지관리법 등 여러 법률을 고려하지 않으면 안된다. 그 외에 측량이나 수로 등에 관한 법률, 도시계획법, 건축기준법, 소방법 등의 여러 조건에 제약을 받게 된다. 그러므로 해당 토지가 어느 법 어디에 관련되는지, 어느 용도지역에 해당되는가를 확인해 둘 필요가 있다. 만약에 해당 토지가 집을 지을 수 있는 대지가 아니라면 해당절차에 따라 지목변경 및 전용처리를 하여야 한다.

▌표 9-3▐ 주택의 건축가능한 용도지역에 따른 건폐율과 용적률

용도지역		지역세분	건폐율(%)	용적률(%)
도시지역	주거지역	전용주거 일반주거 준주거	50 이하 60 70	50~100 100~300 200~500
	녹지지역	보전녹지 생산녹지 자연녹지	20	50~80 50~100 50~100
준도시, 준립지역	관리지역	계획관리 보전관리 생산관리	40 20 20	100 50~80 50~80
농림지역	농림지역		20	50~80
자연환경 보전지역	자연환경보전지역		20	50~80

현행 법규상 주택 건축이 가능한 용도지역에 관하여 [표 9-3]을 살펴보자. 용도지역별로 건폐율과 용적률이 정해져 있으며, 건물 높이 등의 제한도 법규상으로 정해져 있는데, 이것은 무질서한 건축행위를 제어하고 환경의 악화를 방지하기 위한 것이다. 건폐율이란 대지면적에 대한 1층 건축면적의 비율을 백분율로 나타낸 것이며, 용적율은 대지면적에 대한 각 층의 바닥면적의 합을 백분율로 나타낸 것이다.

- 부지 내에 전원주택은 어떻게 배치하는가?

부지 안에 집을 배치할 때에는 건물과 대지가 상호유기적인 관련성을 갖도록 계획하는 것이 중요하다. 대지 안에는 건물뿐만 아니라 다양한 옥외시설도 포함하므로 서로의 관련성을 고려하여야 한다.

전원에서 부지의 형상이 반듯한 직사각형을 구하기 쉽지 않을 것이지만 터를 잘 다듬어 집을 앉히기 쉬운 사각형으로 하는 것이 필요하다. 극단적으로 길쭉하거나 부정형인 것은 효율적으로 쓸 수 없는 부분이 많으므로 집터로 쓰기에 부적합하다.

집을 앉히기 앞서 인접해 있는 다른 집이나 도로, 논밭 등의 조건을 검토하고 가능한 남쪽을 비워두어 마당과 일조를 확보해야 한다. 전원주택의 경우 배산임수背山臨水를 기본으로 하여 앞쪽에 도로와 대문을 두는 경우가 많다. 그러나 모든 대지의 형상이나 조건이 똑같지는 않으므로 상황에 잘 대처하여야 한다.

건물의 형상은 남, 동쪽을 길게 하여 거주 부분의 일조와 정원의 독립성을 확보하며, 대문과 현관과의 거리도 어느 정도 유지할 필요가 있다. 부지와 도로와의 관계를 보면 다음의 그림과 같다.

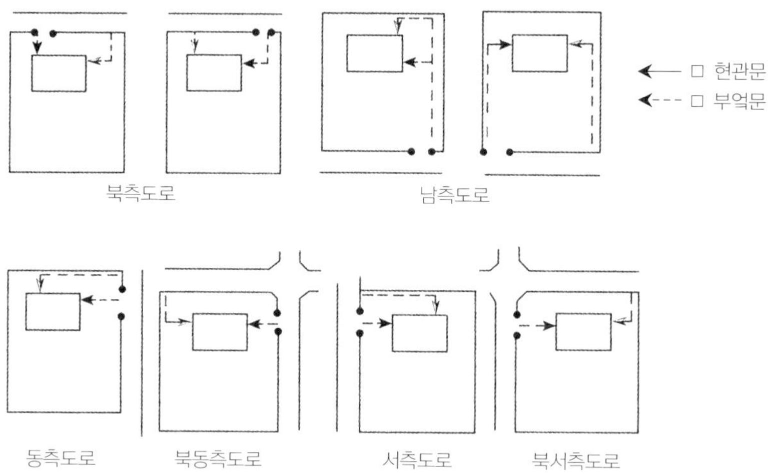

▌그림 9-3▐ 부지와 도로와의 관계

▌그림 9-4▐ 전원주택의 모습과 부지 내에 만들어진 텃밭

지속가능한 전원주택이 되기 위해서는

전원주택에 살면 깨끗한 공기와 물은 당연한 혜택이다. 뿐만 아니라 도시에 비하여 여름에는 훨씬 시원하고 겨울에는 일조가 충분하면 따뜻할 것이다. 주변에 바람을 막아줄 건물이 없다면 겨울에는 추울 수 있을 것이다. 전원주택에서 지속가능한 삶이되기 위해서는 열, 공기, 빛, 음 등의 환경이 잘 조화로워야 한다. 즉, 비와 이슬, 바람과 눈, 추위와 더위, 습기 등을 적절하게 막아 건강을 유지하도록 온·습도, 통풍, 일조, 소음을 합리적으로 해결하여 건강하고 쾌적한 집이 된다.

- 열환경

실내의 열 발생원은 태양열이나 난방, 취사에 의해서 발생하며 또한 인체로부터도 발생한다. 이러한 열은 주택건물의 벽, 지붕, 바닥 등의 구조체를 통하여, 또는 창틈이나 환기에 의해 외부로 빠져나간다. 외부환경과 실내 환경과의 열 교환 현상은 건물의 구조체를 통하여 지속적으로 일어나게 되므로 쾌적한 실내의 열 환경 상태를 유지하기 위해 여름에는 건물의 구조체에 의해 실내로 유입되는 불필요한 열을 차단하고, 겨울에는 실내의 열손실을 최소화해야 한다. 그러므로 실내에서 열손실이 발생하는 열 이동의 원리와 경로를 이해하여 건물을 보온 설계함으로써 단열성을 향상시켜야 한다.

표 9-4 열환경에 영향을 주는 요소

구분	내용
외 적 요 소	실외의 기온, 습도, 바람, 일사, 강수, 지형, 지질
구조재료 요소	벽, 바닥, 천장, 지붕 등의 구조, 재료에 의한 전열, 투습, 투기성, 구조체의 기밀성
실내계획 요소	건물의 방위, 평면형태, 실의 배치, 개구부의 위치, 크기 등의 평면 계획 및 설계계획 요소
설비계획 요소	냉난방 설비, 가전기기, 전등, 재실자

• 공기환경

인간의 활동은 끊임없는 공기의 호흡작용으로 이루어지는데 이때 실내공기를 쾌적한 상태로 유지하는 일은 건강한 주생활을 위해 매우 중요하다.

깨끗한 실내공기를 유지하기 위한 기준은 일반적으로 공기 내에 발생하는 CO_2의 농도 10ppm이하이다. 물론 그 밖의 유독가스가 있어서는 안되며, 수증기가 많아도 결로의 원인이 되므로 유의해야 한다. 실내공기 오염의 발생원은 인체, 담배, 개방형 연소 스토브, 건축재료나 가구, 조리기구 등이 있으며, 집안에서 발생하는 주요 오염물질을 정리하면 [표 9-5]와 같다.

◦ 실내공기의 질(IAQ: Indoor Air Quality)이란?

선진국에서 실내오염과 이것이 건강에 미치는 영향에 관한 연구가 시작된 배경은 1970년대 이후부터이다. 에너지 보존을 위하여 공공건물이나 일반주택의 설계 시 사용된 새로운 건축자재에서 오염물질이 나오거나 또는 경제수준의 향상으로 사용이 증가된 다양한 생활용품에서 뜻밖의 오염물질이 방출됨으로써 실내공간에서 생활하는 거주자가 현기증, 졸음, 구토, 알레르기 증상 등 이른바 '빌딩병증후군Sick Building Syndrome'을 호소하게 되면서부터이다. 우리나라에서는 '새집증후군' 이라고도 한다.

전원주택과 같은 공기가 깨끗한 지역에서는 큰 문제가 될 것이 없지만 초고층 아파트와 같이 고성능, 고밀도화된 건물의 실내에서 거주자가 스스로 환경조건을

▌표 9-5▐ 실내공기 오염물질

원인	발생원	오염물질
건물의 재료	콘크리트, 석재, 단열재, 내화재, 페인트, 가구류	포름알데히드, 석면섬유, 라돈솔벤트 등의 휘발성 합성물질,
인간활동	흡연, 에어로솔 스프레이, 연소기구, 냉난방기, 가습기	일산화탄소, 이산화탄소, 질소화물, 유황산화물, 부유 입자상 물질, 라돈, 고온성 세균
실내환경	습한 실내	악취, 곰팡이류, 세균

조절할 수 없는 경우도 있다. 그러므로 단열성능, 기밀성능이 향상된 건물 안에서 환기에 대한 적절한 대책이 없으면 실내 공기의 오염 정도가 매우 심각한 상황에 이를 수 있다. 이처럼 건물과 관련된 빌딩증후군은 임상실험에서나 의사들에게 식별될 수 있는 유독성, 전염성, 알레르기성 질병이며, 그 유형은 과민성 폐렴, 천식, 레지오넬라병, 유행성감기, 일산화탄소 등을 포함하여 다양하다.

우리나라는 실내에서 신을 벗고 바닥을 깨끗이 자주 닦아 앉고 눕는 생활양식을 가지고 있으므로 서양의 집보다는 실내공기의 오염이 적다. 그러나 최근에 모든 건물과 주택에서 이중창을 설치하고 에어컨 시설을 하여 환기를 불량하게 하는 등 점차 실내 공기의 오염에 신경을 쓰지 않을 수 없다.

◦ 환기를 자주 하자

실내의 공기정화 또는 온·습도 조절을 위해서 거주자가 의도적으로 실내외의 공기를 바꿔주는 것을 말한다. 따라서 환기의 역할은 실내의 오염된 공기를 신선한 외기와 교환함으로써 실내공기를 깨끗하게 유지하는 일과 실내의 온도 조절을 위해 외기를 적절하게 통제하는 일이다.

통풍은 실외의 바람을 실내로 유입시킴으로써 주로 여름철에 실내 환경의 적절화를 꾀한다. 그러나 실내공기의 정화인 환기와 보온을 유지하는 열 환경의 적정성과는 모순되는 경우도 있다. 즉 겨울철 난방시 환기에 의해 실내공기는 깨끗해지나 차가운 외기가 도입되므로 난방에 의해 더워진 실내공기가 차가워져 오히려 보온효과는 떨어진다. 이러한 경우 환기가 많을수록 좋은 것은 아니며, 실내공기 오염을 제거하기 위한 환기의 경우 필요한 공기 유입, 유출되는 양의 최소치가 바로 필요 환기량이다.

실내에서 성인 한 사람이 필요로 하는 환기량은 20~30㎥/h이며, 실내의 환기회수는 필요 환기량에 재실자 수를 곱하여 실의 용적으로 나누어 산출한다. 주거 내에서의 환기량은 실의 종류에 따라 다르다. 일반적으로 화장실은 1시간에 2회, 부억은 3회, 그리고 거실이나 다른 방은 1시간에 1회의 환기 회수를 필요로 한다. 특히 스토브를 사용하는 겨울에는 의식적으로 환기를 하지만 여름에 에어컨을 사용할 때에도 환기량이 부족하므로 주의해야 한다.

통풍이 잘되게 하려면 바람이 불어오는 쪽에 창을 내야함은 물론이고 반대쪽에도 창이 있어야 한다. 즉 입구 개구부와 출구 개구부가 일직선상으로 있는 것이 가장 바람직하다. 통풍의 효과는 창의 위치, 크기, 실내 칸막이벽의 배치 등에 따라 다르다. 이와 같은 자연 풍력에 의한 환기가 제대로 이루어지지 않은 곳에서는 기계에 의한 환기 방식이 있다.

◦ 실내공기를 깨끗이 유지하려면

실내공기를 깨끗하게 유지하기 위하여 환기를 잘하는 것도 중요하지만, 실내의 공기를 오염시키는 원인이 존재하는지 체크하여 이를 억제하여 실내공기의 질을 향상시킬 필요도 있다. 다음은 실내공기의 향상을 위한 체크리스트이다.

- 가족 중에 흡연자가 있는가? 있다면 흡연은 주로 어디에서 하고 있는가?
- 실내에 애완동물을 두고 있는가?
- 실내에 악취를 발생시키는 원인이 있는가?
- 벽이나 구조에 갈라진 틈이 있는가?

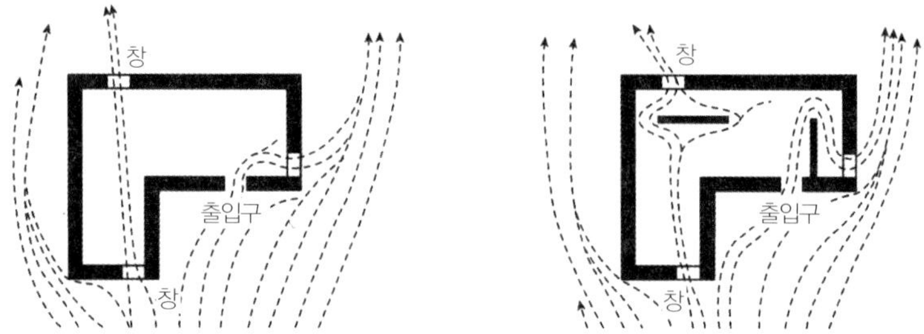

▌그림 9-5▐ 통풍의 효과

• 반 지하의 실내공간에는 라돈의 발생유무를 테스트해본다.

• 에어컨 필터를 청소하고 있으며 효율적인가?

• 실내에 카펫을 깔아놓고 있는가?

• 석면을 재료로 한 건축자재를 사용하였는가?

• 거실에 벽난로가 있는가?

• 환기는 제대로 하고 있는가?

• 실내에서 먼지를 발생시키는 취미작업을 하고 있는가?

• 실내에 진드기나 개미 등의 기생충이 있는가?

• 겨울에는 가습기의 사용, 가스기구의 불완전연소, 벽체의 결로현상 등을 점검한다.

● 빛 환경

모든 생물체는 태양광선의 혜택을 받고 생명력을 유지하고 있다. 그러므로 주택을 계획할 때 태양광선의 효능을 충분히 활용할 수 있도록 계획되어야 한다. 일조란 태양광선이 조사되는 것을 말한다. 주거에서 일조를 기대하는 이유는 태양빛의 보건위생적 효과는 물론이거니와 채광, 환기, 통풍, 건조 등의 전반적으로 건강한 거주환경을 보장받을 수 있기 때문이다.

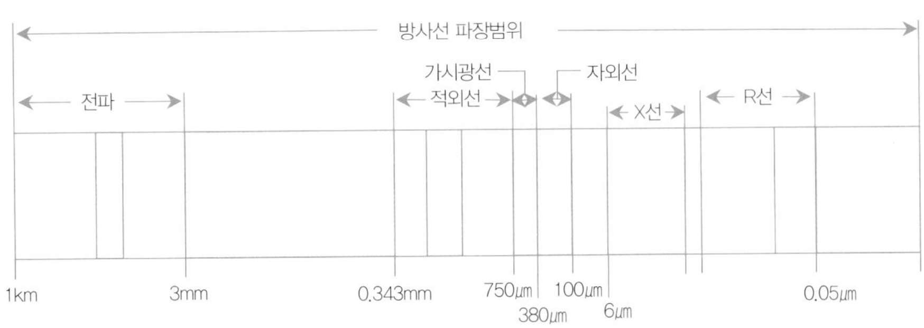

▌그림 9-6▐ 태양광선의 파장에 따른 구분

태양광선은 파장별로 파장이 380㎛ 이하의 태양빛을 자외선, 380~750㎛의 범위를 가시광선, 750㎛ 이상을 적외선으로 분류할 수 있다. 자외선은 살균작용 등의 화학작용에 강하여 화학선이라고도 부른다. 가시광선은 사람에게 시각을 느끼게 하는 파장빛으로 파장에 따라 색깔의 차이를 느끼게 한다. 적외선은 열적효과가 크므로 열선이라고도 부른다.

일조시간은 가능한 많은 시간을 확보할 수 있는 것이 바람직하나 일반적으로 일조조건이 가장 나쁜 동지 때를 기준으로 건물하단에 2시간의 일조를 받을 수 있도록 인동간격 및 건물의 배치계획을 한다.

◦ 일사량에 대하여 알아보자

수평면이 받은 일사량은 태양의 고도와 투과율에 관계되며 수직면이 받는 양은 방위와 향에 관계된다. 수직 벽면이 받는 하루 동안의 일사량은 그 방향에 따라 변화한다. 건물 수직 벽면의 단위 면적에 하루 동안 어느 정도의 일사에 의한 열량이 들어오는가를 살펴보면, 북위 35°의 지점에서는 겨울에 남향으로 창이 있을 때 받는 일사량이 하루에 약 2,900㎉/㎡, 여름에는 720㎉/㎡이다. 즉 창이 남향으로 있는 방이 겨울에는 따뜻하고 여름에는 비교적 시원한 환경 조건을 갖게 된다.

반대로 북향은 여름에만 일사를 받게 되어 좋지 않으며 특히 동향, 서향은 여름에 최대의 일사를 받으므로 바람직하지 못하다. 이러한 관계는 주택의 각 실의 방향을 결정하는데 기본 자료가 된다.

◦ 일조 조정이란?

전원주택에서는 도시주택과는 달리 강한 햇빛이 문제가 되는 경우가 많다. 겨울의 일조는 난방의 부담을 덜어 주기 때문에 그 효과가 크지만, 여름에는 참기 어려운 더위를 가져다준다. 일조는 열적 작용으로서는 계절에 따라 상반되는 효과가 있기는 하나 보건 위생적 측면에 의의를 두면 시기와는 상관없이 적극적으로 받아들여야 한다.

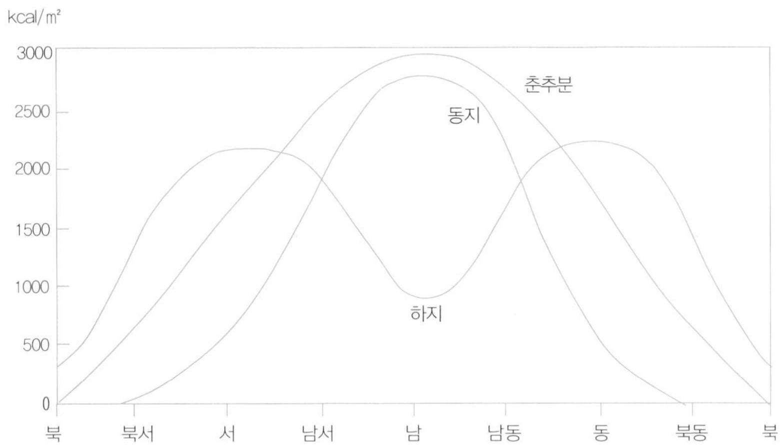

▌그림 9-7▐ 각 방위별로 수직면이 받는 일사량

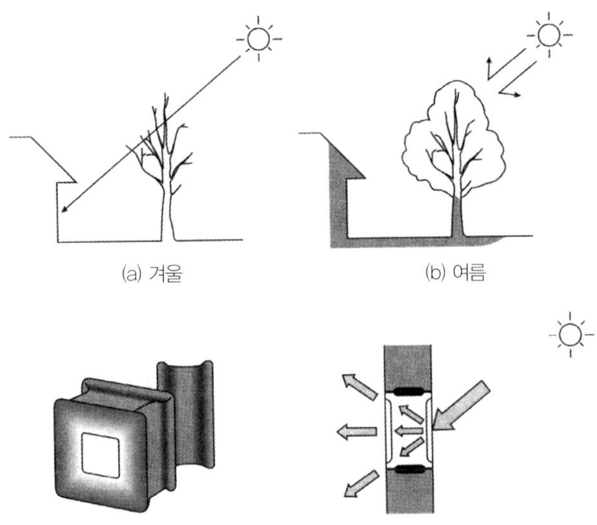

▌그림 9-8▐ 수목과 유리블록에 의한 일조조정 효과

일조조정이란 직사광선에 의한 과도한 실내온도 상승을 억제하고 실내의 밝기로 인한 눈부심을 없애면서 균등한 빛으로 편안한 시각 환경을 조성하는 것을 말한다. 건물의 일조조정은 여름에는 일사를 차폐하고 완화시키며, 겨울에는 일조를 충분히 받을 수 있도록 하는 것이 이상적이므로, 처마, 블라인드, 루버, 커튼, 발, 수목, 유리 블록 등이 이용된다. 특히 수목은 일조를 조정하는 데 아주 유용하다. 대부분의 수엽은 적외선을 거의 반사하기 때문에 여름에 쾌적한 그늘을 만들어 주고, 겨울에 나뭇잎이 떨어지는 낙엽수는 집안에 일조가 들어오는 것을 방해하지 않기 때문에 좋다. 도시주택의 경우는 유리블록은 일조조정에 유효한 창 재료로서 창면에 빛을 확산시킬 수 있을 뿐 아니라 단열의 효과도 있다.

◦ 채광과 조명은 어떻게 확보하지?

일반적으로 생활에 필요한 빛을 주거 내에 확보하는 데는 2가지 방법을 이용한다. 하나는 낮 동안에 태양광선을 광원으로 이용하는 것으로 이를 주광조명 또는 채광이라 한다. 채광은 단지 창문에서 빛을 받으면 되는 것이 아니라 필요한 양을 확보해야 한다. 집안의 채광을 위해서는 창의 면적이 바닥 면적의 1/10 이상 되는 것이 바람직하다. 창 면적이 동일할 때는 폭이 넓고 높이가 낮은 것보다 폭이 좁고 상하로 긴 창이 실내 채광에 유리하며, 창을 분산 배치하는 것이 실내 조도를 균등하게 할 수 있다. 특히 천창은 일반 창에 비해 3배 이상의 채광효과를 낼 수 있다.

다른 하나는 태양광선이 없는 야간에 전등이나 그 밖의 인공적 광원을 만들어 생활에 이용하는 것으로 이를 인공조명이라 한다. 인공조명의 광원으로는 백열등, 형광등, 할로겐 등이 사용되고 있다.

쾌적한 생활을 위해서 요구되는 조명의 조건은 작업면이 잘 보이며 안정되고 능률적으로 작업을 할 수 있는 명시성과 실내 분위기 연출을 위한 연출성이다. 명시성을 중요시하는 명시조명에는 필요한 조도가 정해져 있으나, 연출을 위한 연출조명에서는 조도가 그리 중요하지 않다.

일반적인 조도기준은 주로 작업면의 수평면 조도이고 건강한 20대의 시력을 기준으로 한 것으로 같은 공간에서도 보는 대상물의 차이, 작업의 정도, 작업시간 등에 따라 몇 단계의 조도 선택이 필요하다. 특히 나이가 들수록 같은 밝기에서도 어둡게 느끼게 되므로 작업자의 연령도 고려해야 한다. 따라서 조도분포는 공간과 작업의 종류에 따라 계획되어야 한다. 한편 특수한 작업으로 매우 높은 조도를 필요로 하는 경우에는 인공조명에 의한 국부조명을 같이 사용하며, 이때 전반조명에 의한 실내조도는 국부조명의 1/10 이상이 바람직하다.

조도의 양이 충분하여도 그 질이 나쁘면 쾌적한 빛 환경을 얻을 수 없으므로 조명의 질을 저해하는 요인을 방지하는 것이 중요하다.

• 음환경

도시주택과는 달리 전원주택에서는 불필요한 음이 그다지 발생하지 않는다. 아파트와 같은 공동주택에서는 이웃에서 나는 소리, 자동차 소리 등 다양한 소음이 발생하여 이웃과의 분쟁거리가 되기도 한다. 소음은 매우 주관적인 것으로 어떤

▌표 9-6▐ 주택 내의 조도기준

조도(ℓx)	거실	서재	부엌	침실	욕실 탈의실	복도 계단	현관(안쪽)
2000							
1500	수예						
1000	재봉	공부					
750	독서	독서		독서			
500	화장		식탁	화장	면도		
300	전화		조리대		화장		
200	단란	전반	개수통		세면		거울
150	오락		전반				신발장
100				전반	전반		장식대
75							
50	전반			심야			
30						전반	전반
20							심야
10						심야	

사람은 즐겁게 듣는 음악을 다른 사람은 소음이라고 느낄 수 있으므로 객관적으로 무엇이 소음이라고 규정하는 것은 어렵기는 하다.

소음의 종류는 생리적으로 장애를 일으키는 음, 음색이 불쾌한 음, 사무능률 및 연구·독서를 방해하는 음, 휴양과 수면을 방해하는 음, 기계 등의 진동음 등으로 분류된다. 주거지역의 소음은 크게 외부의 환경소음과 내부의 생활소음으로 구분되며 환경소음으로는 자동차, 기차, 비행기 등의 교통소음, 건설현장 및 공장소음, 경보기나 방송 등의 음향기기 소음이 있다. 또 생활소음으로는 급·배수소음, 개구부의 개·폐음, 계단이나 복도의 발자국소리, TV·라디오·피아노 등의 음향기기 소음, 에어컨·세탁기·청소기 등을 작동할 때 발생하는 생활기기 소음 등이 있다.

소음의 단위는 음의 물리적 세기로 나타내는 데시벨dB을 사용하는데, 일반적으로 80dB 이상의 소음 속에서 장시간 생활하면 난청이 되며, 60dB 이상이면 회화에 지장이 있고, 80dB에서는 대화가 어렵게 된다고 알려져 있다. 소음의 생리적 영향은 신체적 기능 장애와 관계되어 나타나지만 심리적 영향은 주로 대화 장애, 수면 장애, 불쾌감, 짜증 등의 정신적 측면에서 나타난다.

표 9-7 소음레벨과 인체에 미치는 영향

소음레벨	음 환 경	인간에게 미치는 영향	가능한 작업
0~10dB	들을 수 없음.		
20~30dB	아주 조용함.		쾌적한 수면
40~50dB	조용함.	심리적 반응의 시작	정신적 집중 작업
60~70dB	소란함.	원하지 않는 음으로 지각되어 방해를 느낌, 신경질 반응	
80~100dB	아주 소란함.	다년간 노출될 경우 영구성 난청의 원인 - 청각장애	작업 중 자주 휴식을 요함
110~120dB 150~180dB	수용할 수 없음.	중추신경장애	
	수용할 수 없음.	신체기관의 마비 및 파손	

소음을 방지하는 대책에는 주택의 배치나 평면계획으로 음을 차단시키거나 건물의 차음성능을 높이는 방법이 있다. 구체적인 차음법으로 개구부를 기밀화 시키고 벽에 중량이 큰 재료를 사용하거나 2중벽으로 한다. 또한 소음레벨을 낮추는 보조방법으로 커튼이나 카펫 등을 사용하여 방의 흡음성을 높이기도 하지만 효과가 크지는 않다. 따라서 소음으로부터 피해를 받지 않고 쾌적한 주거생활을 하기 위해서는 불필요한 소음을 감소시키기 위한 대책 등이 강구되어야 하나, 무엇보다도 우리들 자신이 이웃에게 피해를 주는 소음을 내지 않도록 주의하는 것이 필요하다.

제10장

집은 어떻게 해야 잘 선택할 수 있을까

살 집을 잘 고른다는 것은 매우 중요하지만, 집을 상품성과 경제적 측면에서만 볼 수 없는 것이 집에서는 가족이 생활하여야 하므로 가족의 개성이나 특성을 고려하지 않을 수 없다. 가족이 가진 가치관이나 가족생활주기에 따른 거주 요구 등을 고려하지 않을 수 없다.

제10장

집은 어떻게 해야 잘 선택할 수 있을까?

새로운 집을 선택하기까지

이제부터 부모 곁을 떠나 독립하여야 한다고 하면 사람들은 제일 먼저 고민하는 것이 '이제부터 어디서 살아야 하지?'일 것이다. 부모와 함께 살다가 독립하게 되는 경우는 여러 가지 이유가 있을 것이다. 타 지역의 대학에 진학한다든지 직장을 구하여 떠난다든지 결혼하여 분가한다든지 다양할 것이다. '어디서'는 지역의 문제라기보다 '집'의 문제이고 또한 집의 선택 문제일 것이다. 경제력이 충분하여 아무리 비싼 집이라도 상관이 없다면 모르지만, 거의 대부분은 한정된 돈을 가지고 그 범위 내에서 거주할 집을 선택하지 않으면 안된다. 따라서 얼마나 잘 선택하느냐가 중요해지는 것이다.

오늘날 집은 하나의 고가 상품인데, 장기간 사용할 수 있으며 타 내구소비재와는 달리 중고라도 가격이 떨이지지 않은 경우가 대부분이다. 심지어는 주변 환경에 따라서 상당한 시간이 지났는데도 불구하고 오르는 경우도 많다. 이것이 집이라는 상품이 지닌 특별함이다. 그러므로 대부분의 사람들에게 집은 가장 큰 재산이다.

살 집을 잘 고른다는 것은 매우 중요하지만, 집을 상품성과 경제적 측면에서만 볼 수 없는 것이 집에서는 가족이 생활하여야 하므로 가족의 개성이나 특성을 고려하지 않을 수 없다. 가족이 가진 가치관이나 가족생활주기에 따른 거주 요구 등을 고려하지 않을 수 없다.

집을 선택하는 데에 영향을 미치는 요인들에 대하여

'앞으로 살 집을 선택한다'라는 것은 바로 의사결정의 중요한 행위이다. 우리는 평생을 살아가면서 크고 작은 의사결정을 하게 마련인데, 결과에 만족하기 위하여는 신중한 의사결정을 해야 한다. 특히 집을 선택하는 것은 평생에 몇 번 밖에 하지 않는 중요한 의사결정이다. 집을 선택하는 데에는 개인 및 가족이 가진 욕구, 가치관 및 직업 등이 영향을 미친다. 또한 집이 소재한 위치, 규모, 아파트 같은 경우는 어떤 건설회사가 건설하였는가 하는 등의 다양한 요인이 영향을 미치게 된다.

• 집에 관한 욕구와 가치

◦ 집에 관한 욕구

오랜 시간을 통하여 사람들이 어디에 어떻게 살고 싶은가 하는 데에 영향을 미치는 개념으로 집에 관한 욕구와 가치가 있다. 인간생활에서 추구하는 욕구나 가치가 시대가 변하면 따라 바뀌기도 하지만 집에 관한 욕구나 가치는 일반적이고 기본적인 범주 내에 있다.

먼저 집에 관한 욕구를 살펴보자. 집은 인간의 물리적 욕구와 심리적 욕구를 충족시키도록 되어 있는데, 때때로 어떤 사람들에게는 그 둘 중의 하나가 더 많이 작용하기도 하고 두 욕구가 복합적으로 작용하기도 한다.

• 물리적 욕구: 먹고 자고 숨쉬는 등 생명을 유지하기 위한 신체적 모든 욕구를 포함한다. 집은 이러한 욕구를 충족시키기 위하여 그 기능을 수행한다. 물리적 욕구에는 Maslow의 인간욕구 5단계 이론에 따르면 가장 하위에 속하는 생리적 욕구와 안전의 욕구가 해당된다.

• 심리적 욕구: 먹고 자고 안전하게 머무는 것보다 사람들의 사고나 감정에 관련된 것으로 사랑과 소속, 휴식, 편안함 등에 관련된 욕구들이다. 집은 사람들이 자신의 정체성을 나타내고 스스로를 표현하고자 하는 심리적 욕구를 충족시키는 기능을 가져야 한다. 여기에는 Maslow의 인간욕구 5단계 이론 중 상위 3단계인 소속의 욕구, 인정의 욕구, 자아실현의 욕구 등이 해당된다.

표 10-1 합리적 의사결정을 위한 과정

• 1단계: 현재 자신이 처한 상황을 적어본다.
스스로 왜 이 결정을 해야 하는 지, 이 결정에 관련된 사람들은 누구이며, 이것으로 인하여 영향을 받을 사람들은 누구일지 정리해 본다.
• 2단계: 자신 가진 자원을 인식한다.
자신이 가진 시간, 에너지, 조달 가능한 예산 등의 자원이 어느 정도인지 인식한다.
• 3단계: 가능한 선택사항을 열거해본다.
자신이 생각해 낼 수 있는 모든 선택사항을 열거한다. 그러한 것들이 많으면 많을수록 만족할만한 선택을 할 수 있다.
• 4단계: 가능한 선택사항이 미치는 영향력을 가늠해 본다.
열거된 모든 선택사항이 최종결과에 어떻게 영향을 미치는지 고려한다. 각각이 최종 결과에 긍정적 혹은 부정적이 되는지 물어본다. 그리하여 자신에게 가장 중요한 것은 무엇이며 그것이 다른 것에는 어떠한 영향을 미치는지 생각해 본다.
• 5단계: 최선의 사항을 선택한다.
모든 선택사항이 최종결과에 미치는 영향력을 가늠해 본 뒤 최선의 사항을 선택한다. 그것이 완벽한 것이 아닐지 몰라도 자신의 목표에 가장 가까운 것이 될 수 있다.
• 6단계: 자신의 결정을 실행한다.
의사 결정한 사항을 행동으로 실천하지 않는 한 아무리 좋은 것이라도 의미가 없다.
• 7단계: 결정을 평가한다.
결정이 자신과 다른 사람들에게 얼마나 바람직하게 만들었는지 물어본다. 다음번에는 무엇을 다르게 할 지 숙고한다.

이와 같이 욕구는 차원이 낮은 것이 충족되어야 다음 단계의 욕구가 발생하는 특징이 있는 데에 비하여 집에 관련한 가치는 여러 요인에서 발생한 동기로 개인 및 가족에 따라 그 중요도가 다르게 나타난다. 예를 들면 어떤 가족이 집을 선택할 때 집이란 사회적 지위를 나타낸다고 생각하는 것에 가장 큰 비중을 두었다면 대출을 하는 무리를 하더라도 큰 집을 선택할 것이다.

• 집에 관한 가치: 집에 관한 가치를 나누어 보면 전통적 가치와 현대적 가치로 나누어 볼 수 있다. 사람에 따라서는 전통적 가치를 상대적으로 우위에 두는 사람도 있을 것이고 현대적 가치를 우위에 두는 사람도 있을 것이다. 우리 가족은 집을 선택할 때 어떠한 가치를 가장 중요하게 취급하는지 생각해 보자.

• 전통적 가치: 경제성, 안전성, 사회적 지위, 심미성, 주변 환경, 건강 등이 해당되는데, 오랜 세월동안 집에 관하여 많은 사람들이 부여하는 가치이다.

표 10-2 주거에 관한 욕구

구분		내용
물리적 욕구	생리적 욕구	채광, 통풍, 상하수도 설비 등, 음식을 섭취하여 건강을 유지하기 위한 공간과 설비, 수면을 위하여 취침도구와 적정한 크기의 침실 공간 등이 생리적 욕구를 충족시키기 위하여 필요하다.
	안전의 욕구	원시시대에는 동물이나 자연재해로부터 자신과 가족을 보호하기 위한 기능이다. 오늘날 사람들은 다양한 잠금장치를 개발하여 설치한다든지 외부인의 아파트 출입을 통제하기 위하여 경비실을 두기도 한다. 단독주택의 주위로 외부와 경계가 분명한 담을 쌓는 것도 그러한 예이다
심리적 욕구	소속의 욕구	가족, 친척, 동료들로부터 둘러싸인 집단에 소속된 소속감, 사랑받고 있음 등에 관련된다. 하루의 일과를 마치고 집에 돌아올 때 편안하며 내가 있어야 할 곳으로 돌아온 느낌이 그러하다.
	인정의 욕구	타인으로부터 스스로를 표현하여 자신의 개성을 인정받는 것에 관련한다. 그리하여 사람들은 자신의 가구를 선택하거나 집을 선택할 때 다른 사람과 다르게 혹은 비슷하게 하기도 한다.
	자아실현의 욕구	욕구 중 가장 고차원 욕구로 하위의 욕구가 충족되지 않으면 발생하지 않는다. 창조성과 관련한 것으로, 예를 들면 마이크로소프트사의 전회장인 빌 게이츠의 집은 이 지구상에 단 한 채 밖에 없는 특별한 집이다.

• 현대적 가치: 프라이버시 유지, 개성, 안락함(휴식), 가족중심주의, 여가장소, 평등 혹은 자유 등이 해당되는데, 사회적 변화에 따라 추구되는 것이다.

● 가족생활주기에 따라 집의 요구도도 달라진다

우리가 집을 바꾸는 경우에는 여러 가지 이유가 있다. 경제적 이유로 현재의 집을 유지하기 어려운 경우도 있을 것이고 직장을 옮기게 되어 다른 도시로 가서 새로운 집을 구해야 하는 경우도 있을 것이다. 그러나 많은 사람들은 결혼 후 아이가 태어나서 자라고 상급학교에 진학하는 등 가족생활주기가 진행해 감에 따라 공간의 요구도가 커져서 집을 바꾸게 된다.

◦ 주거생활주기

가족생활주기에 맞추어 집의 변화를 추적해보는 것으로 주거탐색기, 주거변동기, 주거안정기, 주거축소기, 주거의존기로 나눈다.

• 주거탐색기: 결혼으로 가족을 꾸리게 되는 가족형성기는 주거공간의 요구도가 그다지 높지 않아 작은 규모의 집이라도 가능하다. 이때를 주거탐색기라고 할 수도 있는데, 결혼과 더불어 집의 문제는 고민이 아닐 수 없기 때문이다. 부모님과 함께 사는 경우는 집의 선택이라는 문제를 고민할 필요가 없겠지만 분가를 생각한다면 집을 자가 혹은 전월세로 할 것인지, 동시에 집의 규모, 즉 방이 몇 개짜리의 집으로 할 것인지, 아파트냐 단독주택이냐 하는 주택종류를 결정해야 하며 어느 종류가 자신의 가족에게 알맞은 지 결정해야 한다.

• 주거변동기: 자녀가 태어나면서 주거공간의 요구도가 점차 커지기 시작한다. 그러나 아직 자녀들의 개인공간에 대한 요구도가 그다지 높지 않은 초등교육기 이전까지를 주거변동기라고 한다. 이 시기가 되면 많은 가족들이 집의 규모를 키워서 변경하고자 하는 경향이 있다.

• 주거안정기: 자녀가 초등 교육기에 들어서면 자녀들의 독립성을 키워주고 면학을 위해서 독립된 방이 필요하게 된다. 자녀가 여아인지 남아인지에 따라 각

각 독립된 공간을 주어야 하므로 자녀의 성년기까지 가장 주거공간의 요구도가 커지므로 많은 가족들이 집을 여러 번 바꾸게 된다. 이 시기의 끝자락쯤 되면 자녀가 성장하여 더 이상의 주거공간의 요구도가 커지지 않으므로 대체로 주거의 안정을 맛보게 되어 주거안정기라고 한다.

• 주거축소기: 자녀가 결혼하여 독립하게 되면 부부가 남게 되면 집은 더 이상 클 필요가 없으며 주거공간의 요구가 축소된다. 주거축소기가 시작된다고 할 수 있는데, 그렇다고 주거의 축소현상이 즉각적으로 나타나지는 않는다. 많은 부부들은 큰 집을 그대로 유지하는 경우가 많은데, 1년에 한 두 차례 자녀가족들이 올 경우를 대비하여 유지하는 경우가 많다.

• 주거의존기: 시간의 흐름과 함께 손·자녀가 성장하고 노년기에 접어든 부부만 남겨진 경우 혹은 한쪽 배우자가 먼저 사망한 경우 등 노년기에는 집안에서의 활동이 많아지며 집에 의존하는 시기라고 할 수 있다. 주거의존기라고 한다. 이 주거의존기에는 고령에 적합하도록 집안의 설비를 개조하다든지 고령자전용주택에 입주한다든지 하는 변화가 있다.

• 집을 살 수 있는 지불능력 및 기타

집을 마련하고자 할 때 충분한 지불능력을 가지고 있느냐 하는 것은 매우 중요한 문제이다. 충분한 자금을 준비하지 못한 채 금융기관의 대출에 지나치게 의존하는 것은 입주 후에 대출금 상환이라는 엄청난 압박에 시달리게 되므로 신중하게 생각해야 한다. 특히 집값의 변동이 심한 지역의 경우 집을 분양받은 후 가격이 오르지 않는다든지 내려간다든지 하면 초조하게 되어 주거생활의 안정을 잃게 된다. 그러므로 자신의 지불 능력을 잘 고려해 안락한 주거생활을 추구하도록 한다.

그 외에 집의 위치나 집의 종류, 집의 건축년도, 아파트의 경우는 건설회사의 지명도 등 다양한 요인이 집의 선택에 영향을 미친다.

선택할 수 있는 집에는 어떠한 종류가 있는가?

• 주택의 집합정도에 따른 종류

우리나라에서는 주택을 구분하고자 할 때 층수와 세대당 구분소유와 등기가 가능한지 아닌지가 중요한 포인트가 된다.

단독주택; 일반적으로 단독주택은 한 가구가 생활할 수 있도록 건축되어 구분소유와 등기가 불가능한 경우의 주택이다. 이러한 단독주택 중 여러 가구가 독립적으로 거주할 수 있도록 된 다가구 단독주택이 있는데, 현행법상 세대구분 등기가 불가능하게 되어 있다.

• 다세대주택: 한 건물 내에 여러 가구가 살 수 있도록 건축된 4층 이하의 영구건물로서 건물의 연면적이 660㎡(200평) 이하이면서 건축 당시 다세대주택으로 허가받은 주택을 말한다. 다세대주택은 세대(가구)별로 분리하여 각각 등기가 가능하며, 매매 또는 소유의 한 단위를 이룰 수 있다.

• 연립주택: 한 동당 연면적이 660㎡ 초과하는 4층 이하 주택으로 구분등기가 가능하다. 흔히 시중에서는 '○○빌라'라고 불리기도 한다.

• 아파트: 한 건물 내에 여러 가구가 거주할 수 있도록 건축되어진 5층 이상의 영구건물로서 구조적으로 한 가구씩 독립하여 살 수 있으며 세대당 구분소유 및 등기기가 가능하다.

최근에는 자녀수의 감소로 인한 소인수 가족과 1인가구의 증대 등으로 도심 내에 거주할 수 있도록 아파트와 같은 형식이지만 작은 평수의 주호를 건축할 수 있도록 한 도시형생활주택이 있다. 여기에는 원룸이나 오피스텔도 포함된다.

집의 매매과정과 관련세금에 대하여

대부분의 개인은 평생에 걸쳐서 집을 매매하는 경험은 손가락을 꼽을 정도일 것이다. 집은 매우 고가이며 토지에 고정되어 있어서 움직일 수 없으며 그 소유권을 법적으로 등기하여 보호받고 있다. 관련세법 또한 복잡하여 보통의 사람들은 집을 사고파는 과정에 익숙하지 못하다. 그러므로 집의 매매과정은 다른 상품과는 달리 신중해야 하는데 잘못하면 큰 손해를 입을 수도 있기 때문이다. 집을 자신이 신축하는 경우는 다음 장에서 다루고 여기에서는 분양을 받거나 중고주택이나 아파트를 매매하는 경우에 대하여 알아보자.

• 집의 매매과정에 대하여

자신의 가족에게 적합하다고 판단되는 집을 선택하였을 때 우리는 집을 살 것을 결정하게 된다. 집은 보통의 상품을 사고파는 것보다는 복잡한 과정을 거친다. 매매계약 → 중도금 지급 → 잔금 지급 → 소유권 이전 등기의 과정을 거친다. 각각의 과정에는 필요한 서류를 구비해야 하고 관련세법에 따라 세금을 내어야 한다.

먼저 매매를 위한 계약을 하게 되는데, 계약을 하기 전에 해당되는 아파트의 경우 등기부등본, 공시지가확인원 등을 확인하고, 단독주택의 경우는 등기부등본,

▌표 10-3▐ 매매과정

가옥대장, 토지대장, 지적도, 도시계획확인원과 같은 각종 공적 서류를 열람하여 확인해야 한다. 이러한 공적 서류는 본인이 직접 확인하는 것이 가장 좋지만, 부동산중개소가 보여주는 서류일 경우는 서류에 붙은 인지가 최근의 것인지 확인한다. 이들 서류를 통하여 집의 소유자와 팔고자 하는 사람이 동일인인지, 집이 가압류, 가처분, 혹은 근저당 등이 설정되어 있지 않은지 등을 확인하여야 한다. 또한 무허가 건물인지 납세가 미납된 건물인지 물리적 하자는 없는지 등의 여러 하자가 있는지 확인하고 검토해야 한다.

이러한 검토과정을 거쳐 문제가 있는 집은 피하는 것이 좋다. 그래도 매매하고자 할 경우는 계약 전에 이러한 문제의 해결을 요구한다. 집에 관한 여러 권리관계를 확인 후에 이상이 없으면 매매계약을 체결하게 되는데, 집주인, 부동산중개업자, 계약자 3인이 신분증을 지참하여 상호 신분을 확인한 후 계약서를 작성한다. 계약금은 매매가격의 얼마라고 정해진 것은 없지만 관행적으로 매매가격의 10% 정도로 주고받고 한다. 계약서는 3통을 작성하여 서로 나눠 보관한다.

중도금과 잔금의 지급 날짜는 당사자 간의 협의에 의하여 결정하는데 통상적으로 1~2개월의 기간을 두고 지급하기 마련이다. 중도금은 거래대금의 40~50%를 지불하고 잔금은 입주와 동시에 치르기 마련이다. 잔금을 치르기 전에 등기부등본을 다시 한 번 확인하여 변동사항이 없는지 확인할 필요가 있다. 잔금을 건네주고 집의 권리 증서를 넘겨받는다. 집을 사는 사람은 즉각적인 등기이전을 하는 것이 바람직하다.

- 집의 매매에 관련된 세금에 대하여

집의 매매에 관련된 세금으로는 집을 파는 사람(매도인)에게는 양도소득세, 집을 사는 사람(매수인)에게는 취득세와 등록세가 있다. 따라서 집을 구입하고자 할 경우는 집의 거래대금 외에 부동산 중개수수료, 취득세와 등록세 등의 경비도 고려해야 한다. 취득세와 등록세를 낼 때마다 농어촌특별세와 지방교육세를 덧붙여 내야하고 그 외에 인지세가 있다.

[별지 제21호서식] <개정 2010.6.30> (앞 쪽)

부동산 거래계약 신고서

관리번호	접수일	처리기간 즉시

구분	항목	내용
①매수인	성명(법인명) 주민(법인)등록번호 국적	
	주소(법인 소재지)	거래지분 분의
	전화번호 휴대전화번호	
	외국인의 토지 매수 용도	[ ]주택용지(아파트) [ ]주택용지(단독주택) [ ]주택용지(기타) [ ]레저용지 [ ]상업용지 [ ]공업 용지 [ ]기타
②매도인	성명(법인명) 주민(법인)등록번호 국적	
	주소(법인 소재지)	거래지분 분의
	전화번호 휴대전화번호	
계약일		잔금 지급일
거래물건	종류	③[ ]토지 [ ]건축물 [ ]토지 및 건축물 ( ) ④[ ]분양권 [ ]입주권 (분양금액: 원) [ ]신규주택 [ ]기존주택 [ ]임대주택분양전환
	⑤ 소재지/지목/면적	지목 토지면적 ㎡ 대지권비율 분의
	⑥ 계약대상 면적	토지 ㎡ 건축물 ㎡
	⑦ 거래금액	원
실제 거래가격 (전체)	계	원 중도금 지급일
	계약금	원
	중도금	원
	잔 금	원
⑧ 종전토지	소재지/지목/면적	지목 토지면적 ㎡ 대지권비율 분의
	계약대상 면적	㎡
	거래금액	계 원 권리가격 원 계약금 원 중도금 원 잔금 원
⑨ 계약의 조건 또는 기한		
중개업자	성명	주민(법인)등록번호
	상호	전화번호
	사무소 소재지	
⑩참고사항		

「공인중개사의 업무 및 부동산 거래신고에 관한 법률」 제27조 및 같은 법 시행규칙 제17조에 따라 위와 같이 부동산거래계약 내용을 신고합니다.

년 월 일

신고인 매수인 (서명 또는 인)
매도인 (서명 또는 인)
중개업자
(중개업자가 중개한 경우) (서명 또는 인)

시장·군수·구청장 귀하

▌그림 10-1▐ 부동산거래계약 신고서와 신고 과정 (1)

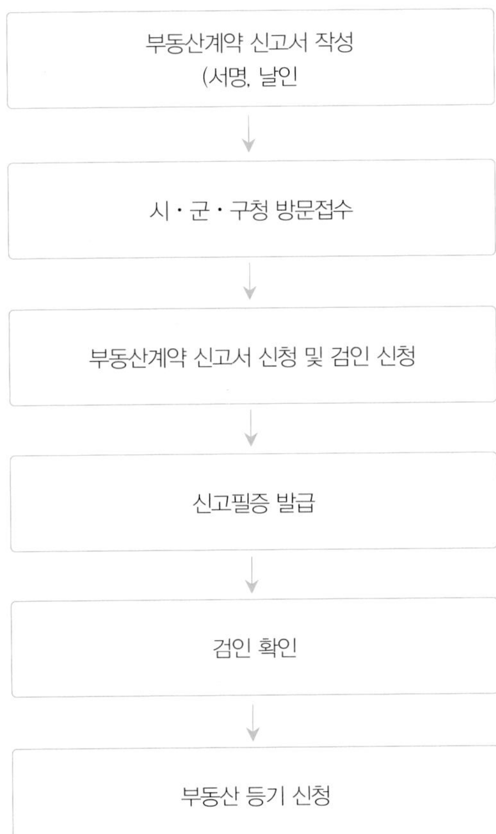

▌그림 10-1▐ 부동산거래계약 신고서와 신고 과정 (2)

◦ 집을 산 사람이 납부하여야 하는 세금

집을 취득한 후 그날로부터 30일 이내에 시청, 군청, 구청에 취득세를 신고하고 납부하여야 한다. 이 기한을 넘기면 신고불성실가산세(20%)와 납부불성실가산세(1일 1만분의 3)를 추가적으로 부담하여야 한다. 취득세(매매가격의 2%)의 납부 시 취득세액의 20%에 해당되는 농어촌특별세를 함께 납부하여야 한다.

등록세는 취득한 집의 소유권을 자신의 이름으로 등록하는 데에 관련한 세금이다. 소유권을 이전등기하기 전에 해당 시청, 군청, 구청에 등록세를 납부하여야 하는데, 매매가격의 2%이며, 등록세와 함께 납부하여야 하는 지방교육세는 등록세액의 20%를 납부하여야 한다.

인지세는 계약서 등의 증서를 작성할 때에 납부하는 것으로, 증서에 기재된 금액별로 인지 세액에 해당되는 수입인지를 구입하여 첨부하는 방식이다. 주택의 경우 매매계약서 상 기재된 금액이 1억 원 이하인 경우 인지세는 비과세가 된다.

◦ 집을 판 사람이 납부하여야 하는 세금

집을 판 사람의 경우는 양도소득세를 납부하여야 한다. 양도소득세는 부동산을 팔게 되면 과세되는데, 모든 사람에게 과세되는 것은 아니다. 가장 많이 알려진 비과세 요건은 '1가구 1주택'으로, 생계를 같이 하는 한 세대가 집 한 채만을 3년 이상 보유했으면 양도소득세를 내지 않는 것이다. 1가구 2주택이라도 양도소득세가 비과세되는 경우가 있는데, 가장 많은 경우가 이사를 가기위하여 일시적으로 2채의 집을 소유하는 경우이다. 새집을 사고 살던 집을 2년 내에 팔게 되면 양도소득세가 과세되지 않는다. 집을 상속받은 경우도 해당되는데, 상속받기 전의 집을 팔게 되면 양도소득세를 물지 않는다.

양도소득세는 집의 실제 매매가격에서 취득 당시의 주택가격과 필요경비를 뺀 나머지(양도차익)에 대한 세금을 말한다. 자세하게 보면 다음과 같다.

양도차익 = 양도가격-취득가격-필요경비

양도소득금액 = 양도차익-장기보유특별공제

양도소득과세표준 = 양도소득금액-양도소득기본공제

산출세액 = 양도소득과세표준 × 세율

자진 납부할 세금 = 산출세액-감면세액-예정신고납부세액공제

양도세율은 양도소득과세표준의 20~65%에 달하는데, 집의 양도차익이 클수록 양도소득세금은 많아진다. 때때로 정부에서 부동산경기활성화를 위하여 정책적으로 양도소득세율을 면제하거나 인하하는 경우가 있으므로 이를 잘 알아두면 절세할 수 있다.

국민주택청약제도를 통하여 주택을 마련해보자

- 국민주택 청약제도란?

국민주택이란 국민주택기금을 지원받아 건설되거나 개량되는 전용면적 85㎡(25.7평)이하의 주택을 총칭하는데, 여기에는 공공기관과 민간건설사업자가 건설하여 분양 혹은 임대하는 것을 말한다.

◦ 공공분양주택에 대하여

공공분양이라 하면 국가, 지자체, LH공사 등 공공기관이 분양하는 주택으로 전용면적 85㎡ 이하의 주택의 경우에는 무주택 세대주에게 공급하는 것을 원칙으로 한다. 청약저축 혹은 주택청약종합저축가입자에게 우선 분양한다. 여기에는 일반공급과 특별공급이 있다.

◦ 일반 공급에 대하여

청약저축(혹은 주택청약종합저축) 가입자인 무주택세대주를 대상으로 순위 • 순차

에 따라 공급하는데, 청약 순위에는 1순위부터 3순위까지 있다([표 10-4]).

제1순위 및 2순위 중 같은 순위 안에서 경쟁이 있을 경우에는 전용면적 40㎡초과 주택에 있어서 선정기준은 다음과 같다.

❶ 5년 이상의 기간 무주택세대주로서 매월 약정 납입일에 월납입금을 60회 이상 납입한 자중 저축 총액이 많은 자

❷ 3년 이상의 기간 무주택세대주로서 저축총액이 많은 자

❸ 저축 총액이 많은 자

❹ 납입횟수가 많은 자

❺ 생애최초 주택구입 자(사전예약에만 적용됨)

❻ 부양가족이 많은 자

❼ 당해 주택건설지역에 장기간 거주한 자

◦ 특별공급에 관하여

특별공급에는 3자녀이상 특별공급, 노부모부양 특별공급, 신혼부부 특별공급, 생애최초 특별공급, 국가유공자 특별공급, 기관추천자 특별공급 등이 있다.

◦ 공공임대주택에 대하여

공공 임대주택에는 10년의 임대기간 종료 후 분양전환이 가능하므로 소유권을 이전받을 수 있는 주택이다. 이들 공공임대주택의 입주 자격은 당해 주택건설 지역에 거주하는 무주택 세대주로서 청약저축가입자에게 우선 공급한다.

청약순위로는 청약저축에 가입하여 2년이 경과한 자로서 매월 약정 납입일에 월납입금을 24회이상 납입하신 무주택세대주가 1순위 이며, 청약저축에 가입하여 6월이 경과한 자는 2순위이다. 1, 2순위 이외의 자는 3순위에 해당된다.

▌표 10-4▐ 공공분양의 일반 공급 청약순위

구분	내용
1순위	• 수도권 : 청약저축에 가입하여 2년이 경과된 자로서 매월 약정납입일에 월납입금을 24회 이상 납입한 무주택세대주 • 수도권 외의 지역 : 청약저축에 가입하여 6월이 경과된 자로서 매월 약정납입일에 월납입금을 6회 이상 납입한 자.
2순위	청약저축에 가입하여 6개월이 경과된 자로서 매월 약정납입일에 월납입금을 6회이상 납입한 무주택세대주
3순위	제1순위 및 2순위에 해당되지 않는 무주택세대주

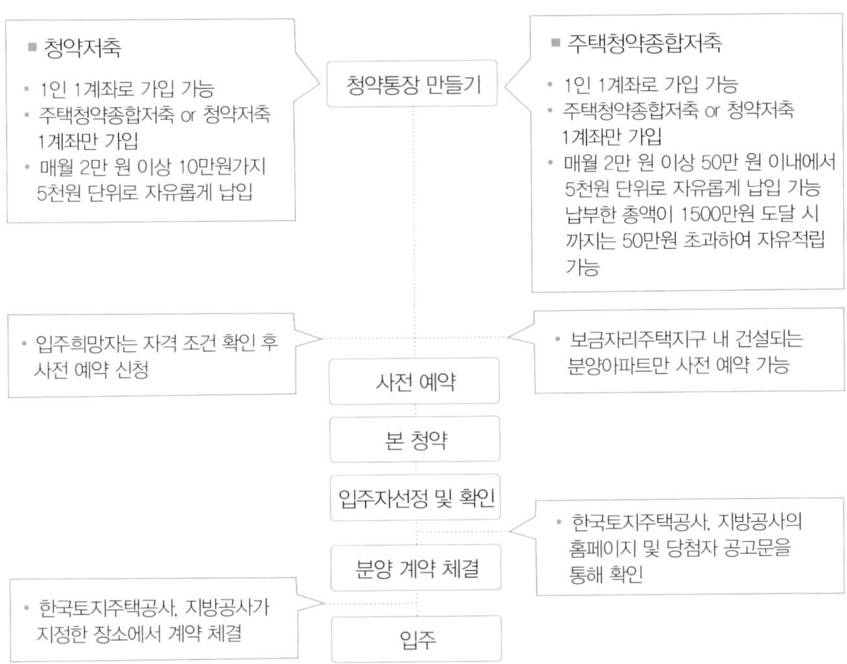

▌그림 10-2▐ 공공분양주택 구입절차 (www.newplus.go.kr)

• 영구임대주택: 전용면적 기준으로 26.34㎡~ 42.68㎡(7.9평~12.9평)까지 있으며 일반적인 평수의 개념으로는 12평에서 16평에 해당된다. 임대기간은 50년으로, 입주자격으로는 국민기초생활보장법에 의한 수급자, 국가유공자 또는 그 유족으로서 국민기초생활보장법에 의한 수급자의 소득수준 이하인 자, 종군위안부, 보호대상 모자가정, 북한이주민, 장애인등록증이 교부된 자(정신지체인, 정신장애인 및 3급 이상의 뇌병변장애인의 경우 그 배우자인 세대주 포함), 65세 이상의 직계존속(주민등록상 세대원으로 등재된 경우) 부양자로서 국민기초생활보장법에 의한 수급자 소득평가액 이하인 자, 시 · 도지사 및 국토부장관이 인정하는 자, 청약저축가입자 등이다.

• 국민임대주택: 임대기간은 30년으로, 입주자격은 입주하고자 하는 주택의 전용면적에 따라 다르다. 먼저 전용면적 50㎡미만인 주택의 입주자격으로는 무주택세대주로서 당해 세대의 월평균소득이 전년도 도시근로자 가구당 월평균소득의 50% 이하인 자이다. 전용면적 50㎡를 초과하는 주택의 경우에는 무주택세대주로서 당해 세대의 월평균소득이 전년도 도시근로자 가구당 월평균소득의 70% 이하인 자에 해당된다.

보금자리주택에 대하여 알아보자

• 보금자리주택의 개념

보금자리주택은 국가 또는 지방자치단체, 한국토지주택공사, 지방공사가 국가 또는 지방자치단체의 재정이나 국민주택기금을 지원받아 건설 또는 매입하여 공급하는 주택으로서 '보금자리 주택건설 등에 관한 특별법'에 의하여 임대를 목적으로 매입하여 공급하는 주택 및 분양을 목적으로 공급하는 국민주택규모 이하의 주택을 말한다(국토해양부, 2011).

보금자리주택은 2008년 9월 19일자로 발효된 '국민 주거안정을 위한 도심공급 활성화 및 보금자리 주택 건설방안'에 의하여 추진 중이다. 중소형 공공분양의 공급을 늘려 서민의 내 집 마련 기회를 확대하고 지분형 임대, 장기전세, 영구임대 등 주택이 보다 다양하게 공급되도록 하여 수요자 맞춤형으로 사전예약을 통해 공급하는 수요자 중심의 주택정책 일환으로 공급되는 주택을 말한다.

• 보금자리주택의 공급목표 및 유형

• 공급목표: 보금자리주택은 공공임대주택만이 아니라 공공이 짓는 중소형 분양주택과 임대주택을 포괄하는 새로운 개념의 주택으로 2018년까지 총 150만 호가 건설되어 공급될 예정이다.

• 공급유형: 보금자리주택의 유형은 임대를 목적으로 매입하여 공급하는 주택과 분양을 목적으로 공급하는 국민주택규모 이하의 주택으로 구분되며, 임대주택의 세부적인 유형은 다음과 같이 구분한다.

❶장기공공임대주택

- 「임대주택법」에 따라 영구적인 임대를 목적으로 건설한 임대주택
- 국민임대주택: 「임대주택법」 에 따라 의무임대기간이 30년인 임대주택

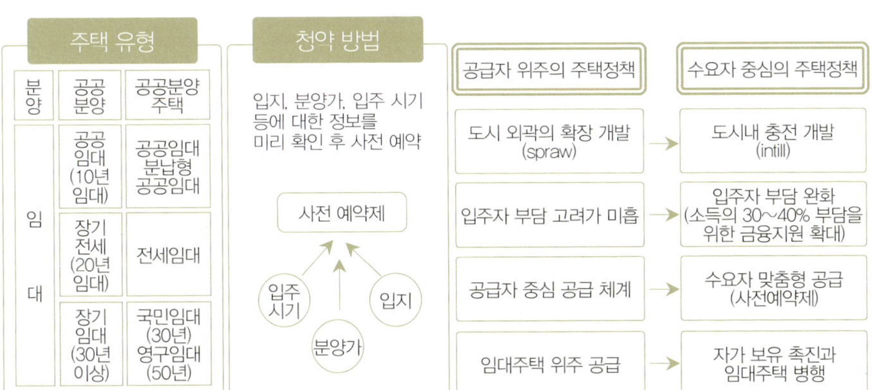

공급량: 2018년까지 150만 호

▌그림 10-3▐ 보금자리주택의 유형과 개념 (www.newplus.go.kr)

❷공공임대주택

- 십 년 임대 주택:「임대주택법」에 따라 의무임대기간이 10년인 임대주택
- 분납임대주택: 「임대주택법 시행령」 에 따라 임대보증금 없이 분양 전환금을 분할하여 납부하는 임대주택
- 장기전세주택: 「임대주택법」 에 따라 20년의 범위 안에서 전세계약을 통하여 공급하는 임대주택

제11장

집은 어떻게 만들어지는가?

오늘날 내 가족이 생활할 집을 구하는 가장 손쉬운 방법은 시중의 주택을 매매를 통하여 사는 것이다. 그러나 마음에 드는 집이 쉽사리 발견되지 않을 때 마음에 드는 땅을 구입하여 직접 짓는 것도 훌륭한 방법이다.
물론 자신이 자격을 갖춘 전문가가 아닌 이상 직접 건설한다는 것이 벽을 만들고 지붕을 만드는 것을 의미하는 것이 아니다. 자신과 자신의 가족이 살고 싶은 공간을 건축가와 협의하여 만들어 나가는 것이다.

제11장

집은 어떻게 만들어지는가

내 가족이 생활할 집을 직접 만들고 싶을 때

오늘날 내 가족이 생활할 집을 구하는 가장 손쉬운 방법은 시중의 주택을 매매를 통하여 사는 것이다. 그러나 마음에 드는 집이 쉽사리 발견되지 않을 때 마음에 드는 땅을 구입하여 직접 짓는 것도 훌륭한 방법이다. 물론 자신이 자격을 갖춘 전문가가 아닌 이상 직접 건설한다는 것이 벽을 만들고 지붕을 만드는 것을 의미하는 것이 아니다. 자신과 자신의 가족이 살고 싶은 공간을 건축가와 협의하여 만들어 나가는 것이다.

전원주택을 생각하고 있으면서 건축가에게 설계를 의뢰하고 싶지 않을 때는 정부의 농어촌표준주택설계도면을 이용할 수도 있다. 표준주택설계도면은 이미 구조적으로 안전성 검토가 이루어진 것이므로 그대로 이용할 수 있다.

그러나 부지의 자연적 사회적 환경과 가족의 소망을 고려해 세상에 하나 밖에 없는 집을 만들고 싶다면 역시 전문가와 상의할 문제이다.

- 집이 만들어지기까지의 과정에 대하여 알아보자

집이 만들어지기까지의 과정을 살펴보면 다음의 [표 11-1]과 같이 길고 복잡한 과정을 거친다. 즉 주택을 건축하고자 하는 기획단계 ☞ 토지의 매입단계 ☞ 주택설계의 단계 ☞ 시공단계 ☞ 입주단계로 이어진다.

보통 주택을 신축하고자 할 경우 일정한 자격을 갖춘 건축사가 설계도서를 작성하고, 관할행정기관에서 건축허가를 받도록 규정되어 있다. 그러나 건축허가의 대상이 아닌 경우도 있는데, 신축하고자 하는 주택의 바닥 면적이 100㎡ 이하의 주택인 경우는 건축사가 아니라도 설계도서를 작성하여 간단한 신고 절차만으로 건축할 수 있다(| 표 11-2 |).

▌표 11-1▐ 집이 만들어지기까지의 절차

구분	내용	
기획단계	주택의 건축목표 설정	건축이유, 건축철학, 필요 공간, 주택의 모습, 구조 등 고려
	예산수립	주택종류별 장단점 분석과 비용 비교 토지매입비, 설계 용역비, 실제 건설경비 등 소요경비 분석
	자료 및 정보수집	참고도서 및 인터넷 등
토지매입	현장파악	부지와 도로와의 관계, 일조, 통풍, 소음과 악취 등의 유무, 교통여건, 토목공사의 요구도 등 파악
	토지관련 행정서류 확인	토지이용계획확인서, 등기부등본, 토지대장, 지적도, 임야도, 토지가격확인원 등
	토지관련 인·허가 사항 확인	농지, 임야 등의 토지 취득 시 요구되는 자격 확인, 토지전용허가절차 등 확인
	토지관련 세제, 법적 제한 확인	취득세, 등록세 등의 각종 세금 확인 도시계획법, 건축법에 의한 제한 사항 확인
주택설계	가설계	건축주의 건축과정에 대한 이해 요구 부지에 적합한 공간에 대한 간단한 설계안 작성
	기본설계	배치도, 평면도, 입면도 등 기본설계도서 작성
	실시설계	기본설계도서, 착공 신고에 필요한 구조도, 설비도, 시방서 등 실시설계도서 작성
시공	시공준비	시공자의 선택과 계약서 작성, 착공신고서 제출
	토목공사	지반 확인 및 기초공사, 도로공사, 상수도공사, 지하매설물공사, 오폐수정화시설공사 등
	건축공사	바닥, 벽 천정 및 개구부, 지붕공사 등
	설비공사	전기설비공사, 급배수관 설비공사, 난방설비공사 등
	부대공사	정원, 파티오 등
	준공검사	사용승인검사
입주	유지관리	주택내외 청소, 건축도면 보관
	하자보수	하자보수기간 확인 및 발생 시 하자보수 의뢰

◦ 기획단계

신축 동기, 어떤 생각이 어떤 방식으로 집에 반영되기를 바라는지, 어떤 외관을을 원하는지에 대하여 다양한 경로를 가지고 정보를 수집한다. 또한 건축과정별로 요구되는 예산을 수립하고 그 확보방안 등을 고려한다.

◦ 토지매입단계

주택을 건축하고자 결정하였다면 그에 적합한 토지가 필요하다. 마음에 드는 토지는 확보하기 위해서는 발품을 많이 팔아야한다. 마음에 드는 토지가 발견되었다면 토지매입의 단계에 들어서는데, 토지는 각종 토지관련 행정서류와 일치하는지 반드시 현장을 몇 차례에 걸쳐서 꼼꼼히 확인하여야 한다. 또한 주변의 토사나 옹벽 등의 안전성 여부도 빠트려서는 안된다. 그 외에 택지가 아닌 농지나 임야인 경우 주택을 건축할 수 있는지 건축하고자 할 경우 어떠한 인·허가 필요한 지를

▌표 11-2▐ 신축주택 허가대상과 신고대상의 비교

구분	허가가 필요한 경우	신고만으로 가능한 경우
건축면적	바닥면적 합계 100㎡(약30평) 초과	바닥면적 합계 100㎡(약30평)이하
설계도서 작성자	건축가가 설계함	시공자 또는 목수도 가능
법적 제한	• 건축허가 수수료 납부 • 건축허가의 제한사항 있음. - [허가]☞[착공신고]☞[중간검사]☞[준공검사]	• 수수료 없음. • 기본적인 사항만 검토함. - [신고]☞[착공신고]☞[중간검사]☞[준공검사]
구비 설계도서	• 각종 신청서가 요구됨. - 기본설계도서 및 각종 상세도 (배치도, 평면도, 입면도, 단면도, 구조도, 설비배관도, 상세도)	• 배치도와 평면도 만 작성
특징	• 건축단계별로 도면이 작성되므로, 건축주와의 협의가 원활함. • 도면을 통해 기술적인 검토가 이루어지므로, 주택의 품질을 검증 가능함. • 설계단계에 시간과 경비가 소요됨.	• 최소한의 건축도면 만 작성됨. • 시공자나 목수가 주체가 되어 공사를 진행할 수 있음. • 설계단계에 시간과 경비의 절약 가능 • 부실시공이나 분쟁의 소지가 많음.

확인한다. 또한 토지 매입에 따른 각종 세금 및 법적 제한 등을 확인하고 매입에 임한다.

◦ 주택설계

토지가 확보되면 건축가를 선정하고 자신이 바라는 바를 정확하게 전달하여 일단 가설계에 들어간다. 건축가는 예산과 부지의 자연적 사회적 환경을 고려하여 주택의 배치, 규모, 형태, 구조, 주요 마감재료 등의 주택에 대한 기본구상을 구체적으로 결정하여 간단한 도면으로 정리하여 가설계를 완성한다. 건축주는 [표 11-3]의 체크리스트를 활용하여 가설계가 마음에 들지 않으면 수정을 요구한다. 최종적으로 설계안이 마음에 들면, 건축가는 기본설계도서와 실시설계도서를 작성한다. 실시설계도서가 마무리되면 실시설계도서를 근거로 여러 시공사에서 견적서를 받아 시공자를 선정하고, 착공신고에 필요한 각종 도면과 행정서류를 구비하여 관할행정기관에 착공신고를 하게 된다.

▌표 11-3▐ 주택설계 시 체크리스트

검토사항	내용
건물배치	• 도로, 대문, 현관과 동선처리는 적당한가? • 주차계획은 적당한가? • 조경설계는 적당한가? • 부지와 주택 건물과의 배치는 적당한가?
공간별 요구사항	• 각 공간별 요구사항은 반영되었는가?
공간별 면적	• 각 공간별로 면적 분배는 적당한가?
공간별 배치	• 각 공간의 향, 타 공간과의 관계는 적당한가?
동 선	• 주택 내 동선은 원활하며, 편안한가?
형 태	• 주택 건물의 외관은 좋은가? (지붕, 창호, 발코니 등)
외부마감재	• 외부 마감재료는 적당한가?
기타요구사항 반영여부	• 특별주문사항은 충분히 반영되었는가?
구 조	• 구조방식은 안전하며 경제적인가?
설 비	• 각종 설비는 빠짐없이 포함되어 있는가?
유지관리	• 유지관리에 있어 경제적이고 합리적인가?
예산문제	• 예산범위 내에서 실행가능한 설계안인가?

◦ 시공단계

허가를 득한 후 시공에 들어가는데, 신뢰성 있는 시공자와 계약을 하여 기초, 건축, 설비공사 등에 들어간다. 각종 공사가 끝나면 사용승인을 위한 준공검사를 마쳐야 한다.

◦ 기초 및 바닥공사

주택이 배치될 자리에 기초공사를 하는데, 바닥 콘크리트 밑 부분에 폴리에틸렌 필름을 깔아 방습층을 만든다. 그 위에 단열재를 삽입한 후 철근과 콘크리트를 레미콘으로 타설하여 기초를 만든다. 이때 지반의 성질에 따라 콘크리트줄기초 혹은 말뚝기초 등으로 보강할 수도 있다.

또 기초의 깊이는 건축할 지역의 동결선 이하가 되도록 시공하여야 하고, 거실 바닥 높이는 지반으로부터 50cm 이상으로 하여야 한다. 상하수도와 전기시설 등의 내부 인입 배관과 배선도의 경우도 기초 및 바닥공사와 동시에 실시한다.

▌그림 11-1▐ 주택설계의 과정

◦ 구조, 벽체 및 지붕공사

주택구조란 집의 뼈대를 말하는 것으로 목조, 조적조, 스틸하우스, 철근콘크리트조 등 다양한 구조가 있다. 각각의 장단점을 따져볼 필요가 있다(|표 11-4|).

벽체는 보통 적벽돌, 시멘트벽돌, 철근콘크리트 패널, 목제 패널, 단열보강패널, 경량철골보 등을 많이 사용하는데, 최근에는 전원주택의 경우 황토벽돌을 사용하기도 한다. 단독주택은 아파트와 달리 단열에 주의해야 한다. 단열재 시공은 반자틀 사이에 빈틈없이 끼울 수 있도록 절단하여 접착제로 부착하면 된다. 이때 미리

| 표 11-4 | 주택구조의 종류

구분	내용
경량목조 	• 2×4인치의 가늘고 긴 목재를 이용함. •친밀한 느낌을 주고 건축비가 적게 든다. •공사 기간도 짧은 편이며 에너지 효율이 높고 다양한 설계상의 변형을 시도할 수 있다.
조적조 	•벽돌을 쌓아 올려 집을 짓는 구조. •견고하고도 조형미가 우수함. •시공도 비교적 간편, 아치형, 돔형 등 다양한 설계가 가능함. •공사기간이 길고, 흙집이나 목조에 비해 습도조절이 잘 안 되는 단점
스틸하우스 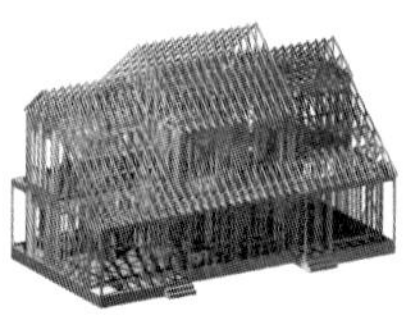	•조적조나 목구조를 대체할 만한 장점을 지닌 새로운 형태의 주택구조 •서유럽의 목구조를 본 바탕으로 목재 대신에 6mm 이하의 얇은 강재인 경량형강 사용함. •시공성이 좋은 목구조의 장점과 강재의 장점을 동시에 갖고 있음. •벽체가 얇아 결로현상이 잘 생기며 진동이나 방음에 단점.
철근콘크리트조 	•철근과 콘크리트의 장점을 결합시켜 만든 구조. •온도 변화에 대해서도 안정적이며, 설계가 자유롭고 재료에 따라 강도와 내구성의 조절이 가능함. •공사비가 많이 들고 전문적인 시공관리가 필수적인 방식.

창호를 발주하여 벽체공사와 동시에 창호공사를 실시하는 것이 좋다. 외부 창호는 복층유리를 적용하는 것을 원칙으로 하되, 이중창문도 사용할 수 있다. 거실에 설치되는 창문의 높이는 실내 바닥에서 60cm 이하로 한다.

지붕공사는 지붕모양에 따라 다르다. 평지붕은 비교적 간단하지만 맞배지붕이나 모임지붕인 경우에는 먼저 지붕틀을 만들어 그 위에 기와, 아스팔트슁글, 칼러강판 등의 재료로 지붕을 완성한다.

▌그림 11-2▐ 터고르기와 옹벽공사(좌)와 바닥공사(우)의 모습

▌그림 11-3▐ 벽체공사(좌)와 지붕틀공사(우)의 모습

◦ 조경공사

주택의 외관이 마무리되고 내부의 각종 설비공사가 완료되면 조경공사에 들어간다. 단독주택은 아파트에 비해 크든 작든 간에 자신만의 정원을 가질 수 있다는 큰 장점이 있다. 전원주택의 경우는 채소를 키울 수 있는 텃밭을 만들어 개인적 취향에 따라 채소류 등을 자급자족할 수 있도록 배려하는 것이 좋다.

정원의 일부를 주차장으로 이용할 경우 관리상의 편의와 실용적인 측면을 고려하여 포장을 한다. 정원 조경은 조약돌, 자갈, 나무껍질, 벽돌, 판석 등의 자연재료를 적극 활용하는 것이 좋다. 사람이 다니는 통로는 내구성과 경제성을 고려하여 인공재료로 포장하고, 사람의 통행이 적은 곳에는 잔디나 야생화 등을 이용하여 조경한다.

◦ 준공검사

준공검사는 사용승인을 요청하는 것으로 이에 필요한 서류를 준비하여 해당관할 행정기관에 준공을 신청한다. 일반적인 준공서류는 건축물 사용승인서류와 정화조 준공서류, 구내 통신 선로설비 준공서류, 정화조 사진(조적 전, 조적 후) 등이 필요하다.

▌그림 11-4▐ 지붕이 완성된 모습(좌)과 조경공사(우)의 모습

◦ 입주

주택 건축물의 사용승인이 처리되면 입주가 가능해지며 행정기관에 취득세 및 등록세를 납부하고, 취득세 및 등록세 영수증과 기타서류를 가지고 등기소에 보존 등기물을 신청해야 법적 권리를 가진 완전한 자신의 주택이 된다.

입주를 하기 위해서는 먼저 실내외를 세심하게 청소하고 가구배치를 한다. 설계도서를 잘 보관할 필요가 있으며, 하자가 있을 시에는 하지보수 기간 내에 하자보수를 받도록 한다.

● 기본설계도서와 실시설계도서는 무엇인가?

◦ 기본설계도서

기본설계도서는 가능한 현장의 지적측량도를 바탕으로 건축법규, 시공 상황을 고려하여 정확하게 그려져야 한다. 지적측량은 토지의 위치, 경계 및 면적을 측량하는 것으로, 지적측량은 몇몇 특수한 상황(대지의 경사가 심하거나 대지의 형상이 복잡하거나 불규칙한 경우)을 제외하고는 공사 착공단계에서 실시되는 경우가 많은데, 이런 경우 도면과 현장상황이 서로 상이하거나 크고 작은 오차가 발생하여 공사기간이 연장되거나 설계변경을 해야 하는 일이 발생하기도 한다. 다소 귀찮더라도 기본설계에 들어가기 전에 지적측량을 하는 것이 경제적이며 합리적인 설계가 가능하다. 기본설계도서에는 주택건축계획서와 배치도, 평면도, 입면도, 단면도가 해당된다.

◦ 실시설계도서

실시설계도서는 기본설계도서에 입각해서 더욱 상세하게 설계하는 것으로, 공사 실시에 필요한 설계도서를 말한다. 기본설계도 외에 각종 상세도, 구조계산서 및 구조설계도, 급배수·공기조화空氣調和·냉난방·전기·가스, 기타 설비설계도, 시방서 등이 포함된다.

실시설계도는 상세하고 전문적인 도면으로 건축주의 의도가 잘 반영되어 있는지 설명을 들어가며 확인할 필요가 있다. 실시설계도서의 품질은 건축시공과정 중에 많은 영향을 주게 되므로 충분한 시간을 들여 정확하게 완성하여야 한다.

▌표 11-4▐ 기본설계도서와 실시설계도서의 종류와 내용

종 류		축 척	내 용
설계 도서	배치도	1/100~1/200	대지의 모양, 건물의 배치, 방향, 크기, 도로, 하수도, 맨홀 등의 위치를 표시한 도면
	평면도	1/50~1/100	건물을 바닥에 수평하게 잘라서 위에서 본 모양으로 각방, 창문위치, 가구배치를 층마다 표시한 도면
	입면도	1/50~1/100	건물의 외관을 동서남북의 방향으로 그린 도면
	단면도	1/50~1/100	건물을 적당한 위치에서 수직으로 잘라 이것을 수평방향에서 본 집안의 모양으로 기초의 깊이, 벽체, 천장의 높이 등 구조의 치수를 알 수 있는 도면
	상세도	1/20~1/50	건물의 각 부분, 기초, 벽체, 지붕, 창호 등의 구조와 재료의 치수, 종류, 실내 마감 재료 등을 상세히 그린 도면
시방서	설계도에 표현할 수 없는 재료의 품질 및 시공요령 등을 명시한 서류		
구조도	복잡한 구조의 경우 건물의 하중을 지탱할 수 있도록 기초, 기둥, 보, 슬랩 등의 내력을 나타내는 평면 및 단면도		
설비도	건축물의 냉·난방설비, 위생설비 · 환경설비, 전기·통신설비 등에 관한 도면		
실내 마감도	벽 및 반자의 마감재료 및 상세도면(품명, 규격 제원)		
공사비 견적서	건물에 소용되는 재료, 품질, 수량, 단가, 가격 등을 계산하고 간접적으로 필요한 재료 운반비, 세금현장관리의 제 잡비 등을 산출하며, 총공사비를 나타내는 서류		

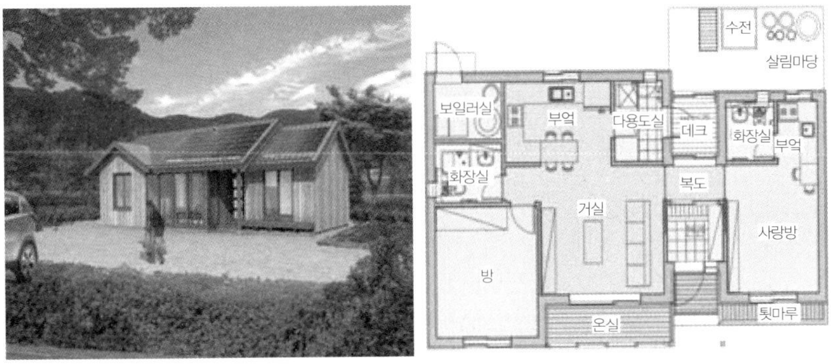

1층 단면도

▌그림 11-5▐ 집이 완성되었을 때의 모습을 보여주는 조감도와 평면도의 예

(자료: 농어촌주택표준설계도 2010, 규모 86.22㎡)

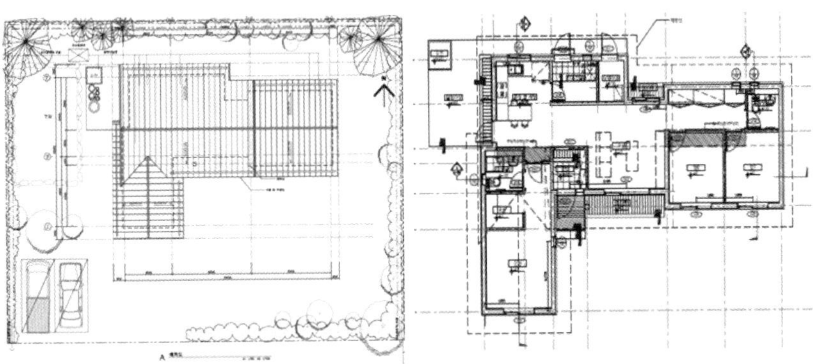

▌그림 11-6▐ 배치도와 1층 평면도의 예

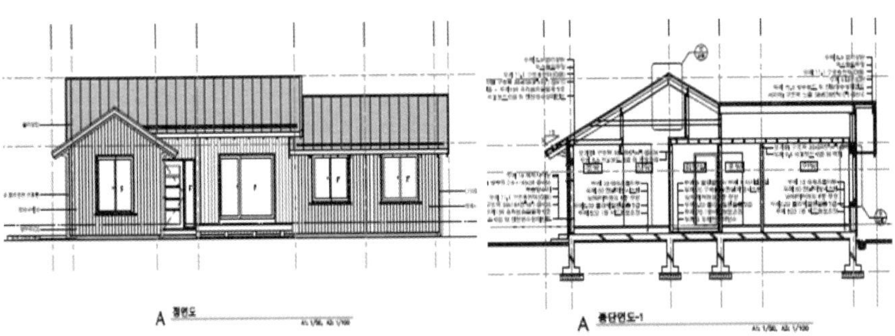

▌그림 11-7▐ 남측 입면도와 단면도의 예

주거 내에서 필요한 공간을 어떻게 설계하여야 할까?

• 필요공간을 설계하기 위해서는

◦ 공간구획Zoning

공간구획zoning이란 주택 내에서는 이루어지는 다양한 생활행위(유식, 공부 등의 개인생활, 식사, 단란, 접객 등의 가족공동생활, 가사노동 등의 가사작업생활, 배설, 목욕 등의 생리위생생활 등)에 따른 공간의 성질을 분류하여 유사한 공간끼리는 근접시키고 서로 다른 공간과는 분리시켜 정리하는 것을 말한다. 조닝의 방법으로는 분류 기준에 따라 동적·정적 구역, 사적·공적 구역, 주간·야간 구역으로도 나뉜다. 주택 공간의 이러한 분류는 다양한 생활행위를 효과적으로 전개하여 동선을 절약하고 기능적인 공간구성에 중요하다.

또한 주택 내의 공간구성과 배치는 주택의 외부공간인 대지와의 관련성을 생각하여야 한다. 주택의 외부공간으로는 옥외생활공간과 근린생활공간으로 볼 수 있는데 이러한 외부공간의 배치는 주거 내의 공간배치에 영향을 주게 된다. 즉 일조, 통풍, 프라이버시, 조용함, 조망 등을 보장하는 공간으로서도 중요하지만 도로와의 관계를 긴밀하게 하는 역할을 하므로 공간배치계획에서 충분히 고려하여야 한다.

• 개인생활공간을 설계하려면

◦ 부부침실의 설계

부부만의 편안한 수면과 휴식을 위하여 부엌, 식당, 거실, 현관 등 사람의 행동이

표 11-6 주택 내 생활행위의 분류

생활 유형	내용	공간
개인 생활	수면, 학습, 취미, 휴식	침실, 개인 취미실, 서재
가족공동생활	단란, 식사, 접객	거실, 식당, 응접실
가사작업생활	가사, 세탁, 조리	가사실(다용도실), 부엌
기 타	세면 및 배설, 출입과 통로	생리위생공간, 현관 및 복도, 계단

많은 장소와는 분리시키는 것이 좋다. 도로 등의 외부로부터 소음이나 시선을 차단시키기 위해 커튼 등의 차음 효과가 있는 시설이 필요하다. 침실의 크기는 침구의 종류, 가구의 점유 면적(옷장, 화장대 등), 사용 인원수, 실내의 활동 종류에 따른 여유 면적 등에 따라 달라질 수 있는데 일반적으로 부부의 취침 전용이라면 12~15㎡ 정도가 바람직하다. 침대를 사용할 경우는 침대의 크기, 배치 방법, 그 밖의 가구 등을 고려해야 한다.

◦ 노인실의 설계

가족들과 같이 동거하는 경우 노인실의 계획은 먼저 노인의 특성을 고려하여 독립성이 확보되면서 다른 가족들과의 접촉이 잘 되는 곳에 위치하도록 고려해야 한다. 운동 기능의 저하로 1층이 좋고 남향이나 동향이 바람직하며, 화장실, 욕실 등을 인접시킨다. 욕실 안에서도 안전타일이나 발포성 매트를 깔아 미끄럽지 않게 하고 긴급 시 사람을 부를 수 있게 비상벨 등을 설치하는 것도 필요하다.

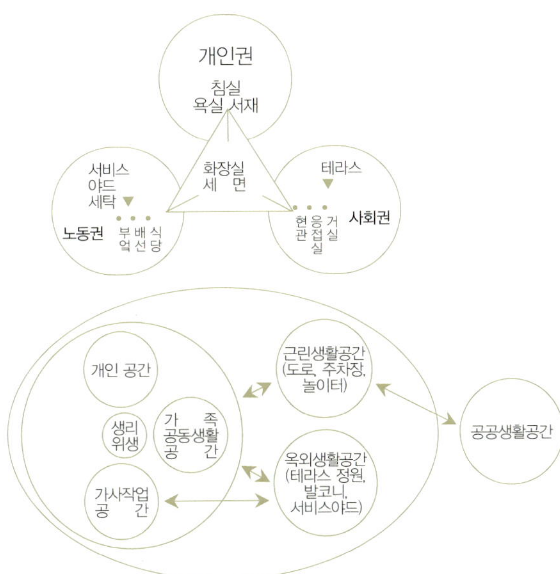

▌그림 11-8▌ 생활행위에 따른 실내공간의 조닝(위)과 옥내외생활공간의 연계성(아래)

한편 노인은 기호에 따라 좌식 혹은 입식생활로 배려하고 생활 경험이 길어 소유물이 많으므로 충분한 수납공간을 확보하는 것이 필요하다.

◦ 자녀실의 설계

자녀실은 자녀가 유유아기乳幼兒期인지 학령기 혹은 청소년기, 청년기 등에 따라 다르다. 유유아기에는 부모와 같은 방을 쓸 수 있지만 학령기에 접어들면 부모와는 별도로 취침할 수 있도록 배려한다. 초등학교에 들어가면 자기 일은 자기가 하는 자립심을 키워주기 위해서 책상, 옷장 등의 가구를 마련해주고 자기의 방을 관리하도록 하는 것이 필요하다. 형제간의 성별에 따른 분리 취침을 하고 성장에 따른 변화를 염두에 둔다.

자녀실의 위치는 연령에 따라 달라지는데 어린 자녀의 방은 부모가 항상 볼 수 있도록 부부침실, 부엌 및 가사실과 가까운 곳이 좋다. 한편 어느 정도 자립심을 갖고 독립할 연령에 달하여도 너무 밀폐되고 고립된 곳은 좋지 않으며, 타 가족구성원들의 자연스러운 접근이 가능한 곳이 좋다.

▌그림 11-9▌ 따뜻한 느낌의 부부침실(좌)과 노인실(우)의 예

● 가족공동생활공간을 설계하려면

◦ 거실의 설계

거실에서는 가족이 단란하고 TV 시청, 음악 등을 들으며 휴식을 취하고, 때로는 손님을 접객하는 장소로 거실은 주생활의 중심적 공간이다. 거실의 위치는 주택에서의 중심부가 좋고 일조와 통풍이 잘되는 남향에 위치하고 전망이 좋아야 한다. 테라스로 직접 연결될 수 있으면 실내 생활과 실외와의 융합을 꾀할 수 있어 더욱 넓고 시원한 분위기로 만들 수 있다. 또한 주부의 동선, 접객, 기타 서비스, 부분들과의 관계를 고려하여 현관, 식당, 부엌, 화장실 등이 가까이 위치하는 것이 유리하나, 다른 방과 연결하는 통로로서의 역할이 주가 되어서는 안되므로 어느 정도의 독립성도 유지하여야 한다.

◦ 식사실의 설계

식사행위는 입식 혹은 좌식으로 다양하게 행해지고 있지만, 대부분의 집에서 소파가 놓여지는 거실과 함께 식탁이 있는 식사공간을 가지는 것은 일반적인 모습이다. 거실, 식당, 부엌과의 연결을 어떻게 하느냐에 따라 다음의 4가지 유형으로 구분된다.

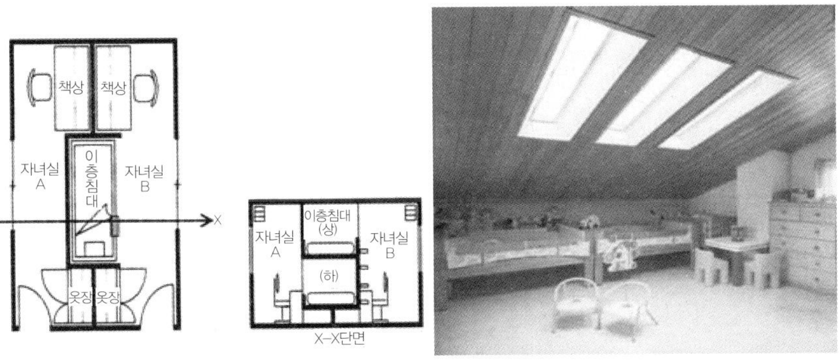

▌그림 11–10▐ 이층침대를 양쪽에 배치한 예(좌)와 침대를 직렬로 연결한 예(우)
(자료: 梁瀨度子, 住環境科學, 1995)

❶ DK형; '다이닝 키친Dining Kitchen'형이라 하여 식당이 부엌과 연결된 형이다. 이 유형은 가사노동을 경감하고 면적을 절약할 수 있는 이점이 있으나 부엌에서 식사를 한다는 느낌이 있으며, 조리 냄새, 작업대, 식품 등이 눈에 띄어 바람직한 식사 분위기가 되지 못하는 단점이 있다.

❷ LD형: 부엌이 독립되면서 식당은 거실과 함께 하는 '리빙 다이닝Living Dining' 형이다. 식사를 하면서 가족의 대화나 단란이 자연스럽게 이루어지기 때문에 식당을 거실과 함께 두면 가족의 유대감을 높이는 데 큰 역할을 할 수 있다. 우리 나라의 음식 만드는 과정이나 냄새 등을 고려하면 부엌이 독립된 형이 바람직할 수도 있으나, 주부의 동선이 길어져 가사노동에 부담이 가고 식사 중에 손님이 방문할 경우 불편하다는 단점이 있다.

❸ LDK형: 거실과 식당, 부엌이 한 공간으로 되어 있는 '리빙다이닝키친Living Dining Kitchen'형이다. 공간이 최대한 절약되는 장점이 있어 소규모 아파트나 원룸 등에서 많이 볼 수 있다. 손님이 방문할 경우 불편하고 항상 환기 등의 부엌설비 및 조리기구가 정비되어 있어야 하며, 청결한 상태를 유지해야 하는 세심한 주의가 필요하다.

그림 11-11 밝고 안정된 분위기의 거실(좌)과 거실과의 일각에 설치된 식사공간(우)

❹ L+D+K형: 식당이 독립되어 있으며, 부엌, 거실도 따로 분리된 형태로 주로 공간의 면적에 여유가 있는 주택에 많이 이용된다. 미국이나 유럽에서는 비교적 일반적인 유형이다. 또한 부엌에서 간단히 식사할 수 있는 다이네트 Dinette, 간이식탁가 추가될 수 있다. 각 공간이 독립되어 있어 손님 방문 시에도 아무런 불편이 없으나 주부의 가사노동이나 동선이 길어진다는 단점이 있다.

• 가사작업공간을 설계하려면

◦ 부엌의 설계

부엌은 가사노동이 집중되는 장소이므로 우선은 설비를 잘 배치함으로써 노동조건의 합리화를 꾀한다. 오늘날은 부엌의 일이 가족구성원이 같이 참여하는 방향으로 되어 가고 있어 부엌설계에 있어 작업의 기능성, 분위기 및 장식 등의 정서성, 부엌용품과 가전제품 등의 수납을 고려한 수납성의 3가지를 고려하여 부엌설계를 한다.

부엌의 위치는 동쪽, 동북쪽에 위치하는 경우가 많고, 가사 서비스를 위한 출입이 편리한 곳이어야 하며, 어린이 놀이공간과 식사공간 또한 세탁작업을 포함한 다른 가사작업이 함께 이루어지는 일이 많으므로 유틸리티Utility부분과 가깝게 계획하는 것이 좋다. 부엌의 크기는 주택의 면적, 가족수, 식기, 조리기구 수량에 따라 달라지나, 일반적으로 주택 면적의 8~10%로 한다.

◦ 가사실의 설계

유틸리티라고도 하는데 조리·취사 작업에서부터 세탁, 다림질 및 재봉, 가계부 정리, 식단 짜기에 이르기까지 그 내용이 다양하다. 우리나라에 아파트가 보급되면서 다용도실이라는 공간이 등장하였는데, 용어상에서 보면 여러 가지의 용도로 사용될 수 있는 공간으로 가사실utility과 같은 의미이지만, 세탁기를 놓고 잡다한 물건을 수납하고 물을 사용하는 작업에 주로 이용되고 있다. 한정된 사용의 가사실이다.

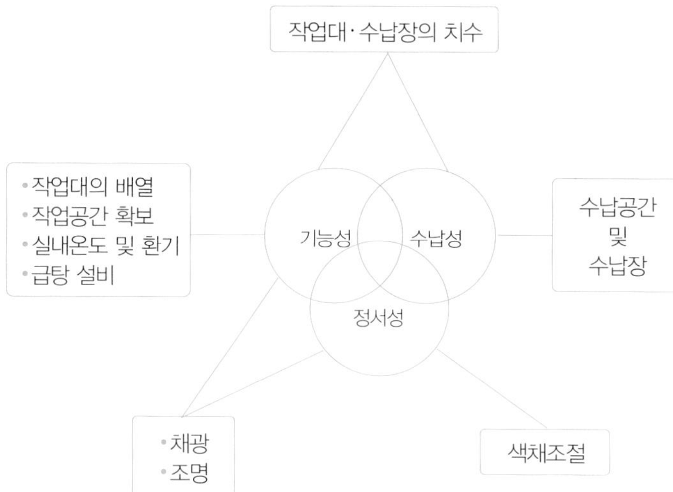

▌그림 11-12▐ 부엌설계의 3요인

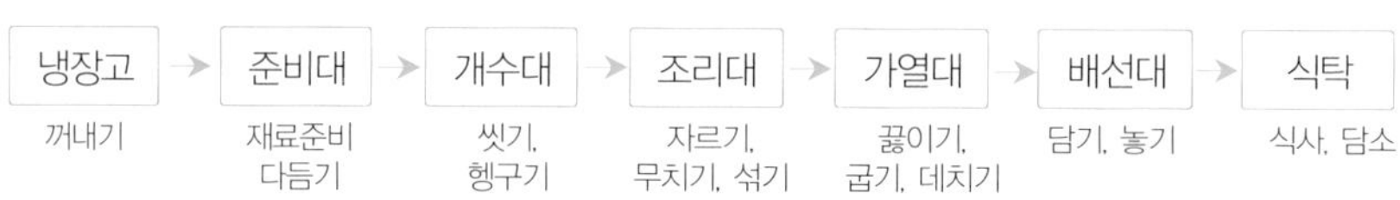

▌그림 11-13▐ 부엌작업대의 순서

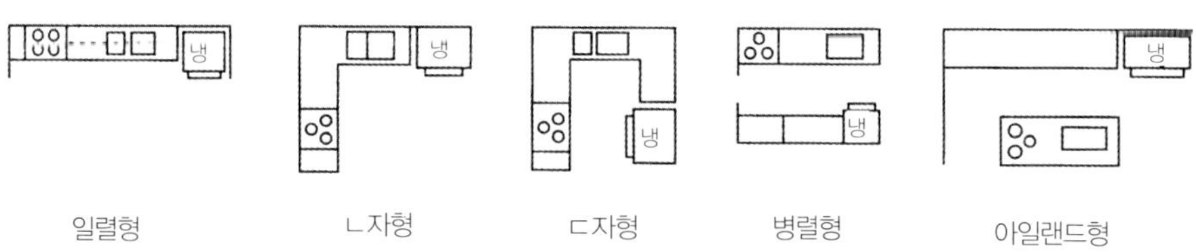

▌그림 11-14▐ 부엌작업대 배열 방법

따라서 일의 순서나 가사작업의 흐름에 따라 다양한 작업을 기능적으로 해낼 수 있는 가사실을 부엌에 인접시켜 계획할 필요가 있다. 세탁기와 그 옆에는 빨래를 모아두는 곳, 손빨래를 하는 곳, 빨래 건조대 등을 고려한 세탁 공간, 세탁물의 정리와 다림질 및 다림질한 옷을 수납할 수 있는 코너, 간단한 독서와 필기를 할 수 있는 테이블 등을 갖추는 것이 좋다. 세탁물을 다릴 때마다 다리미 도구를 펼치는 일이 없도록 다리미대를 설치하고 다리미, 물뿌리개, 반짇고리 등을 갖추어 두면 효율적으로 가사작업을 수행할 수 있을 것이다. 또한 다린 옷을 용도별로 걸어 놓으면 수납공간도 겸할 수 있다.

• 생리위생공간을 설계할려면

우리 나라 전통가옥에는 민가는 물론이고 상류주택에서도 욕실공간이 따로 없었는데 이는 기후 풍토와 관계가 있다고 본다. 일제지배기의 개량주택과 1941년 조선주택영단의 표준설계에서는 화장실, 세면실, 욕실이 각각 독립된 공간으로 나타나 있었다. 그러나 해방 후 1962년 최초로 주택공사가 공급한 마포아파트의 평면에서는 공간과 설비비를 절감시키기 위하여 하나의 공간에 변기와 세면기, 욕조를 집약시킨 서구의 개인침실에 붙여진 형태의 욕실이 등장하여 그 후 아파트 및 현대주택에서 이러한 욕실 형태가 고정되었다.

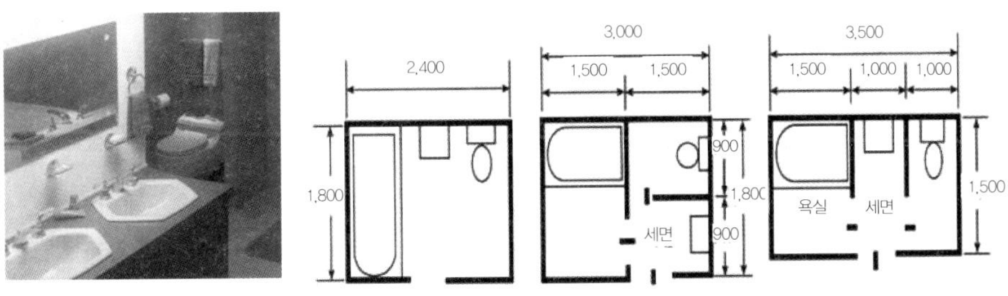

그림 11-15 욕실의 모습(좌)과 욕실평면의 종류(좌: private type, 중+우: family type)

욕실은 매우 사적인 공간이므로 침실과 같은 개인생활공간에 인접하기도 하나 대부분 욕실의 위치는 배수관의 배관, 방수, 방습면에서 관리하기 쉽도록 물을 사용하는 부엌과 인접시켜 계획되고 있다.

현대주택에서 대부분 2개 이상의 욕실을 마련하는데, 주로 현관이나 계단 근처, 거실 등의 가족공동생활공간 가까이에 가족 및 손님용 욕실을 두고, 부부침실에는 부부전용 욕실을, 노인실이 있는 경우는 노인용 욕실을 방 옆에 배치한다. 욕실이 1개만 설치된 소규모 주택의 경우에는 가족 전원이 주로 이용하는 시간에 부딪치지 않도록 변기, 세면기, 욕조를 집약시킨 형태보다는 각각을 독립시키거나 적어도 변기나 세면기 중 하나를 따로 독립시킨 형태가 사용하기 편리하다.

- 부수공간을 설계할려면
  - 현관

현관은 외부인에게 그 주택과 거주자에 대한 첫인상을 주는 얼굴과 같은 곳이다. 현관의 위치는 대지의 형태, 방위, 도로와의 관계에 따라 결정되며, 넓이는 주택의 규모, 가족구성원의 수, 방문객의 빈도, 현관에서의 행위 유형에 따라 달라진다. 최근 아파트에서는 신장 및 우산 보관함, 골프카트 등의 수납을 고려한 넓은 현관이 트렌드이다.

▌그림 11-16▐ 가로무늬가 강한 느낌을 주는 현관(좌), 계단(중), 계단 각부의 명칭(우)

현관의 바닥은 청소 및 유지 관리가 쉽고 밝고 쾌적한 디자인으로 주택 전체와 조화를 이루게 하며, 너무 어둡지 않도록 한쪽 벽면에 채광창을 만들어 빛을 받을 수 있도록 하면 좋다.

◦ 복도와 계단

복도는 각 방을 연결하는 수평적인 통로로서 동선을 원활하게 하나 제한된 면적 안에서는 최소한으로 줄이는 것이 좋다. 복도가 있을 때에는 한쪽 벽면은 천장까지 수납장으로 계획할 수도 있으며, 그림 등을 걸어 놓으면 작은 갤러리의 기능도 할 수 있으므로 통로 이외의 기능까지 겸할 수 있도록 디자인하면 독창적인 공간을 연출할 수도 있다.

계단은 층과 층 사이를 연결하는 수직적인 통로기능을 하는데 계단을 계획할 때는 장식적인 면보다 안전성에 유의한다. 계단의 경사는 주택의 경우는 30~35° 정도가 무난하다. 계단 폭은 보통 주택에서 90~140cm의 범위로 여유 공간을 고려하여 계획한다. 계단참은 디딤 바닥의 4~6배로 그 폭과 길이를 75cm이상 되게 하고 층간 계단 높이가 3m를 초과할 경우 반드시 계단참을 설치한다. 단높이는 17cm 내외로 하고, 너비는 24cm정도가 적당하다.

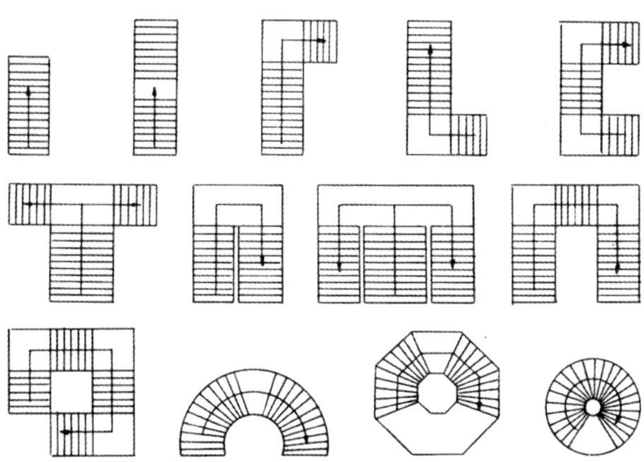

▌그림 11-17▐ 계단의 다양한 형태

간단한 주택설계를 직접 해보자

지금까지의 내용을 이해하여 상상속의 자신의 가족과 집을 간단하게 설계해보자. 방안지와 연필을 준비하면 된다. 자신의 가족수, 라이프사이클, 라이프스타일 등을 고려하여 요구되는 공간의 리스트를 만든다. 그리고서 평면계획의 간단한 과정인 버블다이어그램의 스케치를 직접해보자.

• 첫 번째 예

❶ 가족의 주요구가 파악되면 어디에 어떤 공간을 둘 것인가를 연필로 버블다이어그램을 그리면서 조건을 정리해 간다([그림 11-17] 참조).

❷ 구체적으로 각 공간을 스케치 정도로 도면화시키면서 공간의 상호관계, 모순 등을 체크한다. 동시에 머릿속에 외관을 의식하면서 그려 나간다.

❸ 첫 번째와 두 번째까지의 버블다이어그램에서 전 공간을 남향으로 치리해 보고 어려울 경우 북측으로 향한 공간을 톱 라이트로 처리하여 남측의 빛을 받을 수 있게 단면을 머릿속에 그려본다.

❹ 벽, 출입구를 생각하면서 구체적으로 평면을 그려나간다.

• 두 번째 예

버블다이어그램에서 구체적인 평면도로 나타낼 경우는 여러 종류의 유형으로 전개시킬 수 있다([그림 11-18] 참조). (a)는 심플하고 변형이 없는 무난한 유형, (b)는 각 방으로 분산시켜 본 유형, (c)는 원형이나 사선으로 벽을 처리하면서 변화시켜 본 유형이다.

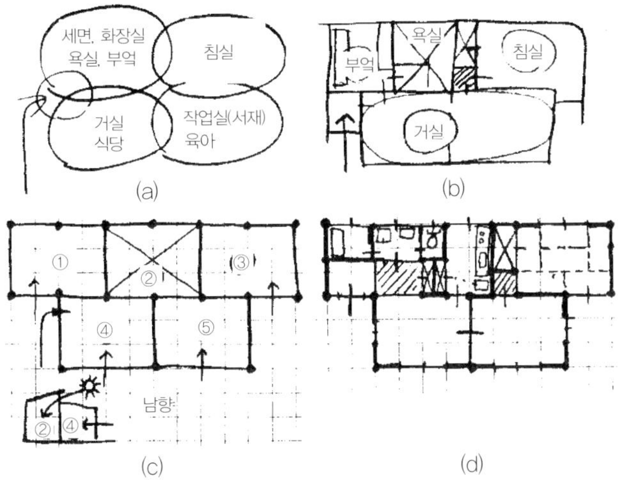

▌그림 11-18▐ 평면계획과정의 첫 번째 예
(자료: 岸本幸臣 외 1인, 住まいを讀みデザインする, 1985)

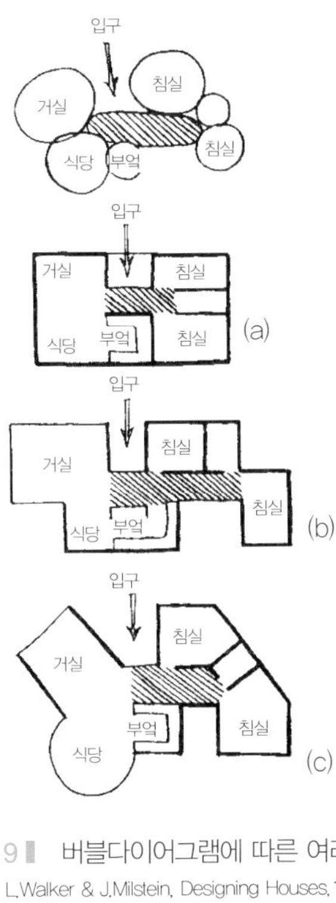

▌그림 11-19▐ 버블다이어그램에 따른 여러 평면의 예
(자료: L.Walker & J.Milstein, Designing Houses, 1976)

◦ 직접 해보기

위에서 보여준 첫 번째 예와 두 번째 예를 참고로 하여 다음의 요구 조건을 가진 주택을 직접 방안지에 그려보자.

다음을 바탕으로 주택설계를 직접해보자.

❶ 가족구성: 아버지, 어머니, 취학전의 아들 딸.

❷ 가족요구:

- 각 실에 자연 채광이 들어오게 할 것
- 가구는 목재로 할 것
- 손님 초대용의 커다란 거실
- 아름답고 깨끗한 부엌
- 가족 모두가 식사할 수 있는 장소
- 부엌에서 어린이의 놀이를 볼 수 있는 정원
- 세탁 장소 등의 가사실
- 차양이 있는 현관
- 각 방마다 충분한 수납공간
- 2층으로 할 것

❸ 개인요구:

아버지-전망이 좋은 조용한 서재, 작은 아틀리에, TV 보는 장소

어머니-북쪽 채광이 있는 작업장, 온실

아들, 딸-부엌 옆에서 엄마와 함께 놀 수 있는 놀이공간, 수납공간이 많은 각자의 방

주택평면의 종류를 살펴보자

◦ 원룸형

칸막이벽이 절대적으로 필요한 곳 이외에는 설치하지 않으므로 주생활이 하나의 공간 안에서 이루어지는 유형이다. 개인의 프라이버시 확보에 문제가 있으나 넓게 사용할 수 있다. 1층의 경우와 1층과 2층을 오픈시킨 복층으로도 가능하다. 별장과 같이 일시적인 주거공간이나 가족구성이 매우 단순한 독신자, 신혼부부에게 적합하다고 볼 수 있다.

◦ 거실중심형

거실이나 마루를 중심으로 다른 방들이 연결되는 형태로 복도 등의 통로가 없으므로 거실의 독립성에 다소 문제가 있으나 면적이 제한된 소규모 주택에서는 효율적으로 거주공간이 확보될 수 있는 이점이 있다.

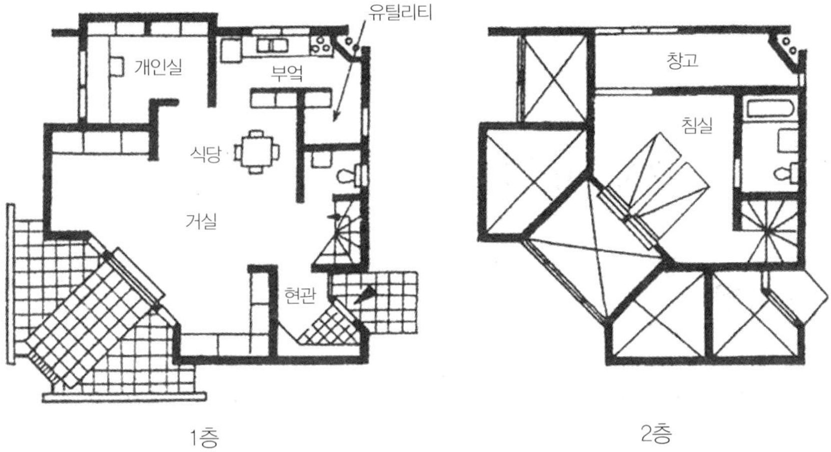

▌그림 11-20▐ 거실중심형평면의 예

◦ 편복도형

각 방을 병렬하여 배치하고 한쪽에는 복도를 두어서 연결하는 형식으로 모든 방이 같은 방향이 되므로 일조와 통풍 조절이 같아 독립성은 좋으나 복도의 면적이 많아지는 단점이 있다. 반면 복도는 실내와 실외의 완충공간 역할을 해 준다.

◦ 중정형 中庭型, patio

대지를 감싸는 듯이 각 방을 배치할 수 있으므로 채광, 통풍이 좋으며 여유 있는 공간 연출을 할 수 있다. 소음 및 이웃의 시선을 피할 수 있고 프라이버시가 중요하게 요구될 경우 이용하면 좋다.

◦ 필로티형

1층에는 기둥piloti만 세워 개방된 공간으로 만들어 주차장이나 어린이 놀이 장소로 이용하고, 거주부분은 2층 이상으로 올리는 방법이다. 이 유형은 대지 주변에 주택 등이 밀집되어 있어 1층에 충분한 일조, 통풍, 프라이버시 등을 얻을 수 없을 때 이용하면 좋다.

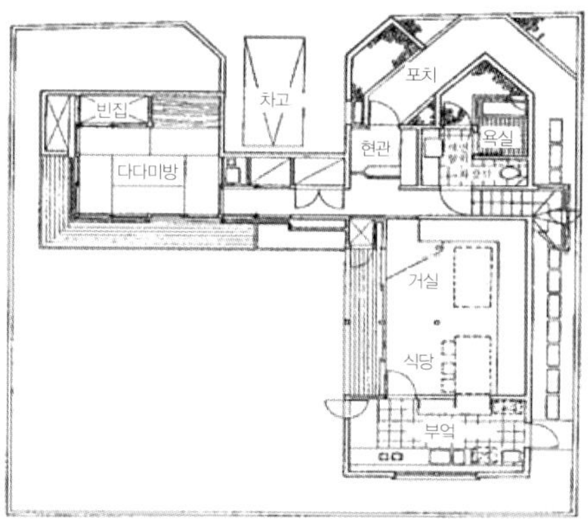

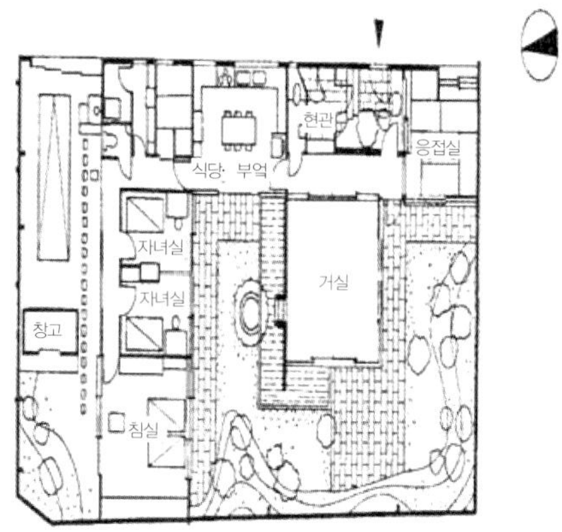

▌그림 11-21▐ 편복도형(좌)과 중정형 평면(우)의 예

◦ 코어형

욕실, 변소, 세면실, 유틸리티와 부엌 등의 물을 사용하는 공간을 한 곳에 집중시킨 형태로 외벽에 인접시켜 설치하는 방법과 코어core 시스템 형으로 평면 중안에 설비 공간을 집중시키는 방법이 있다. 이 경우 기계적인 급·배기 설비가 필요하다.

◦ 스킾 플로어형 skip floo

각 방의 바닥 높이를 다르게 하여 시각적으로 평면 분리를 하는 방법으로 1층→중 2층→2층→중3층 등의 구성이 된다. 이 방법은 주거공간 내의 분위기를 변화시키는 장점이 있다. 그러나 계단이 통로가 되므로 신체가 부자유한 사람이나 노인이 있을 경우에는 부적당하다. 주택의 대지가 경사지인 경우 고저의 차를 이용하여 계획되는 경우가 많다.

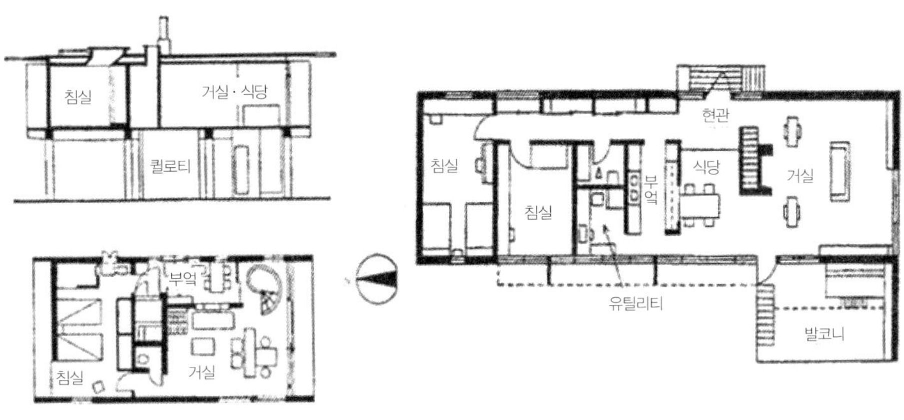

▌그림 11-22▐ 필로티형의 단면과 평면(좌), 코어형(우)평면의 예

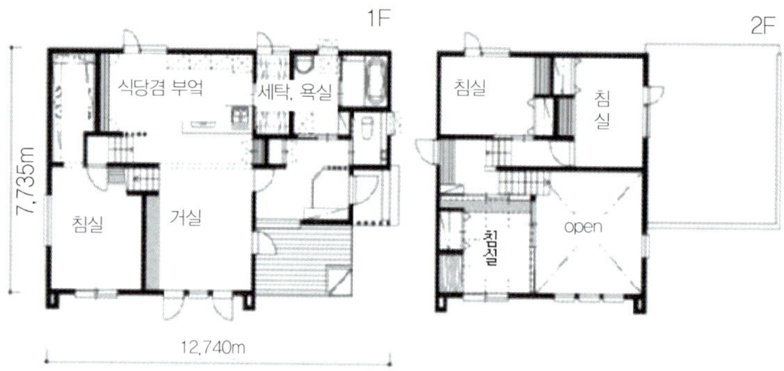

▌그림 11-23▌ 스킵플로어형 평면의 예

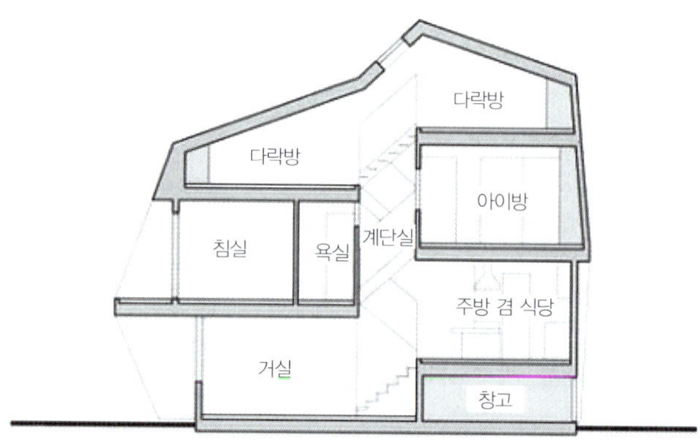

▌그림 11-24▌ 스킵플로어형 단면의 예

제12장

실내디자인을 해보자

집을 신축하였거나 중고주택을 구입하였거나 하여 지금까지의 집과는 다른 새로운 집에 입주를 할 예정이라면 자연히 실내디자인을 어떻게 해야 할 지 생각하게 될 것이다. 직접 하고 싶다고 하더라도 숙련된 기술, 정보와 시간이 없는 경우가 대부분이기 때문에 전문업체나 실내디자이너에게 부탁을 하게 된다. 그렇다고 하더라도 실내디자인에 대한 이해나 기초 지식이 있다면 자신의 의견이 확실하게 반영된 자신만의 공간을 창조할 수 있을 것이다.

제12장

실내디자인을 해보자

내 집의 실내디자인을 내손으로 해보자

집을 신축하였거나 중고주택을 구입하였거나 하여 지금까지의 집과는 다른 새로운 집에 입주를 할 예정이라면 자연히 실내디자인을 어떻게 해야 할 지 생각하게 될 것이다. 직접 하고 싶다고 하더라도 숙련된 기술, 정보와 시간이 없는 경우가 대부분이기 때문에 전문업체나 실내디자이너에게 부탁을 하게 된다. 그렇다고 하더라도 실내디자인에 대한 이해나 기초 지식이 있다면 자신의 의견이 확실하게 반영된 자신만의 공간을 창조할 수 있을 것이다.

• 실내 디자인과 실내장식은 다른가?

실내디자인이란 개인이나 가족이 거주하거나 작업을 위한 공간을 보다 편리하게 계획하고 쾌적한 환경으로 창조해 내는 과정이다. 디자인의 기본원리와 실내공간의 구성요소를 이용하여 실내공간에서 생활하고 작업하는 사용자의 편의와 기호에 대한 전문적인 지식과 배경으로 이루어지게 된다.

◦ 실내장식

벽지, 직물, 가구, 액세서리 등을 이용하여 실내를 아름답게 꾸미는 것이다. 실내디자인이 공간적, 기능적, 정서적 조건 등을 고려하여 평면계획 단계에서부터 내장재, 색채와 조명, 가구, 액세서리 등 실내장식 요소를 첨가하여 생동감 있고 기능적인 공간을 창출해 나가는 종합적인 과정이라면 실내장식은 실내디자인의 작업의 후반과정에서 만날 수 있는 가구 및 물건을 가지고 집을 꾸민다고 할 때 적용되는 개념이다. 특히 주택의 실내디자인은 주거 공간에서 생활하는 개인 및 가족이 사용자가 되므로, 가구특성, 가치관, 생활양식에 대한 이해를 바탕으로 하여야 한다.

• 실내디자인의 과정을 알아보자

◦ 실내디자인에 고려할 속성

실내디자인은 현장에서 작업을 하기에 앞서 현장에 대한 문제인식 → 정보수집 → 종합 및 분석 → 결정 → 평가의 과정을 거친 후 시공을 하게 된다. 이러한 의사결정 과정 중에 기능성, 미 혹은 예술성, 기술성, 심리성 등의 측면을 모두 고려하여야 한다. 기능성은 인체동작이나 동선 등의 생활에 필요한 공간 구성, 채광, 조명, 음향, 설비 등의 물리적 요소에 대한 이해이고, 미 혹은 예술성은 사람의 감각과 예술성에 가치를 둔 속성에 대한 이해이다. 기술성은 기능성과 예술성을 충족시키기 위한 수단으로 공학적인 기술을 반영하는 것이고, 심리성은 외부 자극에 대한 인간의 심리를 공간계획에 반영하는 것이다.

◦ 주택의 실내디자인 과정

주택의 실내디자인은 주공간에서 생활하는 가족들의 생활양식에 따라 다양하며 구체적으로 다음과 같이 기본적인 과정을 통해 이루어지는데, 전문가가 아니더라도 손품과 발품을 팔아 여러 자료와 정보수집, 감각적인 센스를 갖추면 자신의 집을 실내디자인 하는 것은 가능하다. 문제인식 및 자료수집의 과정에서 거주자 특성, 생활양식, 심리적 반응 특성, 미학적 기호 등을 정확하게 파악해야 한다.

❶ 개인 또는 가족의 생활목표에 맞는 주거계획을 세운다.

개인이나 가족의 생활을 분석하는 것인데, 라이프스타일, 기호, 주생활 요구를 파악하여 우리 집에 필요한 공간, 필요하지 않는 공간 등을 체크해 나간다.

❷ 전체적인 분위기를 결정한다.

집 전체의 분위기를 서양식 혹은 한식으로 할 것인지, 클래식한 분위기 혹은 모던한 분위기 혹은 내추럴한 분위기인지 하는 등의 기본 스타일을 정한다.

❸ 기본적으로 요구되는 공간의 규모를 확인 한다.

공간의 기본적인 규모를 알고 있으면 실내공간에 장식되는 조명, 가구, 직물 등의 요소를 선택할 때 시간이 절약되어 계획을 원만하게 진행할 수 있다.

❹ 재료 및 재질을 선정한다.

실내디자인을 구성하는 요소에는 내장재(바닥, 벽, 천장), 카펫, 커튼, 조명기구, 가구 등이 있으며, 각각의 재질에는 많은 종류가 있으므로 품질을 확인한다. 재료를 정하는 데는 재료의 미적인 특성, 내구성, 경제성, 유지관리 측면도 고려한다.

▌그림 12-1▐ 실내디자인의 구성요소

⑤ 조명계획을 세운다.

인공조명뿐 아니라 자연조명(자연광)도 고려한다. 자연조명은 창문의 크기, 형태, 위치에 따라 결정되며, 공간의 밝기는 천장의 색과 재질로부터도 큰 영향을 받는다. 인공조명은 조명기구의 종류와 광원에 따라 조명기구를 바꿔가며 분위기를 연출한다.

⑥ 색채계획을 세운다.

모든 재료와 조명은 색을 지니고 있다. 따라서 색채계획은 모든 요소와 깊은 관련성을 가지므로 상호간의 색채조절의 균형을 깨뜨리지 않도록 유의해야 한다.

⑦ 가구를 선정한다.

가구도 실내디자인을 구성하는 주요 요소로서 그 곳에 놓여 있는 가구의 종류에 따라 그 공간의 기능이 결정된다. 만일 가구를 잘못 구입하거나 잘못 진열해 놓으면 실내가 꽉 차 있어 사람이 가구에 맞추어 생활하는 역현상도 일어나므로 가구 구입 시에는 우리 집에 꼭 필요한가를 정확하게 체크하고 평면도를 지참하여 인체뿐 아니라 주거 공간에도 적합한 치수의 것을 구입하여야 한다.

실내디자인의 건축적 구성요소에 대하여 알아보자

• 건축적 구성요소에 대하여

◦ 바닥

방, 마루 등 실내공간을 형성하는 기본 요소 가운데 인체와 직접적으로 접촉하는 곳이며 사람이나 가구가 정지하고 혹은 자유로이 이동하는 곳이다. 원칙적으로 수평이고 평활해야 하며 적당한 탄성, 보온성 등이 필요하다. 일부분에 계단을 이용하거나 기초구조의 바닥을 낮추어 높이를 변화시킴으로써 기능적 공간의 분리와 심미적 다양성을 부여할 수 있다.

◦ 벽

바닥에 직각으로 면한 수직면으로 외기로부터 실내공간을 보호하고 프라이버시를 갖게 하며 공간의 형태, 크기, 특성 등을 결정짓는다. 공간과 공간을 구분지는 경계로서 일반적으로 고정적이나, 수납장이나 붙박이 가구를 이용하여 이동성이 있는 경우도 가능하다.

바닥과 천장을 연결하는 요소로서 벽 자체를 강조하여 디자인을 함으로써 시선을 끌 수도 있고, 바닥이나 천장과 동일한 마감처리를 하여 공간의 연속성을 주기도 한다. 따라서 벽의 마감처리는 공간의 개방성, 폐쇄성에 따라 재료의 형태, 색 등을 공간의 흐름 차원에서 선택하여야 한다. 벽에는 창과 문의 개구부가 설치되며 벽 재료에는 방화, 방음, 단열, 방수, 내구성, 유지관리 측면을 고려하여야 한다.

◦ 천장

실내의 천공에 해당하는 부분으로 구조적으로 수평형, 원형, 경사진형, 각진형 등으로 다양하게 구성할 수 있으며 조명계획과 병행하여 천장을 디자인하면 효과를 더욱 높일 수 있다.

◦ 개구부

개구부는 벽에 부착된 창과 문을 말한다. 문은 사람이나 물건의 이동과 출입을 가능하게 하지만, 창은 주로 채광과 통풍, 조망을 위한 것이다. 특히 창에는 벽이 아닌 천장에 설치하는 경우도 있어 이를 천창이라고 한다. 천창은 벽에 설치하는 창보다 채광이 우수하지만 청소와 개폐조절이 어렵다. 개구부의 형태와 위치, 디자인은 실내의 분위기에 중요한 영향을 미치는 요소이다.

● 실내공간의 구성요소에 적합한 마감재료로는 어떤 것이 좋을까?

실내디자인에 이용되는 재료는 크게 천연재, 가공재, 합성재로 구분할 수 있다. 천연재는 물리적인 변형의 필요가 있는 경우를 제외하고 그대로 사용하는 것으로 나무, 돌 등이 대표적인 천연재이며 다양한 형태와 크기로 만들어 이용할 수 있다. 가공재는 실용적 사용을 위해 천연재료를 특수한 형태로 변형시킨 것으로 벽돌, 타일, 콘크리트, 합판 등이 이에 속한다. 합성재는 천연자원으로는 존재하지 않으며 인공처리과정을 통해 제조, 가공한 것으로 유리는 대표적인 합성재의 하나이며 이 외에도 플라스틱, 유리섬유 등이 있다.

재료의 선택 및 결정에 있어서는 기능성, 심미성, 경제성을 고려하여야 한다. 기능적 기준은 사용목적의 적합한지에 대한 것으로 용도에 따른 내구성, 유지·보수·청소의 용이성, 파손에 대한 저항성, 안정성 등이 있다. 심미적 기준으로는 바람직한 자연색채 또는 응용색채의 사용에 따른 것으로 질감, 패턴, 시각적인 적합성이 고려된다. 마지막으로 경제적 기준에는 초기 비용뿐 아니라 내구성 및 유지관리 비용과 보수·청소와 가구의 재배치와 관련된 예상 비용 등이 모두 포함한다.

다음의 [표 12-1]에는 실내공간 구성요소에 따라 사용될 수 있는 다양한 마감재료를 설명하고 있다. 이외에도 2차적 마감 재료라고 할 수 있는 직물 등이 있다.

• 직물: 직물은 공간에 부드러운 느낌과 유연성을 제공하여 딱딱하고 허전해 보이는 방을 부드럽고, 편안하고, 우아하게 보이도록 만든다. 따라서 직물의 선택에서 매력적인 색채와 질감을 선택하는 것이 가장 중요하다. 일반적인 직물의 기준에는 내구성, 유지·보수의 편리성, 얼룩에 대한 저항성, 사용 용도에 맞는 무게 및 작업의 용이성, 경제성 등이 포함된다. 바닥깔개로 쓰이는 카펫과 커튼이나 실내 가구 커버 재료로 쓰이는 패브릭 등이 포함된다.

• 카펫: 천연섬유나 합성섬유로 만들어지는 바닥깔개를 총칭하는 것으로 직조방법에 따라 구조와 재질, 색상과 패턴, 품질과 가격이 다양하다. 카펫은 질감이 부드럽고 물체나 사람이 바닥에 접촉할 때 발생되는 소리를 흡수해 주며, 청소와 유지가 상대적으로 용이하기 때문에 주거공간뿐만 아니라, 업무공간과 상업공간에도 널리 사용된다. 카펫은 까는 방법에 따라 부분적으로 까는 경우piece carpet와

바닥 전체에 까는 경우wall to wall carpet로 구분한다. 부분 카펫은 러그rug라고 하며 바닥의 한 부분에 부분적으로 까는 것을 말하는데 크기도 자유롭게 정할 수 있어 실내디자인의 포인트로 활용할 수 있다.

• 커튼: 손쉽게 교체가 가능하면서도 실내의 분위기 결정에 큰 역할을 하므로 각 공간의 사용 목적에 맞게 분위기를 연출하고 계절을 표현할 수 있다. 과도한 빛과 눈부심을 통제하고, 여름철의 과도한 태양열과 겨울철의 열손실을 제한하는 단열성능이 있다. 거주자의 사생활을 보호하고 불만족스러운 창문 모양, 위치나 디테일을 감추거나 변화시키는 데에도 유용하게 이용할 수 있다. 투광성에 따라 두꺼운 천으로 실도 굵고 짜임새도 치밀하여 중후함과 화려함이 있는 드레이프drape, 실의 굵기나 짜임새, 투광성으로 보아 드레이프와 레이스 중간형으로 경쾌한 색상과 무늬로 효용성이 높아서 가장 많이 쓰이는 케이스먼트casement, 투시성이 있는 얇은 커튼으로 통기성이 가장 높으며 일조 조정 및 눈가림을 할 수 있고 시원스러운 레이스lace로 구분된다.

• 블라인드: 롤 블라인드, 베니시안 블라인드, 버티컬 블라인드 등이 있다. 롤 블라인드는 스크린을 상하로 움직여서 사용하는 것으로 높낮이를 조절할 수 있으며, 스크린 자체의 모양과 소재를 즐길 수 있다. 베네시안 블라인드는 수평으로 늘어진 슬랫의 각도와 높이를 조절하여 일조 및 통기를 통제할 수 있으며, 버티컬 블라인드는 세로로 늘어진 루버가 체인으로 연결되어 180° 회전이 가능하며 한 쪽으로 이동하며 접는다. 좌우로 열고 닫을 수 있으므로 출입구에도 사용할 수 있으며 금속성에서 직물까지 종류가 다양하므로 용도에 맞게 사용할 수 있다.

표 12-1 실내 마감재료의 종류의 특징

재료	특징	바닥	벽	천장
목재	나무의 고유한 색과 재질은 자연미가 있고 따뜻한 느낌을 준다. 소나무, 가문비나무, 전나무 등의 상록수나 침엽수와 같은 연재는 구조재로 사용하고 무늬목 등의 자연소재의 마감재나 착색, 페인트를 이용하여 마감한다. 오크, 호두나무, 단풍나무 등 과실수와 견과류를 포함하는 경재는 연재보다 더 밀도가 높고 단단하여 실내 마감재, 가구, 또는 장식적 효과를 위해 사용된다. 널빤지나 쪽마루, 몰딩 등 다양한 형태로 이용할 수 있으며, 수종(樹種)에 따른 고유한 색상을 이용하여 독특한 실내 분위기를 연출할 수 있다.	●	●	○
석재	자연적인 문양이 있으며 색상도 다양할 뿐 아니라, 내구성이 강하고 유지관리가 쉬워 폭넓게 사용된다. 종류에는 벽돌, 슬레이트, 판석, 대리석, 화강암 등이 있다. 벽돌은 대부분 붉은 색이나 갈색을 띠고, 벽돌의 접착제로 쓰이는 모르타르는 흰색, 회색, 기타 여러 가지 색조로 만들 수 있다. 대리석은 흰색과 회색으로부터 진녹색, 붉은색, 노란색에 이르기까지 색상이 매우 다양하고 아름다워 독특한 문양을 구성하거나 장식재료로 사용된다. 화강암은 분홍색, 암갈색, 검정 등 일반적으로 어두운 색을 띠며, 대리석이 실내 마감재로 주로 이용되는 반면, 화강암은 실내·외 마감에 모두 이용 가능하다.	●	●	
타일	세라믹타일, 모자이크 타일, 쿼리타일, 테라코타 등 여러 가지 종류가 있다. 모자이크 형태에서 큰 사각형 또는 정사각형, 육각형, 원형 등 모양이 다양할 뿐 아니라, 색상, 질감, 패턴도 다양하여 실내 마감재로 널리 이용된다. 딱딱한 표면은 위생적이고 방수효과가 있어 특히, 부엌, 욕실 등 물을 사용하는 장소에 적합하다. 쿼리 타일과 같은 구운 진흙으로 만든 타일은 단단하기가 석재와 비슷하여 기초 바닥재로도 사용된다.	●	●	
금속	실내마감에 이용되는 금속 재료에는 강철, 철, 알루미늄, 브라스와 브론즈, 구리 등이 있다. 강철이나 철은 경제적인 구조재 및 장식재로 문틀, 문, 창문 샤시, 난간, 하드웨어 등 다양하게 이용된다. 알루미늄은 무게가 가볍고, 쉽게 부식되지 않으므로 상점의 정면, 창틀, 외부벽 마감 등에 널리 이용된다. 브라스와 브론즈는 특유의 노랑과 갈색 광택을 띠며 트림이나 하드웨어에 이용되고, 구리는 주황색 광택을 띠며 벽난로 위의 후드, 스토브, 바 카운터(bar counters) 등 장식적인 용도로 널리 사용되고 있다.		○	
플라스틱	색, 무늬, 질감이 다양하고 투명, 반투명, 불투명한 것이 있다. 단단한 타일이나 패널 형태가 있고, 유리섬유로 강화되거나 합판처럼 만들어지기도 한다. 가볍고 내구성이 강하며 유지관리가 쉽고 습기에 강하여 얼룩이나 더러움을 타지 않는다. 바닥재로 쓰이는 것은 보통 30~50㎝의 사각형으로 된 시트나 타일형태로 내구성이 강하고 유지관리가 쉬우며 탄력성이 있다. 일반적인 탄성재료에는 리놀륨, 아스팔트, 아스팔트-석면포 혼합물, 비닐 플라스틱, 코르크, 고무 등이 있다. 색상과 패턴이 다양하고 배치나 고유한 패턴과 색상에 따라 다양한 디자인을 창주할 수 있다	●	●	
유리	투명성을 가진 재료로서 개방된 느낌을 준다. 에칭(etching: 부식)이나 길딩(gilding: 도금) 기법을 이용하여 투명성을 낮추거나 거울의 형태로도 만들 수 있다. 투명유리는 내부와 외부를 연결시켜주고, 거울은 공간을 넓어 보이게 하여 시각적 즐거움을 주기도 한다. 유리블록은 다양한 크기, 모양, 질감, 패턴으로 생산되며, 속이 비어있어 좋은 단열재일 뿐 아니라, 시선은 차단시켜 주지만 빛은 통과시켜 흥미 있는 패턴을 만들어 준다. 스테인드 그라스와 같은 장식유리는 여러 가지 색상을 첨가시켜 장식용도로 다양하게 사용할 수 있다. 이 외에도 별도의 강도를 얻기 위해 열처리 된 강화유리는 유리문이나 샤워실의 문에 사용되고 유리판 중심에 격자형 또는 다이아몬드형 철망을 넣은 망입유리는 방화벽이 필요한 위치에 이용된다.		○	○

●: 일반적으로 사용됨. ○: 경우에 따라 사용가능함.

실내디자인에서 필요한 각 요소에 대하여 알아보자

• 조명계획에 대하여

조명은 성공적인 실내디자인을 위한 가장 중요한 요소 중 하나이다. 조명계획은 실내의 기능과 목적에 맞게 빛에너지를 조절하는 작업으로 자연조명과 인공조명 모두를 잘 활용하여 효과를 높일 수 있다. 조명계획에서는 적정 조도수준에 의한 밝기의 문제뿐 아니라, 휘도대비와 현휘의 조절, 대비와 확산, 경제적 문제를 모두 고려하여야 한다. 조명이 잘 계획되면 원하는 분위기나 기분을 만들어 줄 수 있고, 주의를 유도하거나 집중시킬 수 있으며, 형태나 질감을 돋보이게 할 수도 있고, 공간 지각을 강조하거나 변화시킬 수 있다.

◦ 자연조명과 인공조명

자연조명은 창문, 유리벽, 천창 등의 개구부를 통해 태양광이 실내로 유입되는 것으로 낮 동안에는 인공조명이 필요 없을 만큼 충분히 채광이 이루어져야 한다. 건물의 위치와 방위, 공간의 위치, 창문의 크기와 모양, 창틀, 디테일, 개폐방법에 따라서도 일광을 조절할 수 있으며, 이를 통해 주광을 효과적으로 활용하는 것은 물리적, 심리적인 측면 뿐 아니라 경제적 측면에서도 가치 있는 일이다.

인공조명은 대부분 전기를 사용하는 조명을 의미하는데, 밝기, 색채, 위치의 조절이 자유로워 공간의 성격을 결정짓는 중요한 디자인 요소로 이용되어 왔다. 공간 전체를 밝게 하는 전반조명은 방 전체의 밝기를 유지시켜 줄 수 있으며, 필요한 곳만 부분적으로 밝게 하는 국부조명은 방의 분위기를 연출하는데 이용할 수 있다.

◦ 광원의 종류

일반적으로 주택에서 많이 이용하는 광원의 종류에는 백열등과 형광등의 2가지 기본적인 유형이 있다. 백열등은 태양광에 가까운 색으로 편안하고 공간 연출에 효과적이다. 형광등은 경제적이고 수명이 길지만 연색성이 나빠 차갑고 창백한 빛을 내는 단점이 있다. 최근에는 백열등과 유사하며 따뜻한 색을 돋보이게 하는 온색형광등과 오후의 주광과 비슷한 색온도로 연색성이 높은 한색 형광등, 삼파장 전구. LED 등 새로운 제품이 개발되어 사용되고 있다.

◦ 조명방식

• 전반확산조명: 반투명의 원형 글로브 등을 사용하여 확산광으로 공간전체를 밝게 하는 조명방법이다. 눈부심이 거의 없고 그림자도 매우 약하다.

• 직접조명: 빛을 비추고자 하는 면을 향해 밑으로 90% 이상을 비추는 방법으로 천장에는 거의 배광이 안되므로 명암의 대비가 심해서 눈부심이 일어나기 쉬우며, 빛에 의한 그림자가 생기기 쉽다. 예술품 등의 특정한 곳을 강조하기 위해 사용하는 스포트라이트가 직접조명에 해당된다.

• 반직접조명: 천장으로 40% 정도의 빛이 가기 때문에 명암의 대비가 작으며 눈심이나 그림자가 직접조명보다 약하므로 실내전체가 밝게 된다. 식탁 위의 펜던트 등이 이에 속한다.

▌그림 12-2▌ 인공조명의 효과 (자료: 박필제, 조명과 실내장식, 1994)

• 반간접조명: 천장으로 60% 정도의 빛을 반사시키고 나머지는 밑으로 모아 비추며 눈부심은 거의 일어나지 않고 그림자도 부드럽게 나타난다. 대화나 음악 감상 등을 위한 장소에 사용하며 부드러운 분위기가 연출된다. 브라켓(벽등)이 해당된다.

• 간접조명: 빛의 90% 이상을 반사광으로 하여 공간 전체의 분위기가 매우 부드럽고 눈부심도 전혀 없다.

◦ 조명기구의 종류

조명기구는 그것이 어디에 장착되느냐에 따라 다음과 같이 분류된다.

• 실링라이트ceiling light 주택에 많이 쓰이는 것으로 천장에 직접 부착시킨다.

• 브라켓bracket: 벽면에 부착시키는 조명기구로서 현관, 복도 등에 많이 사용되며 거실, 침실 등에도 연출할 수 있다.

• 풋라이트foot light: 계단 밑이나 침실의 바닥면에 가까이에 위치하며 주로 야에 항상 켜 놓는 조명기구이다.

▌표 12-2▐ 배광에 의한 조명 방식

구분	전반확산조명	직접조명	반직접조명	반간접조명	간접조명
배광 방식	상 40~60% 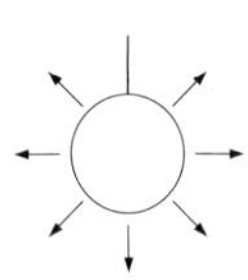 하 60~40%	상 0~10% 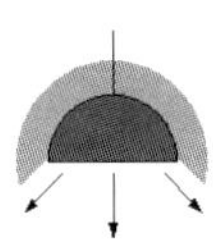 하 100~90%	상 10~40% 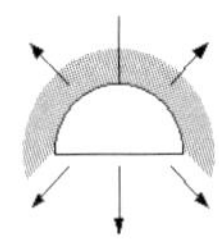 하 90~60%	상 60~90% 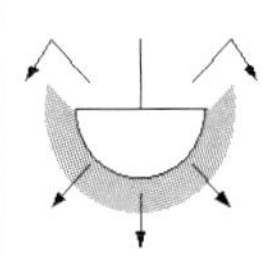 하 40~10%	상 100~90% 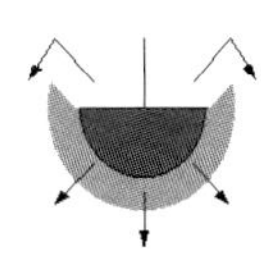 하 0~10%
조명률	○	○	△	△	×
경제성	○	○	△	△	×
균제도	△	×	△	△	○
눈부심	△	○	○	△	×

○: 높음 △: 보통 ×: 낮음

• 스포트라이트spot light: 빛의 방향이 손쉽게 바뀌는 집중조명으로 천장, 벽, 트랙에 부착시켜서 조절한다. 필요한 곳을 기능적으로 밝혀주기 때문에 보다 매력적이고 극적인 효과를 낼 수 있다. 거실, 식당, 어린이방 등에 다양하게 이용된다.

• 스탠드stand: 이동 가능한 조명으로 바닥에 직접 세워 놓는 플로어 스탠드와 테이블 위에 놓는 테이블 스탠드 등이 있다. 주로 거실과 서재 등에 독서용, 작업용의 국부조명으로 쓰여 기능과 장식적인 효과를 함께 얻을 수 있다.

• 다운라이트down light: 천장에 매립시키는 조명기구로 시야에 거슬리지 않으면서 부드러운 효과를 낼 수 있다.

• 펜던트pendant: 천장에서 아래로 늘어뜨리는 조명기구로 전방조명과 국부조명에 모두 사용할 수 있다.

• 샹들리에chandelier: 펜던트의 일종으로 전구가 많아 화려하고 장식성이 풍부하나 방의 크기와 균형을 고려해야 한다.

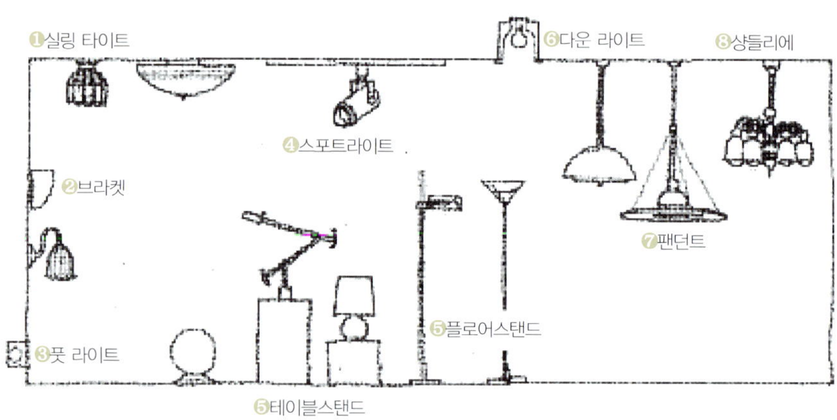

▌그림 12-3▌ 조명기구의 종류

• 실내공간별 조명계획을 한다면

주택 공간에서의 조명계획은 공간마다의 요구 사항이 다르므로 다르게 연출할 필요가 있다. 또한 빛의 방향에 따라서도 분위기가 달라지므로 생활과 기능을 분석한 후 그에 맞는 계획을 세워야 한다.

• 현관: 집의 첫인상을 주는 곳으로 손님을 반갑게 맞이하는 이미지에 맞게 조명을 연출한다. 조명을 천장 위에 하나 설치하는 것보다는 벽면에 브라켓을 달거나 신발장 위에 스탠드를 놓아두면 기분 좋은 효과를 얻을 수 있다.

• 거실: 가족의 단란, 접객에 이용되므로 전반조명과 함께 여러 종류의 국부조명을 병용하는 것이 좋다. 최근에는 전반조명으로 다운 라이트와 샹들리에를 병용하여 사용하면서 밝기를 조절할 수 있는 딤머를 설치하여 다양한 분위기를 낼 수 있도록 하는 예도 많다. 국부조명으로 사용할 플로어스탠드는 키가 큰 것이 좋은데, 빛을 위에서 비스듬하게 받게 되면 사람이 아름답게 보이며 신문, 책 등을 읽을 때에도 가장 좋은 각도가 되기 때문이다. 거실의 벽면에 그림이 있을 경우 그

▌그림 12-4▌ 조명계획의 과정

림을 집중적으로 비추어 주는 스포트라이트를 설치하고 장식용 코너나 선반에는 작은 테이블 스탠드를 병용하면 좋은 효과를 낼 수 있다.

• 식당: 식탁 위에 음식을 맛있게 보일 수 있도록 하고 모인 사람들을 부드럽게 감싸 줄 수 있는 조명이 필요하다. 식탁 위에 빛을 집중시키는 펜던트 형태의 국부조명으로 하되 얼굴에 그늘이 생기지 않는 반간접 조명이 바람직하다. 백열등이나 할로겐을 사용하면 좋다.

• 침실: 휴식과 취침을 하는 곳이므로 지나치게 밝게 하지 않는 것이 좋다. 전반조명으로는 다운라이트를 이용하여 은은하게 비추면서 침대 윗부분은 브라켓을 비춰주거나 스탠드를 이용하여 필요에 따라 조절할 수 있게 한다. 부부침실은 연색성이 좋은 백열등을 이용하면 따뜻하고 부드러운 분위기를 연출할 수 있다.

• 부엌: 작업공간이므로 충분한 밝기가 필요하며 전반조명과 함께 조리대와 개수대 위에는 국부조명을 설치하면 작업을 효과적으로 할 수 있다.

• 욕실: 물을 사용하는 곳이므로 전구를 완전히 덮을 수 있는 고정된 유리구의 브라켓과 다운라이트로 전반조명을 해준다. 브라켓은 거울 위에 벽에 부착하여 면도나 화장을 할 때 얼굴에 그림자가 생기지 않도록 해 준다.

• 복도: 조명을 잘 이용하여 개성 있는 공간으로 연출할 수 있다. 다운라이트로 전체적인 조도를 유지하면서 벽에 걸린 그림이나 조각품에 스포트라이트로 액센트를 주면 작은 갤러리의 효과를 낼 수 있다.

• 계단: 조명은 주로 천장에서 내려오는 펜던트나 벽에 브라켓을 설치하며, 계단이 시작하는 곳과 끝나는 곳에 3로스위치를 달면 기능적으로 사용할 수 있다. 또, 계단 디딤판 밑에 조명을 하는 방법도 있다.

• 옥외조명: 집 전체를 밝게 하여 그 집안의 개성을 살리며 실내와 연결된 생활공간을 만들 수 있게 한다. 옥외조명은 오랜 시간 동안 켜 두어야 하므로 경제적인 면을 고려해서 선택하며, 나무, 바위, 벽 밑으로 광원을 감추어 눈부심을 피하

도록 한다.

• 색채에 대하여 알아보면

◦ 색의 속성에 대하여

• 색상, 명도와 채도에 대하여

색은 빨강, 노랑, 파랑 등으로, 또는 어두운 색 밝은 색으로, 때로는 선명한 색과 탁한 색으로 표현한다. 동일한 색이라도 밝기와 색의 포화도, 즉 순수한 정도가 다른 색이 생겨나게 된다. 이와 같은 성질은 색상, 명도, 채도라는 색의 삼속성에 의해 설명이 가능하다. 색상은 색의 이름, 명도는 밝기, 채도는 색의 선명한 정도를 의미한다.

• 색의 톤에 대하여

톤tone은 색의 삼속성 가운데 색상을 제외한 명도와 채도가 상호 관련되어 나타나는 색조를 의미한다. 화사함, 차분함, 부드러움, 딱딱함 등 색의 분위기를 나타내며 색의 이미지 조화에 도움을 준다. 색채계획은 색의 이미지 뿐 아니라 톤tone에 의한 감정효과의 이해를 바탕으로 이루어진다. 색은 독특한 심리적 의미가 담겨져 있으며 인간의 반응과 행동에 영향을 미친다. 예를 들어 빨강은 흥분, 열정, 힘 등의 의미를 내포하고 있으며, 불과 피와 관련하여 위험이나 이에 대한 경고에 사용되는 반면 여성스럽고 온화하며 우아한 이미지를 나타낼 수 도 있다. 노랑은 따뜻하고 명랑한 색으로 생동감 있고 활동적인 이미지를 가진다. 또, 파랑은 가장 차가운 색의 하나로 단순함, 순수함, 엄숙함 등의 이미지를 나타내어 사고, 명상 등을 도와주는 색으로 지적인 활동을 하는 장소에 적용된다.

◦ 색을 어떻게 구성해야 하나?

색채계획을 통해 공간의 분위기를 설정할 수 있고, 공간의 크기를 조정할 수 있으며, 공간을 세분하거나 전체로 통합시킬 수도 있다. 이러한 색채계획은 조화로운

▌그림 12-5▐ 색의 이미지 (자료: 한국실내디자인 학회, 실내건축을 위한 색채디자인, 2000)

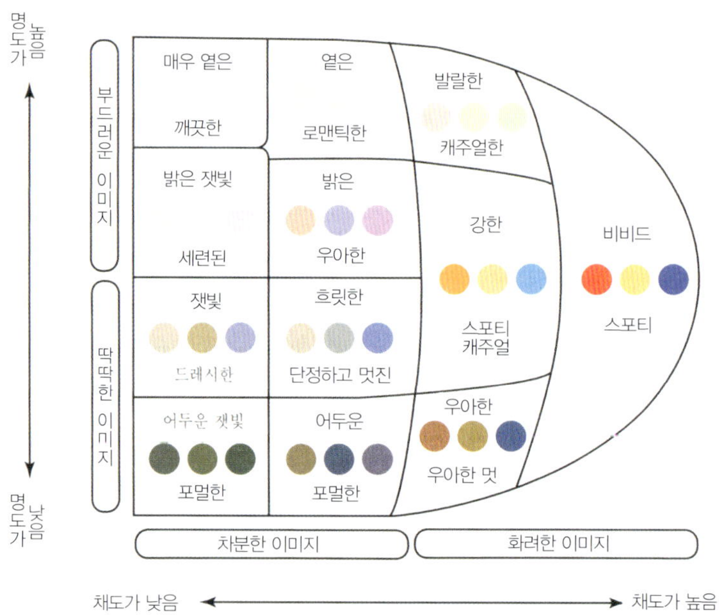

▌그림 12-6▐ 톤(tone)의 이미지

색채구성을 바탕으로 하는데, 기본적인 배색방법으로 단일색의 배색, 유사색의 배색, 보색의 배색이 있으며 그 외에 다양한 배색방법이 있다. 단일배색은 단일 색상에서 다소 넓은 범위의 채도와 명도를 사용하는 것이다. 시각적으로 거슬리거나 충돌하는 경우가 거의 없기 때문에 비교적 쉽게 접근할 수 있으나 단조롭다거나 부자연스러운 느낌을 줄 수 있다.

유사색 배색은 서로 인접한 색상을 사용함으로써 조화를 이루고자 하는 것이다. 예를 들면, 노랑과 함께 연두색이나 주황색을 사용하거나 초록과 함께 청록이나 청록색이나 연두색을 사용하는 것이다. 유사색은 전체 색상환 중에서 90° 이내로 단일색의 배색에서보다는 더 넓은 범위의 색상이 선택되어지므로 단조로움의 위험이 적으면서 조화가 보장된 배색을 얻을 수 있다.

보색 배색은 색상환의 반대편에 있는 대조되는 색상을 이용하는 것이다. 빨강과 초록, 주황과 파랑, 노랑과 보라 등 색상환에서 마주보고 있는 색채를 사용하기 때문에 밝고 균형잡힌 느낌을 주는 경향이 있다. 성공적인 보색배색을 위해서는 넓은

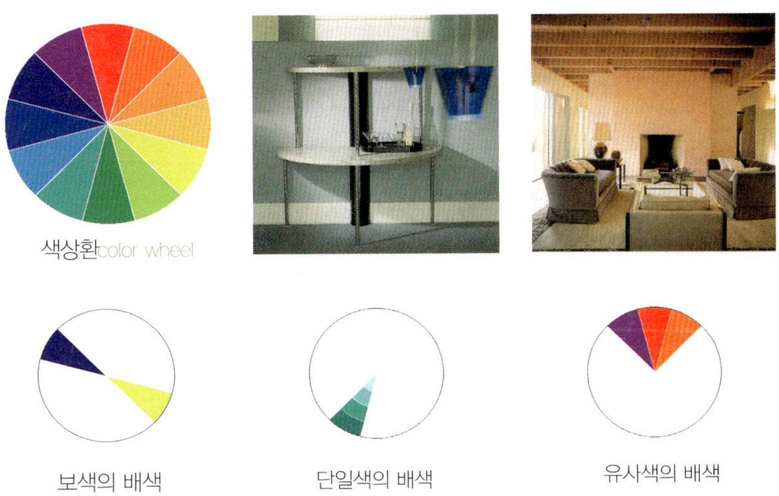

▌그림 12-7▐ 색채구성의 예

공간에는 색상환의 반대편에 있는 높거나 낮은 명도의 저채도의 색을 사용하고 좁은 공간에는 색상환이 반대편에 있는 더 강한 색을 사용한다. 그러나 너무 지나치게 밝거나 화려한 느낌을 주어 불쾌감을 유발하지 않도록 주의해야 한다.

• 실내공간의 색채계획을 한다면?

◦ 색채계획의 과정은 어떻게

주택의 색채계획은 거주자의 특성을 파악하는 것에서부터 시작된다. 거주자 특성으로는 기호 및 선호하는 분위기 뿐 아니라 때, 직업, 연령 및 라이프스타일을 파악해야 한다. 이와 함께 공간의 여건분석과 실내용품에 대한 고려가 이루어져야 한다. 대상 공간의 용도, 크기, 형태, 그리고 창과 전망, 조명의 양과 질을 검토하고, 여기에 이미 소장하고 있거나 배치하기를 원하는 가구, 그림, 실내용품의 색상, 크기, 형태를 고려한다.

사전조사 작업이 끝나면 개념 설정의 단계로 전체적인 분위기나 스타일에 대한 결정을 내린다. 단순하고 모던한 스타일, 고전적이고 중후한 스타일, 전통적 한국의 스타일 등 다양한 이미지들 중 어떠한 개념으로 접근할 것인가를 분명히 결정하고 색채가 가지고 있는 기능적 특성과 이미지를 바탕으로 계획의 방향을 설정한다.

개념이 설정되면 전체적인 주조색을 결정하여 개념에 맞는 이미지를 만들어 나간다. 선택한 주조색을 중심으로 이미지에 어울리는 색채조화의 방향을 결정하고 색채를 선택한다. 선택되어진 색채들을 이용하여 실내의 각 부분에 색채를 배분한다. 색채배분을 위해 실의 각 요소들은 주조색 영역, 보조색 영역, 강조색 영역으로 세분할 수 있다. 주조색 영역은 벽, 바닥, 천장의 배경이 되는 부분이고, 보조색 영역은 커튼과 소파 등 큰 가구들이 이에 속하며, 강조색 영역은 소품과 액세서리 등이 있다. 이렇게 하여 각 영역별로 선택된 색상에 어울리는 재료의 샘플을 수집하고 재료를 통해 표현되는 색상과 질감을 함께 비교·검토하여 결과를 예측하고 이를 실행한다.

◦ 실내공간별 색채계획을 해보자

주거 공간에서의 색채 선택과 표현은 그 폭이 매우 다양하다. 효과적인 색채계획을 위해서는 각각의 공간의 기능과 역할을 고려하여 색채의 심리적 효과를 잘 활용하면서 전체적으로 조화를 이룰 수 있도록 유사 또는 대비의 개념으로 서로 관련성 있게 계획하여야 한다.

• 침실: 사용자의 개성과 선호를 적극적으로 반영할 수 있는 공간이므로 사용자의 요구에 따라 부분적으로 강렬한 색을 사용하는 것도 좋으나 천장이나 벽면 전체에 강렬한 색을 사용하는 것은 피하는 것이 좋다. 사용 색채는 2~3가지로 제한

▌그림 12-8▌ 색채계획의 과정

하는 것이 좋으며 많은 면적을 차지하는 침대, 커버, 커튼의 색상은 배경색보다 약간 밝거나 어두운 톤의 패턴으로 변화를 주어 무리가 없도록 계획한다. 또, 강조색 영역의 요소들을 함께 이용하여 계절에 따라 변화를 주는 것도 좋다.

• 거실과 식당: 강렬한 색의 과다한 사용보다는 가족의 품격을 나타내는 색채계획이 필요하다. 주조색은 편안한 느낌을 주는 따뜻하고 밝고 부드러운 색상을 사용하고, 차가운 색상으로 계획하기를 원할 경우에는 강조색 영역에 따뜻한 색을 이용하여 대비를 주면 효과적이다. 면적이 좁을 경우 단일색이나 유사색을 사용하는 것이 좋고, 넓은 경우에는 보색대비와 같은 다양한 연출로 흥미와 활기를 불어넣는 것도 좋다.

• 자녀실: 전체적으로 밝고 깨끗한 색으로 계획하는 것이 바람직하다. 아동의 선호은 주로 채도가 높은 강렬한 색이 많은데, 이들을 넓은 면적에 선택할 경우 정서적으로 안정감을 주지 못한다. 주조색은 부드럽고 따뜻한 색으로 선택하고 장난감, 그림 등의 강조색을 이용하여 아동의 색채에 대한 호기심을 충족시켜 주는 것이 좋다. 또, 주기적으로 색상변화를 줄 수 있도록 부분 부분의 재료의 교체가 용이하도록 하는 것도 융통성 있는 색채계획이 된다.

• 부엌: 강렬하고 활기 있는 색채도 괜찮다. 작업대 상판은 밝은 톤이나 자연색을 이용하여 청결한 느낌을 주도록 하고, 가구는 단순한 색상이나 높은 채도의 색채를 이용하는 것이 효과적이다. 벽면이 어두우면 밝은 수납가구를, 벽면이 밝으면 약간 어두운 가구의 색상을 선택하면 좋다. 바닥이나 벽은 색상, 패턴 등에 특성을 강하게 주어도 무리가 없다. 주방의 모든 기기가 색채를 갖고 있기 때문에 수납체계가 효과적으로 이루어져야 하며 밖으로 돌출되는 기기의 색상을 잘 고려해서 전체 색상이 깨끗하고 단정한 느낌으로 정리되도록 한다.

• 욕실: 깨끗하고 위생적으로 보이는 것이 중요하며, 지나치게 강한 색은 사용자의 얼굴을 변색시켜 보이게 하므로 부드럽고 청결한 느낌의 색으로 하는 것이

좋다. 단순한 색상이 좋으며 띠장 타일이나 데코타일 등으로 주변 색상과 함께 장식적 효과를 줄 수 있고 한쪽 벽면이나 바닥 전체에 단순한 그래픽 처리로 독특한 효과를 연출할 수도 있다. 욕조, 세면기, 변기 등의 색상 선택은 주변과 반대색 또는 동일한 계열의 색상으로 선택하고 이를 보완해서 수건, 비누 등에서 강조색을 사용하면 좋다.

- 가구는 사람과 공간을 연결한다

  ◦ 가구를 분류해 보면

공간의 기능은 그 곳에 놓여 있는 가구의 종류에 따라 결정된다. 가구는 색이나 형태보다 기능을 먼저 생각하고 선택한다. 가구의 종류는 수납이나 칸막이가 주된

▌그림 12-9▐ 거실의 색채계획의 예 _ 색상·명도·채도의 변화

▌그림 12-10▐ 한쪽 벽면에 다른 색채와 재료를 사용한 욕실의 예

기능이 되는 건물 중심의 가구, 사람의 동작을 어느 정도 지지하느냐에 따른 사람 중심의 가구 등으로 분류한다. 또한 배치변경이 어느 정도 가능한가에 따라 자주 움직일 수 없고 변경이 쉽지 않은 가구, 융통성 있게 움직일 수 있는 가구 등으로 분류하기도 한다.

전자의 분류에 따르면 가구는 의자나 침대와 같이 신체에 직접 닿게 되어 신체를 지지해 주는 인체계 가구, 테이블, 책상 등 인간이 작업을 하기 위한 준인체계 가구, 물건을 수납·정리하는 건물계 가구 등으로 나눌 수 있다. 후자에 따른 분류는 쉽게 이동할 수 있는 의자에서부터 거의 이동하기 어려운 부엌가구 등으로 나누어 볼 수 있다.

표 12-3 가구의 분류

유 형	가구종류	특 징
인체계가구 (휴식용)	의자, 소파, 침대	인체를 지지함으로써 휴식의 용도로 주로 사용되며 앉거나 누울 때의 편안함 등의 기능이 강조됨.
준인체계가구 (작업용)	테이블, 책상, 작업대, 싱크대, 조리대	물체의 지지와 상판 위에서의 작업 등 가구가 설치되는 공간의 요소도 같이 고려됨.
건물계가구 (수납용)	수납장, 장롱, 서랍장, 장식가구, 칸막이	인간중심보다는 수납되는 물품, 수납가구 등이 들어가는 방의 크기 등 물건과 공간의 요구가 강조됨.

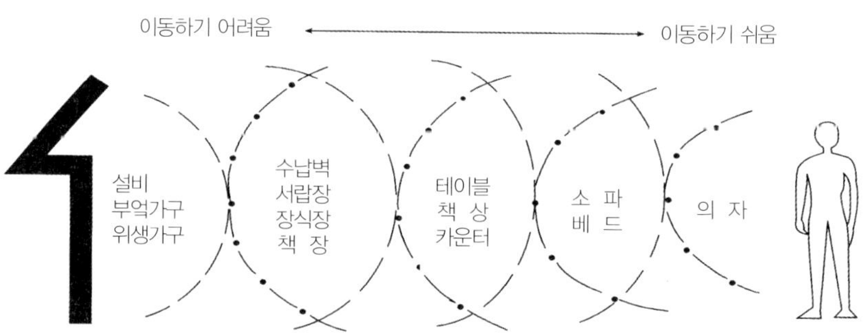

그림 12-11 이동성에 따른 가구의 종류
(자료: Sekisui House, Interior Designing, 1988)

◦ 가구의 선택에 대하여

대부분의 가구는 고가이면서도 한번 선택하면 장기간 동안 사용하게 되므로 신중한 선택이 필요하다. 일반적으로 가구를 선택하는 기준으로 다음과 같다.

- 가구의 기능과 용도, 크기가 필요한 공간에 적합한지 이동의 편리성은 어느 정도인지 고려한다.
- 가구의 경제적 측면, 즉, 가구자체에 대한 가격 및 유지관리 측면을 고려한다.
- 가구의 사용에서 안전한지 쾌적한지가 고려되어야 한다.
- 가구의 미적 측면과 개성을 고려한다. 아름답다고 하여도 이집 저집에서 볼 수 있는 똑같은 가구는 매력적이지 못하다.

침대는 우리 생애의 3분의 1인 수면을 보장해 주는 가구이므로 특히 기능적 측면(탄력성, 보온성, 내구성, 안락감, 항균성 등)이 우수해야 하고 크기가 사용자에 키에 적합해야 한다.

소파는 2인 이상이 앉을 수 있는 긴 의자를 말하는데 보통 3인용을 가리킨다. 소파가 차지하게 될 점유면적과 배치될 공간의 크기를 고려하여 선택하는데, 작다안 부드러움과 탄력성이 있어야 하고 마감 재료가 견고하고 미적으로도 아름다워야 한다. 팔걸이가 잇는 것이 휴식에 도움이 된다.

의자를 선택할 때에는 상황에 맞는 차람으로 반드시 앉아 보아야 하고 마감 재료와 상태를 확인하고 자신의 신체를 잘 받쳐주는 지 고려한다.

테이블, 책상의 작업용 가구와 옷장, 서랍장 등의 수납용 가구는 놓여질 공간의 마감 재료와 색채와의 관계를 고려하고 안전한지 금속 접합부분이 견고한지를 잘 살펴야 한다.

◦ 가구를 배치하자

가구배치는 딱히 전문가가 아니라도 얼마든지 잘 할 수 있다. 공간의 기능과 성격은 가구가 어떻게 배치하느냐에 따라 좌우되기도 하므로 가구를 배치할 때는 동선이나 작업 능률 등을 고려해야 한다.

가구의 배치 방법으로는 집중적 배치와 분산적 배치로 나눌 수 있다. 집중적 배치는 구심적인 배치 방식으로 실내가 정돈되어 보이기는 하지만 딱딱한 느낌을 준다. 분산적 배치는 원심적인 배치 방식으로 다소 산만한 느낌을 주지만 편안하며 경우에 따라서는 개성적인 실내를 연출할 수도 있다.

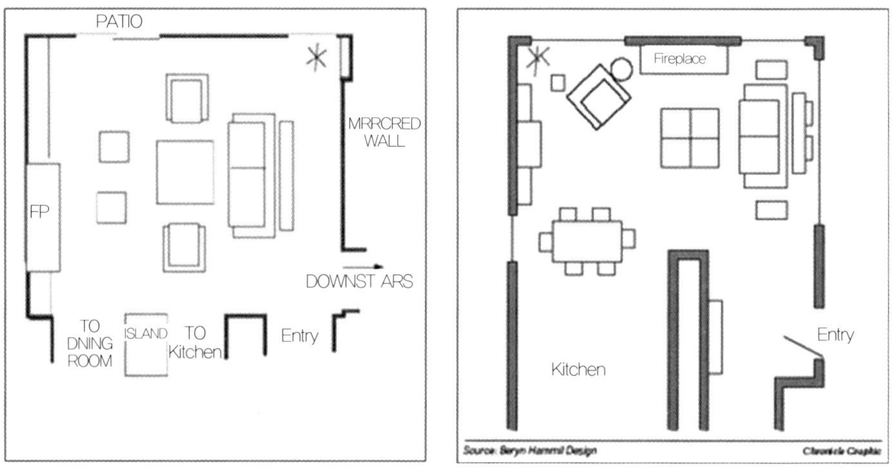

▌그림 12-12▌ 집중적 배치(좌)와 분산적 배치(우)의 예

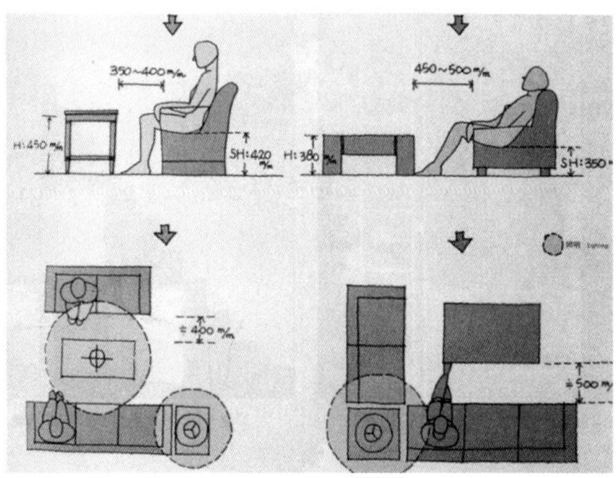

▌그림 12-13▌ 의자와 테이블의 배치방법 (자료: Sekisui House,Interior Designing, 1988)

• 가구배치의 과정:

❶ 그 공간에서 예상되는 활동, 활동에 요구되는 가구 및 실내 액세서리의 목록을 작성한다.

❷ 방안지에 축척에 맞게 가구배치를 할 공간을 그려 가구배치를 해본다.

❸ 한 공간에 2가지 이상의 가구배치를 하여 그 각각에 대하여 평가한다.

평가할 때 공간의 기능적 측면, 미적 혹은 개성적 측면, 동선의 움직임 등의 실용적 측면을 고려하여 평가한다.

• 가구배치 상의 유의점:

❶ 가구는 공간의 크기에 따라 사용목적과 실의 크기를 함께 고려한다.

❷ 가구를 동선에 배치하여 타인의 동작을 차단해서는 안된다.

❸ 크고 작은 가구를 조화롭게 배치한다.

❹ 키가 큰 가구는 가능한 벽면에 평행되게 놓아 방의 통일감을 주도록 한다.

❺ 스탠드 옆에는 작은 탁자, 전기스탠드, 플로어램프 등 보조조명을 설치한다.

❻ 가구가 너무 많으면 심리적으로 답답하게 느껴지고 너무 적으면 허전한 느낌을 주므로 심리적 균형감을 고려한다.

❼ 가구 사용 시 불편함이 없도록 충분한 여유 공간을 준비한다.

❽ 큰 방에는 큰 가구, 작은 방에는 작은 가구의 배치로 방의 균형감을 유지한다.

❾ 창, 출입구의 개폐, 그림, 장식물 등을 가리지 않고 전기콘센트의 사용에 방해가 되지 않도록 배치한다.

❿ 놓일 가구와 그림, 장식물 등의 조화를 고려한다.

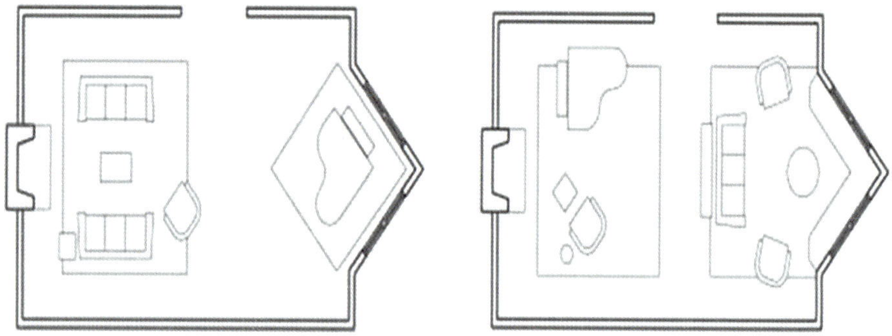

▌그림 12-14▌ 같은 공간의 각각 다른 가구배치의 예

• 가구배치의 평가를 실제로 해보자

❶ 먼저 부모님과 함께 살고 있는 집의 평면도를 모눈종이에 그린다. 모눈종이에 그릴 때 줄자를 사용하여 각 공간의 가로와 세로를 재어 1/100 혹은 1/50로 그린다.

❷ 집안의 각 공간을 완성한 후 각 공간에 배치된 가구의 크기를 줄자로 재어 그려 넣는다.

❸ ❷의 도면을 보고 각 공간의 가구배치의 장단점을 분석해 본다.

❹ ❸의 분석 결과에 따라 단점을 보완할 수 있는 가구배치를 해본다.

❺ ❹의 가구배치를 충분히 검토한 후 만족하면 실제로 가구배치를 바꾼다.

제13장

새롭게 바꾸는 리모델링은 어떻게

리모델링이란 기존 건축물의 골격을 유지하면서 개·보수, 개량, 보강, 수선, 교체, 증·개축의 행위를 통해 건축물의 외관 및 구조와 성능을 개선하여 안전하고 쾌적한 환경을 제공하고 건축물의 수명과 가치를 높이는 행위이다. 주택의 외부 뿐 만아니라 내부에서의 개조행위도 포함된다.

제13장

새롭게 바꾸는 리모델링은 어떻게

리모델링은 필요한가?

오랫동안 같은 집에서 계속 거주를 할 경우 비바람에 의하여 집은 노후화되어 간다. 혹은 비록 물리적으로 노후화되지는 않았지만 여러 이유로 인하여 용도를 변경해야하는 경우도 있다. 이러한 다양한 이유로 주택을 변화시키지 않으면 안 되는 경우에는 두 가지 방법이 있는데 하나는 부수고 새로 건설하는 재건축이고 또 하나는 리모델링이다.

리모델링이란 기존 건축물의 골격을 유지하면서 개·보수, 개량, 보강, 수선, 교체, 증·개축의 행위를 통해 건축물의 외관 및 구조와 성능을 개선하여 안전하고 쾌적한 환경을 제공하고 건축물의 수명과 가치를 높이는 행위이다. 주택의 외부 뿐 만아니라 내부에서의 개조행위도 포함된다.

• 용어의 정의

리모델링과 관련된 용어는 국가에 따라 약간씩 다르지만 내용은 크게 다르지 않다. 미국에서는 리모델링Remodeling, 리노베이션Renovation이 주로 사용되고, 일본에서는 리폼reform, 리뉴얼Renewal이 주로 사용된다. 경우에 따라서는 리스트럭처링Restructuring, 리사이클링Recycling, 리페어Repair, 리유즈Reuse등의 용어도 사용되고 있는데 한국에서 주로 리모델링Remodeling이 사용되고 있다. 몇 가지의 용어를 정리하면 다음과 같다(www.newhousing.co.kr).

◦ 리폼

디자인의 변화를 의미하는 것으로, 구조의 변경이나 증·개축의 개념은 해당되지 않고 내장재나 용도의 변경 등 협의의 개념이다. 기존 건축물의 골격을 그대로 유지하면서 개보수 및 구조물의 보강을 통하여 건물을 재단장하는 것이다. 혹은 기존 건축물의 골격에 평수를 늘이거나 층수를 높이는 개조 행위도 포함된다.

◦ 리노베이션

기존 건축물의 골격을 변화시키지 않고 새로운 변화에 대한 요구에 따라 외관이나 내부의 일부분 또는 전체를 바꾸어 새 건물처럼 보이게 하는 행위이다. 건축물의 개조, 복원, 보존 등의 광의의 개념으로 본다.

◦ 리모델링

주택을 상업시설로 혹은 사무실을 오피스텔로 바꾸는 등의 건물의 용도와 형태를 바꾸면서 하는 개조행위를 가리킨다. 그러나 일반적으로 우리나라에서는 리모델링이라는 용어로 디자인이나 내장재의 변경부터 기존 건축물의 구조를 변경하지 않은 채 용도의 변경이나 수직 증측 및 외관의 변화까지 광의의 개념으로 사용되고 있다.

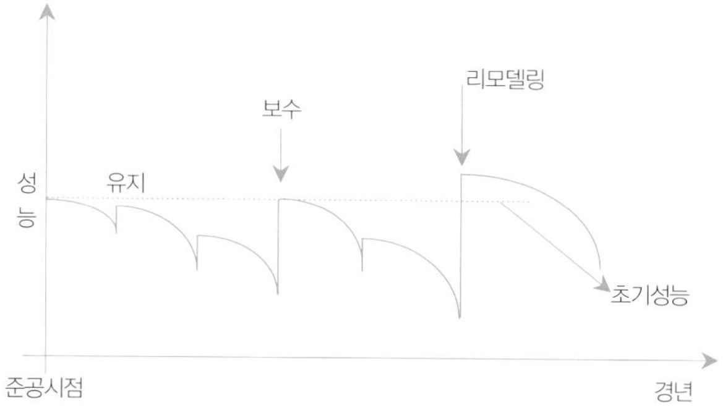

▌그림 13-1▐ 주택건축물의 경년의 변화와 리모델링의 요구

● 리모델링, 재건축 및 재개발은 어떻게 다른가?

흔히 매스컴에서 모 지역에서 재건축이 진행되고 있고, 또 다른 지역에서는 재개발이 진행 중이라는 식의 기사를 읽게 된다. 그렇다면 재건축과 재개발은 어떻게 다르며 또 리모델링과는 어떻게 다른지 [표 13-1]를 통하여 살펴보면 다음과 같다. 리모델링은 기존의 건축물의 골격을 유지한 가운데 노후화 혹은 새로운 요구에 적합하게 갱신하는 행위이라면 재건축과 재개발은 기존의 건축물을 철거하는 것이 크게 다르다. 다시 재건축은 노후된 주택을 철거하고 그 대지위에 주택을

표 13-1 리모델링과 재건축, 재개발의 비교

구분	리모델링	재건축	재개발
근거법령	주택법, 주택법시행령, 시행규칙, 건축법, 건축법시행령 등	도시 및 주거환경정비법, 시행령, 시행규칙 등	도시 및 주거환경정비법, 시행령, 시행규칙 등
정의	건축물의 노후화 억제 또는 기능 향상 등을 위하여 대수선 또는 대통령령이 정하는 범위 내에서 증축을 하는 행위	노후·불량한 주택을 철거하고 그 대지 위에 주택을 건설하는 사업	재개발구역 안에서 토지의 합리적이고 효율적인 고도이용과 도시기능을 회복하기위해 시행하는 사업
조합 구성원	건물소유자	토지 등 소유자 중 재건축사업에 동의한 자 (나대지소유자 조합원제외)	토지 등의 소유자
사업시행 주체	리모델링주택조합	재건축조합	재개발조합, 지자체, 주공, 토공 등
사업시행 절차	조합설립추진위원회 구성 ☞조합설립, 시공사 선정 ☞안전진단☞건축심의 ☞행위허가☞착공☞입주	추진위원회 구성☞ 조합설립☞사업시행인가☞ 분양☞관리처분계획인가 ☞사업시행☞준공☞청산	추진위원회 구성☞조합설립☞ 사업시행인가☞분양☞ 관리처분계획인가☞사업시행 ☞준공☞청산
증축가능 면적	기존 주기전용면적의 10분의 3 이내 증축 가능		시, 도 조례에 정함
관리처분 계획	불필요	필요	필요
공급대상	조합원	조합원잔여분주택 : 일반분양	조합원잔여분 주택: 일반분양

* 자료: KB은행부동산 www.land.kbstar.com

새로 건설하는 행위인 데에 반하여 재개발은 주거환경이 열악하여 정비가 필요하다고 지정된 지역을 대상으로 하므로 공동주택 및 단독주택 주거지 등이 포함될 수 있다. 따라서 재건축 조합원과 재개발 조합원의 의미는 약간 다르다.

재건축은 구역 내 토지 등의 소유자일지라도 재건축에 반대하면 조합원으로 보지 않으나, 재개발의 경우 정비구역 내의 토지 등 소유자는 동의 여부와 상관없이 조합원이 된다. 재건축의 경우 사업에 동의하지 않는 구분 소유권자에 대해 조합이 수용권을 행사할 수 없으므로 매도 청구 소송을 통해 사업에 반대하는 구분소유권자의 토지나 건축물을 매입해 사업을 추진하게 된다. 반면 재개발의 경우에는 사업에 동의하지 않는 조합원에 대해 조합이 토지나 물건 등을 수용할 수 있는 점이 다르다.

• 리모델링이 요구되는 이유는?

건축물의 수명을 늘이는 방법으로 리모델링이 각광을 받게 된 데에는 몇 가지 이유가 있다.

◦ 물리적 측면에서 리모델링이 요구된다

2010년 인구 및 주택 총조사에서 주택의 수명이 30년 이상(건축년도가 1979년 이전)인 주택의 비율이 9.7%로 약 135만호 가량 있다. 주택의 수명이 15년~29년까지인 주택(1980~1994년)이 35.8%로 약 498만호 가량 있는 것으로 나타났다. 주택 수명이 30년 이상인 노후주택은 부분이거나 전체적이거나 리모델링이 필요한 상황이다. 앞으로 몇 년이 지나면 이러한 수치는 더욱 늘어날 전망이다. [그림 13-1]에서 보는 바와 같이 노후주택을 리모델링하게 되면 주택의 성능이 크게 향상되어 주택의 수명을 연장할 수 있다.

• 경제적 측면에서 리모델링은 재건축에 비하여 공사비용이 적게 들고 공사기간도 짧으면서도 재건축과 비슷한 기능과 경제적 가치를 만들어낼 수 있다.

• 사회적 측면에서는 고령화 및 출산자녀수의 감소 사회로 이행해가면서 가

구구성이 변화하고 정보화 및 스마트 사회를 추구하는 등 주택소비자의 가치관이나 라이프스타일이 다양화되었다. 이러한 것들은 주택 내에서의 공간에 대한 요구를 다양화시켜서 SOHO, 혹은 재택근무 등으로 주거공간의 변화, 다양한 취미로 인한 주거 내의 취미실의 요구 등 새로운 변화를 요구하고 있다.

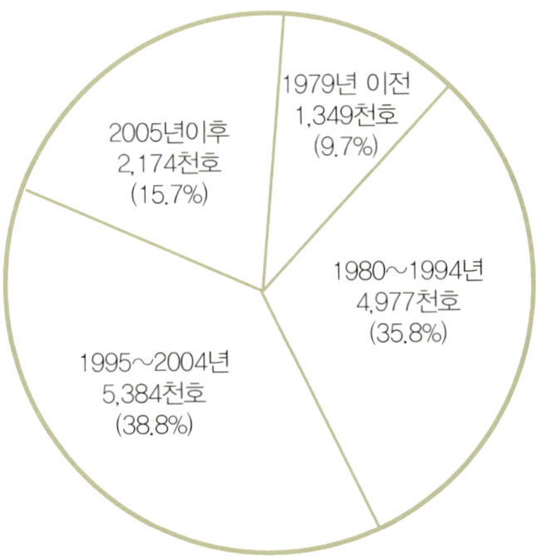

▌그림 13-2▐ 건축년도별 주택의 비율(2010년 인구 및 주택 총조사)

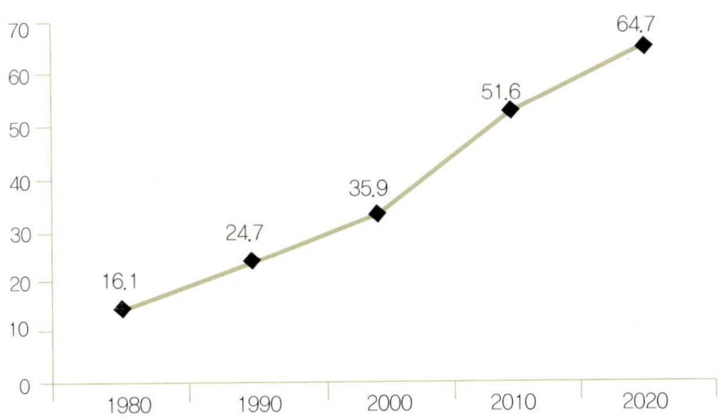

▌그림 13-3▐ 건물부분의 에너지사용량 추계(백만TOE)

(자료: 국가건축정책위원회; 지속가능한 신주거문화 정착을 위한 뉴하우징운동추진방안, 2009.03.30)

• 환경적 측면에서는 더욱 리모델링의 요구는 절실하다. 오늘날 세계는 저탄소·저에너지를 사용하는 주거환경으로 나아가고자 한다. 온실가스의 증가로 인한 화석연료의 고갈에 대응하는 국제사회의 노력이 요구되고 있다. 우리나라의 전체 에너지소비 중 건물부분이 24%(주거 16%)를 차지하고 있으며, 그 비중도 점차 확대되는 추세이다. 대도시의 경우 건물에너지 소비 비중이 50% 상회(서울시 61.7%)하고 있어 에너지 절감을 위한 노력이 절실하다.

재건축은 국가적으로 건설자원을 낭비하고 대량의 건축폐기물로 인하여 환경에 미치는 악영향이 크고, 재건축 후 도심지역의 고밀도화로 인하여 주변지역의 주거환경이 악화되는 등의 부정적 측면이 크다. 리모델링은 상대적으로 적은 건축폐기물을 발생시키면서도 리모델링 후 주택의 기능과 경제적 가치가 재건축과 비슷해지므로 주택소유자들에게도 매력이 있다.

리모델링 공사는 어디까지일까?

• 리모델링 공사의 범위

주택에서 리모델링이 필요한 부위는 구조부분, 설비부분, 내외장재부분, 디자인부분 등이 있다. 따라서 공사의 범위는 크게 3가지로 구분되는데, 건축물의 외관만 바꾸는 경우, 외관과 내부 구조 및 마감을 바꾸는 경우, 내외장 변경과 함께 증 · 개축을 하여 건물 전체의 모습과 기능을 바꾸는 경우가 있다.

▌표 13-2▐ 리모델링의 목표와 시공부위

리모델링 목표	리모델링 시공 범위
• 건물에 새로운 기능을 부가하여 기존의 건축물보다 기능이나 경제적 가치를 향상시키고자 함. • 기존 건축물의 노후화된 기능을 건물의 준공 시와 같이 회복시키고자 함.	• 실의 크기 및 용도의 변경 • 벽, 바닥, 천장의 단열성 및 차음성능 향상 • 부엌과 욕실의 설비 갱신 • 내외장재 디자인의 갱신 • 온돌 및 난방 설비의 갱신 • 내력벽, 기둥, 보, 지붕틀의 개수공사

◦ 리모델링 공사에서 점검해야 할 사항

주택에서 리모델링 공사를 하고자 할 경우 미리 점검해보아야 할 사항들이 있다. [표 13-3]에서 보는 바와 같이 건축법에 저촉이 되는지 아닌지 살펴보아야 하고 건축물 자체에 대한 구조 진단을 받는다. 주택 구석구석을 리모델링 공사로 인한 변화를 예상하여 이에 대응하도록 한다. 리모델링에서 필요할 경우에는 설계자에게 의뢰하기도 하는데, 이에 따라 공사시기도 결정한다. 가능한 장마나 동절기를 피하는 것이 좋다. 시공자는 주택의 경우 소규모 공사가 대부분이므로 소규모 주택전문업체에 의뢰하는 데에 평판을 알아보고 하자보증도 고려하여 선택한다. 공사를 시작함에 앞서 해당관할기관에 신고를 하는 것이 필요하다.

• 공동주택의 리모델링의 절차는 어떻게

공동주택의 동 단위 혹은 단지 전체의 리모델링은 단독주택이나 자신의 아파트 내부의 리모델링과는 다르다. 건물을 각호의 소유권자가 구분하여 소유하고 있으므로 이들의 동의가 필요하여 그 절차가 복잡하다. 공동주택의 리모델링은 2007년부터 준공 후 15년이 경과한 시점에서 리모델링 공사를 할 수 있으며 허용 용적률 한도 내에서 전용면적의 30% 내에서 증축 가능하다. 또한 리모델링의 행위를 하기 위해서는 조합원의 80%의 동의가 있어야만 가능하므로 기존 주택의 거주자가 리모델링 후에도 그대로 거주하는 것을 전제로 한다. 따라서 소형 평형 아파트와 임대주택의 건립 의무가 없다.

 ☞ 

▌그림 13-4▐ 아파트단지의 리모델링 전과 후의 모습
(자료: 이데일리 www.edaily.co.kr)2011.06.23)

공동주택에 있어서 리모델링의 절차를 살펴보면 다음과 같다.

- 리모델링를 위한 조합설립추진위원회를 만든다.

주민이 임의로 구성하여 운영하는 조합설립추진위원회를 제도화하여 추진위원회를 둘러 싼 각종 비리 및 분쟁을 방지할 수 있다. 추진위원회의 설립을 위한 기준은 토지 등 소유자의 1/2이상의 동의를 얻어 시장, 군수, 구청장의 승인을 받아야 한다. 추진위원회는 안전진단 지정 신청, 조합설립 인가 준비, 정비사업 전문관리업자의 선정 업무 등을 수행한다.

▌표 13-3▐ 주택의 리모델링에 필요한 점검 사항

구 분	내 용
건축법에 저촉 여부	• 해당지역의 건축제한 사항에 저촉되지 않는 범위에서 증개축 면적이나 높이를 결정(건폐율, 용적율, 도로 사선 제한에 의한 높이제한, 일조에 의한 높이 제한 등)
사전 점검 사항	• 착공 전에 건물의 구조 진단을 받음. • 건물, 대지, 도로와의 관계 검토함. • 기존 지붕과의 연계성을 검토함. • 지붕형태가 복잡해지거나 골이 생기는 것, 방수, 누수에 대하여 고려함. • 기존 외부 마감재와 통일성이 있는지 검토함. • 현관 및 기존 방의 일조, 통풍, 동선 등을 고려함. • 설비가 필요한 부분에 대하여 검토함. • 공사비용에 대하여 검토함. • 부엌, 욕실, 세면실, 화장실 등에 대한 예산을 자세하게 검토함. • 2층의 증축공사 시에는 기초 보강, 지붕공사, 공사용 발판의 제거비용까지 고려해야 함. • 증·개축 공사의 시기를 결정함. • 증·개축 공사할 때 살림살이의 배치도 고려함.
공사 시기 결정	• 공사 시작보다 1-2개월 전에 설계도의 작성 및 시공자의 선정이 필요함. • 공사 시기를 결정하는데, 장마철의 피하기 위해 3월에서 6월 사이나 동절기 공사를 피하기 위해 9-11월 사이가 좋다.
시공자 선정	• 증·개축은 소규모공사에 해당하므로, 소규모 주택전문업체에 의뢰한다. • 시공자에게 시공 상세도와 내역명세서를 제출받아 검토하여야 함(공사 중의 변경이나 분쟁 시에 도움이 된다). • 증·개축 공사의 공사비는 3-4회 정도로 나누어서 지불하는 것이 좋다.
증개축 신고 절차	• 증·개축 공사를 하기 전에 관할 행정기관에 신고하고, 신고필증을 교부받은 후에 공사를 착수하도록 한다. • 허위로 신고하거나 건축신고를 하지 않지 않고 건축을 하는 경우 200만원의 과태료가 부과된다.

추진위원회 업무와 관련된 권리와 의무는 조합이 포괄하여 승계하고, 토지 등 소유자는 경비를 납부할 의무를 가진다. 추진위원회는 조합설립까지의 준비업무를 수행하며, 조합이 설립되면 소멸된다.

- 리모델링 주택조합을 설립한다.

주택조합의 설립·변경 또는 해산의 인가를 받고자 하는 자는 인가신청서에 관련 서류를 첨부하여 주택조합의 당해 주택의 소재지를 관할하는 시장·군수 또는 구청장에게 제출하여야 한다. 주택단지 전체를 리모델링하고자 하는 경우에는 주택단지 전체 및 각 동의 구분소유자와 의결권의 각 3분의 2이상의 결의가 있어야 한다. 한 동을 리모델링하고자 하는 경우에는 그 동의 구분소유자 및 의결권의 각 3분의 2이상의 결의가 있어야 한다.

– 공동주택의 안전진단을 한다. 안전진단의 결과 기준을 통과하지 못하면 리모델링을 할 수 없다.

– 시, 군, 구청의 해당지역의 건축심의를 통과하여야 한다.

– 리모델링을 위한 행위허가를 받아야 한다. 건축심의를 통과하였다 하더라도 소유자의 5분의 4이상의 동의를 얻은 후 시장, 군수, 구청장의 승인을 얻어야만 착공을 할 수 있다.

– 기존 거주 가구들이 이주를 하고 리모델링 공사를 시작한다(착공).

– 준공검사 후 입주한다.

참고문헌

강동기·김우식, 공동주택관리론, 도서출판, 세진사, 1989.

강영환, 한국 주거문화의역사, 기문당, 1991.

공동주택연구회, 도시 집합주택의 계획 11+44, 도서출판 발언, 1997.

공동주택연구회, 한국 공동주택계획의 역사, 세진사, 1999.

곽인숙, 지속가능한 생태도시 및 생태마을에서의 거주자의 역할, 대한가정학회지, 2001, 6,

권용우 외, 수도권 연구, 한울아카데미, 1998.

김광언, 한국의 주거민속지, 민음사, 1988.

김상희, 미국 중소도시 중노년층의 지역사회이미지와 옥내외 주거환경만족도를 통한 기존 지역 내의 계속거주 태도 및 요구도 분석 - 미조리주 컬럼비아시 거주자를 대상으로- 대한건축학회연합논문집 12(3), 2010.09,

김상희, 아파트 평면유형별 거주후 평가 및 공간조절에 관한 연구, 대한건축학회논문집, 9-8, 1993.

김상희. 거주자참가형주택개발을 위한 주의식 조사연구, 한국주거학회지, 2001.5, 12-2, pp.13-23.

김상희·강순주, 현대 주거학, 교문사. 1997.

김상희·박수빈, 도시와주거문화, 경남대출판부, 1997

김선자, 서울의 고령친화도시추진전략, SDI정책 리포트, 2010.05.31 제64호, 시울시정개

발연구원
김영모, 도시계획의 이해, 보성각, 1999.
김용구 외 3인, 현대주택설계 디자인 이론과 실제, 성안당, 1987.
김우창 외, 21세기의 환경과 도시, 민음사, 2000
김준영, 콤팩트시티-지속가능한 사회의 도시상을 지향하며-, 문운당,2008
김정기, 한국문화사대계 4, 한국주거사, 고려대학출판부, 1970.
김태일, 인구구조의 변화로 본 고령화동향과 연령별 주택수요의 예측에 관한 연구, 대한건축학회논문집, 10(11), 1994
김혜천 외, 현대도시의 이해, 대왕사,2007
나가타 가쓰야 감수, 키타큐슈시환경수도연구회 엮음, 김진범. 진영환 번역, 환경수도 키타큐슈시, 한울 아카데미,2009
대한주택공사, 대한주택공사 20년사, 1979.
동아일보, '세계의 스마트시티를 가다-뉴욕, 범죄조시에서 청정도시로-' 2011.01.01자
동아일보, '세계의 스마트시티를 가다-싱가포르, 도시국가 한계는 없다-' 2011.01.04자
동아일보, '세계의 스마트시티를 가다-미래기술의 총집합, 21세기형 도시 송도-' 2011.01.06자
민재성 외 3인, 한국의 노령화 추이와 노인복지대책, 한국개발연구원, 1994.
박경문,임은영, 조영태, 한국형 슬로시티 인증평가 항목 개발 연구 , 대한국토·도시계획학회지, 「국토계획」 제45권 제3호, 2010.06. pp.47-59.
박영순·오혜경, 인테리어 디자인, 다섯수레, 1993.
박윤성, 주거론, 문운당, 1986.
박필제, 조명과 실내장식, 조형사, 1994
박 홍, 주택의 인테리어, 기문당, 1993.
새주택설계연구회, 21세기엔 이런 집에 살고 싶다. 서울포럼, 1994.
손세관, 도시주거형성의 역사, 열화당, 1993.
손장열, 현대건축과 실내공기질(1)(2), 건축사, 1994.

윤정숙, 주거환경학, 문운당, 1995.

이경희·윤정숙·홍형옥, 주거학개설, 문운당, 1993.

이경희외 2인, 주거학개론, 문운당, 1993.

이성길.조절락.김정재, 유비쿼터스 도시, 연학사,2008

이연숙, 미래주택과 공유공간, 경춘사, 1996.

이연숙, 실내환경심리행태론, 연세대학교출판부, 1998.

이영호, 공동주택 거주자의 옥외공간 이용실태에 관한 연구, 한국주거학회지, 10권2호, 1999.5.

이현진·박재승, Aginh in Place를 위한 노인주거 시설 선호에 관한 연구, 한국의료복시시설학회문집, 16-1. 2010.

이현호 외, 현대집합주택 테마3, 1999.

오동훈·홍정의, 한국형 슬로시티 발전방향에 관한 소고, 한국도시행정학회 도시행정학보, 제22집 3호, 2009.12.

원제무, 마음으로 읽는 도시, 삶의 공간을 가꾸는 도시계획, 도서출판 조경,2008

장경희, 고령사회의 삶의 질 향상 기반 구축 방안, 보건복지포럼. 2011.02. 한국보건사회연구원

전영미, 20세기 실내디자인의 조류, 기문당, 1998.

정환용,개정판 현대도시계획학원론, 박영사,2003

주남철, 한국주택건축, 일지사, 1986.

주거학연구회, 세계의 코하우징, 교문사, 2000

주택산업연구원, 환경친화적 도시근교 주거단지 개발기법. 2000

츠토무카토 감수, 박필제·신동흔 편저, 인테리어 아이덴티티, 조형사, 1994.

한국도시연구소, 한국도시론, 박영사, 1998.

한국도시연구소, 생태도시론, 박영사, 1998.

한국실내디자인학회, 실내건축을 위한 색채디자인, 기문당, 2000.

John M. Levy, 서충원·변창흠 번역, 현대도시계획의 이해, 한울아카데미,2005

환경부, 환경규제지역의 지속가능한 발전을 위한 에코시티 시범사업 계획안, 정책총괄과 연구보고서. 2006.

현대경제연구원, 한국형 슬로시티, 관광산업의 새로운 대안, VIP report, 2008.08.

한국도시연구소, 생태도시론-한국 도시 환경문제 분석과 대안-, 박영사, 1998.

국토해양부 www.mltm.go.kr

통계청 www.kosis.kr

국제슬로시티연맹 www.cittaslow.net

대한토지주택공사 www.lh.or.kr

한국농어촌공사 www.ekr.or.kr

한국주택관리공단 www.kohom.co.kr

中林由行, 日本におけるコーポラティブ方式の今後の方向と課題, 住宅, 1982.5.

石原知久, 諸外國におけるコーポラティブハウジング, 住宅, 1982. 5..

住田昌二, 90年代のコーポ住宅の展望, 住宅, 1982.12.

神谷宏治, コポラティブハウジングの理念, 住宅, 1982.5.

川岸梅和·神谷宏治, 民間企業主導により結成されたグールプにおけるコミユニティ形成の移り變わり-コ-ポラティブ住宅におけるコミユニティ形成の動向と特性、その2-, 日本建築學會計劃系論文集, No.506, 1998. 4,

馬場昌子 外, 8111 大阪府營住宅における「コレクティブハウジング」の成立條件に關する研究 その2、 日本建築學會大會學術 講演梗概集, 1998. 9.

ユーコト管理組合, 集まって住みあうまちづくりーユーコト5周年記念誌ー, ユーコト管理組合, 1993.

政金明信·松本泰則, 地域政策としての支援-大阪府-, 住宅, 1982.

會谷美惠子·中島葉子, 8110 コレクティブ居住にたいするイメージと潛在的な居住ニーズをもつ女性像, 日本建築學會大會學術講演梗概集, 1998.9.

原田昌幸 외, 高層居住に對する一般住民の意識,日本建築學會計劃系論文集, 473, 1995.

岸本辛臣 松田誠 編、住まいを 讀みデザインする、彰國社, 1985.

扇田信、住生活學、 朝倉書店, 1978.

後藤 久, 都市型住宅の文化史, NHKブックス, 1986.

林 悦子、 快適住まいのインテリア、講談社, 1989.

日本家政學會 編, 住まいの デザインと管理, 朝食書店, 1990.

インテリアデザイン教科書研究會 編、インテリアデザイン教科書, 彰國社, 1983.

住田昌二 編, 現代住居論, 光生館, 1984.

住田昌二 編, 現代の住まい -基礎住居學-光生館. 1986

住田昌二 外 5人, 住環境の計劃 -社會のなかの住宅-, 彰國社. 1988.

岡田光正 外 2人, 住宅の計劃學-すまいの設計を考える-, 鹿島出版會, 1988.

石堂正三郎 外 1人, 住居學概論, 化學同人, 1982.

原口秀昭, 20世紀の住宅, 鹿島出版會, 1994.

小林清周 , 分譲マンションのすべて, 鹿島出版會, 1984.

梁瀨度子, 長澤由喜子, 國嶋道子, 住環境科學, 朝倉書店, 1995.

神谷宏治 外 3人, コ-ポラテイブ ハヴジング, 鹿島出版會, 1988.

經濟企劃廳總合計劃局, 21世紀住居の展望と課題, 大藏省印刷局, 1987.

選和夫, 現代ハウジング論, 學藝出版社, 1986.

金相希, 韓國住宅の住様式の近代化に關する研究, 大阪市立大學 博士學位論文, 1989.

野城智也, サスティナブル ビルディング, 住宅, 2001, 1. Vol. 50.

內田勝一 외, 世界の居住運動, 東京大學出版會, 1996.

都市計劃教育研究會, 都市計劃教科書, 韓國社, 1997.

川村建人 외 サスティナブル コミュニティ, 學藝出版社, 1997.

小谷部育子, 共に住宅かたち、建築資料研究社. 1997.

延藤安弘, これからの集合住宅づくり, 晶文社, 1996.

鈴木浩 外. 居住空間の再生, 東京大學出版部, 1998.

C.A. Perry, The Neighborhood Unit, 倉田和四生譯, 近隣住區論, 鹿島出版會, 1993.

WHO, Global Age-friendly Cities: A guide, WHO. 2007

Ann Bookman, Innovative models of aging in place: Transforming our communities for an aging population, Community, Work & Family,. 11(4), 2008

Tang, Fengyan and Pickard, Joseph G. 'Aging in Place or Relocation: Perceived Awareness of Community-Based Long-Term Care and Services', Journal of Housing For the Elderly, 22(4), 2008.

Heywood, Frances, 'Adaptation: Altering the House to Restore the Home', Housing Studies, 20(4), 2005.

S,M.Niemeyer etc, Local Housing and Service Decisions: Planning for Aging Adults in rural Communities, Journal of Housing for the Elderly, 20(4), 2006.

WHCoA, The Booming Dynamics of Aging - from Awareness to Action-, U.S. Census Bureau, 2005.

Wan Heet Al, 65+ In The United States: 2005. U.S. Census Bureau, 2005.

Carol S. Wedin and L. Gertrude Nygren, Housing perspectives, Burgess Publishing Company. 1979.

Carolyn Warrender, Colour scheming, Harper Coilins, 1996.

C. Woods and M, Wells, Designing Your Natural House, VNR, 1992.

D. Fromm, Collaborative communities, VNR, 1991.

L. Walker and J. Milstein, Designing Your Natual Houses, The Dverlook Press, 1976.

M. B. Keiser, Housing, Macmillan pubilshing co, 1978.

Preiser,W.,Post-Occupancy Evaluation,New York, VNR, 1988.

Poore, J. Interior Color by Design, Rockport Publishers, Inc., 1994.

P. Kidson, P. Murray & P. Thompson, A History of English Architecture, Penguin books, 1962.

R. Faulkner and S, Faulkner, Inside Today's Home, Holt, Rinehart and Winston, 1975.

Sekisui House, Interior Designing, Graphic-sha, 1998.

K. MacCamant & C. Darrett, Cohousing. Ten speed Press. 1994.

W.D.Mcmillan, Sense of Community; A Definition and the Theory, Journal of Community Psychology, 14(January), 1986. pp.16-23.

D.Clurman, F. S. Jackson & E. L. Hebard, Condominiums and Cooperatives, John Wiley & Sons. 1984.

www.coophousing.org

www.cohousing.org

NORC Aging in Place Initiative website. (www.norcs.com)